深埋引水隧洞围岩-支护系统时效力学特性与长期稳定性

李邵军　黄　翔　祝国强　周济芳　著

科学出版社

北　京

内 容 简 介

本书系统介绍作者近年来在深埋引水隧洞围岩-支护系统时效力学特性与长期稳定性方面取得的研究成果。依托目前世界上规模最大、埋深最大的水工隧洞——锦屏二级水电站深埋引水隧洞的工程背景进行研究，主要研究内容包括深埋引水隧洞结构性态原位监测方法、深埋引水隧洞开挖损伤围岩蠕变特性测试分析方法、深埋引水隧洞围岩-支护系统物理模型试验技术、深埋引水隧洞开挖损伤围岩时效力学模型、深埋引水隧洞长期稳定性安全评价方法等，以及上述理论方法在锦屏二级水电站深埋引水隧洞中的应用。本书关于深埋引水隧洞围岩-支护系统长期稳定性评价的学术思想可供其他类型岩石工程设计和稳定性分析参考与借鉴。本书部分插图附彩图二维码，扫码可见。

本书可供土木、水利水电、交通、矿山等工程领域的科研与工程技术人员参考，也可供岩石力学、防灾减灾等相关专业的教师与学生参考。

图书在版编目（CIP）数据

深埋引水隧洞围岩-支护系统时效力学特性与长期稳定性 / 李邵军等著. -- 北京 ：科学出版社, 2024. 11. -- ISBN 978-7-03-079724-7

I. TV672

中国国家版本馆 CIP 数据核字第 2024734NK0 号

责任编辑：何 念 张 湾/责任校对：高 嵘
责任印制：彭 超/封面设计：苏 波

科学出版社 出版
北京东黄城根北街 16 号
邮政编码：100717
http://www.sciencep.com
武汉中科兴业印务有限公司印刷
科学出版社发行 各地新华书店经销
*
开本：787×1092 1/16
2024 年 11 月第 一 版 印张：12 1/2
2024 年 11 月第一次印刷 字数：293 000
定价：118.00 元
（如有印装质量问题，我社负责调换）

前　言

随着国民经济的快速发展和能源资源需求的不断增加，隧洞（道）、厂房、巷道施工建设等工程活动逐渐向地下深部发展成为一种必然的选择和趋势。在水电资源开发方面，随着大型深部水利水电工程进入加速发展期，作为水利水电工程中的重要水工建筑物，深埋引水隧洞工程的建设成为常态。随着开挖深度的不断增加，受深部复杂赋存环境（高应力、高水头、多源扰动）的影响，工程建设和运行过程中往往面临很多难以预测的问题，特别是时效变形破裂、强流变等力学行为引发的灾害性事故。为了减少和避免运营期时效灾害对工程结构造成的重大损害，必须对此类深埋引水隧洞围岩-支护系统的时效力学特性与长期稳定性进行深入研究，以及时采取有效的工程调控措施。

为此，本书依托第一作者主持完成的国家自然科学基金重点项目、湖北省自然科学基金创新群体项目的主要研究成果，系统阐述多年来在深埋引水隧洞运营期关键工程技术难题方面所取得的新理论、新方法与新技术，以及这些理论方法在实际工程中的应用。提出的新方法和新技术先后获得多项国家发明专利，并在国内外学术期刊上公开发表，同时在锦屏二级水电站深埋引水隧洞工程得到了应用和验证。研究成果对于我国广泛分布的水电水利工程引水隧洞长期安全分析与控制而言具有一定的参考价值。

全书共 7 章。第 1 章介绍国内外在岩石力学与工程流变力学领域的研究现状；第 2 章介绍深埋引水隧洞结构性态原位监测方法，采用数控技术研制出自动化、可视化的深埋引水隧洞衬砌损伤多元协同检测装备；第 3 章介绍考虑开挖损伤与高孔隙压力耦合作用的深埋引水隧洞开挖损伤围岩蠕变特性测试及力学分析方法；第 4 章介绍模拟内外压力联合作用效应的深埋引水隧洞围岩-支护系统物理模型试验及结果分析；第 5 章介绍工程岩体蠕变元件组合模型的基本理论与构建方法，提出反映开挖损伤与高孔隙压力耦合效应的深埋引水隧洞开挖损伤围岩时效力学模型；第 6 章提出深埋引水隧洞围岩-支护系统的长期安全评价方法；第 7 章介绍锦屏二级水电站深埋引水隧洞工程施工期和运营期的围岩稳定与结构安全分析研究。

本书的研究成果得到了国家自然科学基金重点项目（U1765206）、湖北省自然科学基金创新群体项目（2020CFA044）的支持，徐鼎平研究员、郑民总博士参与第 6 章相关内容的研究工作，作者在此深表谢意！感谢雅砻江流域水电开发有限公司提供的锦屏二级水电站深埋引水隧洞原位力学行为监测数据！

由于本书主要研究工作带有探索性，加上作者水平有限，书中难免存在疏漏和不完善之处，敬请读者批评指正，愿共同探讨。

作　者

2023 年 10 月 8 日于武汉

目　录

第1章 绪论

1.1 引言

随着国家基础设施建设和资源能源开发的大规模推进，水电隧洞、交通隧道、矿山开采、水电开发等工程活动，都正朝着千米级甚至是数千米级的地下深部发展[1-5]。在水电资源开发领域，大型深部水利水电工程进入快速发展期，作为深部长引式水电站及长线引水工程中重要的引水（输水）建筑物，深埋引水隧洞工程的建设趋于常态化。例如，法国勒谢拉（Le Cheylas）水电站引水隧洞工程，洞线长度达 20 km，最大埋深达 2 619 m；我国锦屏二级水电站深埋引水隧洞工程，平均洞线长度达 16.67 km，最大埋深达 2 525 m；引汉济渭工程秦岭输水隧洞工程，洞线长度达 97.37 km，最大埋深达 2 012 m；滇中引水工程香炉山输水隧洞工程，洞线长度达 62.59 km，最大埋深达 1 450 m；南水北调西线引水隧洞工程，洞线长度达 50～130 km，最大埋深达 1 100 m。

通常来说，引水隧洞属于典型的有压隧洞，在运行过程中将承受内水压力的长期作用，而且随着开挖深度的不断增加，隧洞结构还将受到深部高应力、高渗透压和强烈工程扰动等复杂地质环境条件的共同影响[6-10]。例如，我国锦屏二级水电站深埋引水隧洞工程区域最大主应力高达 70 MPa，最大外水压力高达 10 MPa[11]；引汉济渭工程秦岭输水隧洞工程区域最大主应力高达 45 MPa[12]；滇中引水工程香炉山输水隧洞工程区域最大主应力高达 40～46 MPa，最大外水压力高达 13 MPa[13]。在超高地应力和内外水压力的共同影响下，深埋引水隧洞的围岩长期稳定性和支护结构长期安全性等时效性问题将变得异常突出[14-18]。例如，经过多年的原位跟踪观测发现，锦屏二级水电站于 2012 年 12 月底投入运营以后，在长期复杂地质构造、高地应力和内外水压力的联合作用下，深埋引水隧洞的围岩变形随着时间推移逐渐增加，且部分洞段的混凝土衬砌陆续出现了开裂现象[19]。这些现象表明锦屏二级水电站深埋引水隧洞存在明显的时效变形和破坏特征，而这种时效行为对于深埋引水隧洞工程结构的长期安全来说是一种持续的威胁和挑战，严重时甚至可能会危及水电站的正常运行。

因此，此类深埋引水隧洞围岩-支护系统在高地应力、内外水压力等复杂地质条件联合作用下的时效变形破坏问题，是工程建设与运行过程中需要密切关注的重大课题，同时也是深部岩石力学与工程领域急需解决的关键基础科学问题。针对该问题开展科研攻关，将为我国广泛存在和即将大量建设的引水隧洞的安全分析提供理论支撑，也可以为类似深部工程的长期安全分析与控制提供借鉴。

1.2 深埋引水隧洞围岩-支护系统时效力学问题的研究现状

1.2.1 岩石流变基本概念

“流变即万物皆流”，这一概念最早是古希腊哲学家赫拉克利特（Heraclitus）提出来的。孙钧院士认为所有的工程材料都具有一定的流变特性，岩石也是如此[20]。一方面，从卸载后变形是否恢复的角度来看，岩石材料的变形可以分为可恢复的弹性变形和不可恢复的塑性变形；另一方面，从变形与时间之间的关系角度来看，岩石材料的变形又可以分为与时间无关的瞬时变形和与时间有关的流变变形。因此，可以概括地说，岩石流变具体是指岩石材料在变形过程中应力或应变响应所表现出的与时间因子相关联的一系列力学现象。

从广义上来说，岩石流变主要包括以下三种类型[21]：①蠕变行为，即当岩石所承受的应力保持恒定时，其变形响应随时间推移呈现逐渐增加的现象；②应力松弛，即当岩石所产生的应变保持不变时，其应力响应随时间推移呈现逐渐减小的现象；③弹性后效，即加卸载过程中岩石所产生的弹性应变响应滞后于所施加应力的现象。由于地下工程建设过程中，工程岩体的蠕变行为对于评估和分析地下厂房、巷道、隧洞等的长期稳定性至关重要，所以本书主要针对岩石流变现象中的蠕变特性进行分析。

图 1.1 为岩石材料在某一恒定荷载作用下的典型蠕变曲线，根据蠕变速率的变化情况其通常可以划分为以下三个阶段[20]：①初始蠕变阶段（*ab* 段），该阶段内岩石变形随着时间推移有所增加，但其蠕变速率却呈逐渐衰减之势，故又称为减速蠕变阶段；②等速蠕变阶段（*bc* 段），该阶段内岩石蠕变速率逐渐趋于某一稳定值，但其整体变形却随着时间推移呈线性增长之势，故又称为稳定蠕变阶段；③加速蠕变阶段（*cd* 段），该阶段内岩石蠕变速率迅速上升，整体变形急剧增长，最终产生蠕变破坏，故又称为非稳定蠕变阶段。

大量蠕变测试结果表明，根据岩石材料所处的实际应力环境，同一类型岩石既可能产生稳定蠕变变形，又可能产生非稳定蠕变变形。对于深部硬脆性岩石而言，当其所承受的外部恒定荷载小于其长期强度时，岩石通常出现黏弹性稳定蠕变现象，同时具有初

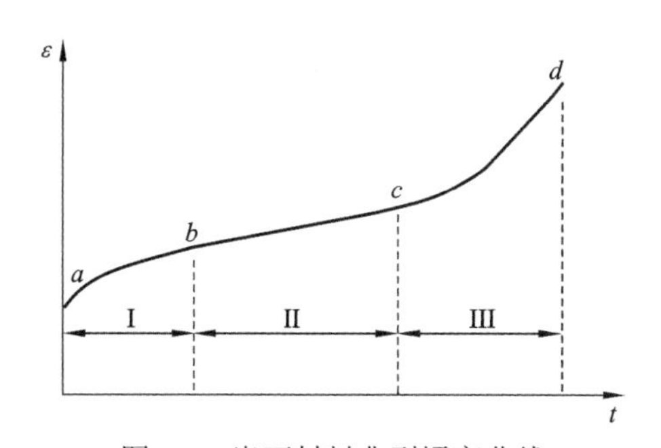

图 1.1 岩石材料典型蠕变曲线

ε为一定荷载作用下的应变，t 为荷载的作用时间

始蠕变阶段和等速蠕变阶段的变形响应特征，但等速蠕变阶段的蠕变速率基本趋近于零，整体变形最终稳定于某一极限值。相反，当其所承受的外部恒定荷载等于或大于其长期强度时，岩石通常出现非稳定加速蠕变现象，整体变形无限增长，最终产生蠕变破坏，包括：韧性蠕变破坏、韧-脆性蠕变破坏、脆性蠕变破坏（图 1.2）。其中，t_1 和 ε_1 分别为由初始蠕变阶段进入等速蠕变阶段的起始时间和应变；t_2 和 ε_2 分别为由等速蠕变阶段进入加速蠕变阶段的起始时间和应变；t_3 和 ε_3 分别为最终产生蠕变破坏的时间和对应的应变。

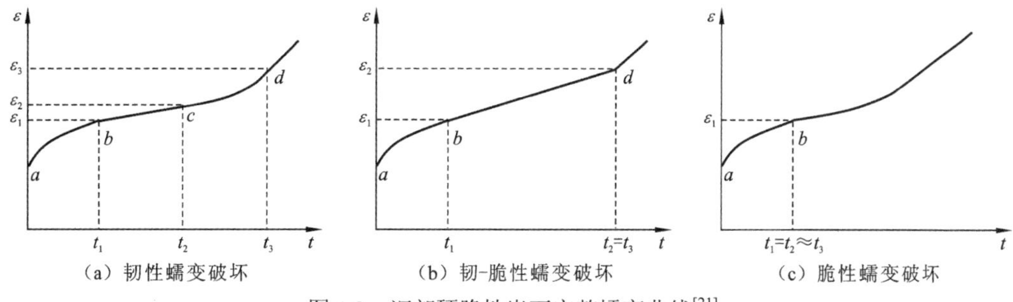

图 1.2 深部硬脆性岩石完整蠕变曲线[21]

对于韧性蠕变破坏，其蠕变曲线包含初始蠕变阶段、等速蠕变阶段及加速蠕变阶段三个典型阶段[图 1.2（a）]，在经历初始蠕变阶段和等速蠕变阶段进入加速蠕变阶段后，变形过程中蠕变速率随时间推移逐渐增大，加速段持续一段时间后产生蠕变破坏。对于韧-脆性蠕变破坏，其蠕变曲线仅包含初始蠕变阶段和等速蠕变阶段，无明显的加速蠕变阶段[图 1.2（b）]，在经历初始蠕变阶段后进入等速蠕变阶段，变形过程中蠕变速率保持为大于零的某一恒定值，整体变形持续线性增长，使得岩石产生蠕变破坏。对于脆性蠕变破坏，其蠕变曲线仅包含初始蠕变阶段和加速蠕变阶段，无明显的等速蠕变阶段[图 1.2（c）]，在初始蠕变阶段结束后立即进入加速蠕变阶段，且变形过程中蠕变速率随时间推移急剧增大，在短时间内迅速产生蠕变破坏。岩石材料的蠕变行为，除了受自身属性影响以外，还受到外部环境条件（如应力和孔隙压力）的控制。在外部恒定荷载小于其长期强度的应力环境下，岩石仅产生稳定蠕变变形（不产生破坏）；而在外部恒定荷载等于或大于其长期强度的应力环境下，岩石将产生非稳定蠕变破坏。因此，对

于不同应力条件下的岩石蠕变全过程，其长期蠕变响应差异通常体现在黏塑性变形阶段。

1.2.2 围岩支护结构蠕变特性

目前，室内蠕变试验和现场蠕变试验是了解工程岩体时效特性的常用研究手段。而且，由于室内蠕变试验具有条件可控、成本较低、可重复等优点，所以得到了广泛应用并取得了丰硕的成果。在国外方面，学者 Griggs[22]于 1939 年对灰岩和页岩进行了一系列单轴蠕变试验，研究了中等强度岩石蠕变应力与破坏荷载之间的关系。在国内方面，陈宗基院士于 1959 年第一次将流变理论引入岩石力学，并在 1991 年对宜昌砂岩进行了扭转蠕变试验，此后还对宜昌泥板进行了长达 8 400 h 的蠕变试验，研究了加载过程中的封闭应力、蠕变和扩容现象[23]。下面分别对相关研究进展进行分述。

1. 单轴蠕变特性研究

由于单轴蠕变试验操作简单、技术难度低，所以早期关于岩石长期时效特性的研究工作以单轴蠕变试验为主。在软岩方面，Okubo 等[24]基于自主研发的岩石测试系统，对砂岩进行了单轴压缩条件下的蠕变试验，成功地获得了砂岩的完整蠕变曲线；扬建辉[25]基于砂岩在单轴压缩条件下的蠕变试验，研究了砂岩在轴向和环向上的蠕变变形演化规律；李永盛[26]通过对多种岩石类型（包括粉砂岩、大理岩、红砂岩和泥岩）进行单轴压缩蠕变试验，发现岩石材料的蠕变速率与其应力水平密切相关，并且存在初始蠕变阶段、等速蠕变阶段和加速蠕变阶段三个典型阶段；王贵君和孙文若[27]研究了硅藻岩在单轴压缩条件下的时效特性，发现与瞬时荷载作用下的峰值强度相比，其在长期恒定荷载作用下的强度大幅降低；许宏发[28]基于单轴压缩条件下的时效试验，研究了软岩弹性模量随时间推移的演化情况，发现软岩弹性模量具有与强度相似的变化规律，两者均随加载时间的不断增加而逐渐减小；朱定华和陈国兴[29]通过单轴压缩条件下的蠕变试验，研究了红层软岩的流变特性和长期强度，认为其蠕变行为可以通过伯格斯（Burgers）模型进行描述；崔希海和付志亮[30]通过单轴压缩蠕变试验研究了红砂岩在轴向和环向等不同方向上的蠕变力学特性，发现红砂岩在环向方向上的加速蠕变现象比轴向方向要更为明显；熊良宵等[31]通过单轴压缩蠕变试验，研究了轴向加载方向对锦屏二级水电站绿片岩初始蠕变持续时间及蠕变破坏机理的影响；范庆忠和高延法[32]对红砂岩进行了单轴压缩条件下的分级蠕变加载试验，研究了红砂岩在蠕变过程中弹性模量与泊松比的变形效应；袁海平等[33]基于单轴压缩条件下的蠕变试验，研究了某矿区软弱矿岩蠕变过程中的黏-弹-塑性变形特征；曹树刚等[34]基于单轴压缩条件下的分级蠕变试验，研究了砂岩蠕变过程中的声发射参数特征；刘传孝等[35]基于单轴加卸载蠕变试验，研究了深井泥岩在峰前及峰后阶段的蠕变曲线特征。此外，Yang 等[36]、Ślizowski 等[37]、Yahya 等[38]、Özşen 等[39]、Fabre 和 Pellet[40]等还分别对生物碎屑灰岩、盐岩和黏土岩等软岩的蠕变特性进行了测试分析，进一步促进了对于软岩长期时效特性的认识。在硬岩方面，Itô[41]、Itô 和 Sasajima[42]最早在 1957 年对花岗岩进行了历时几十年的蠕变测试，开始了对硬岩时效力学特性的研究；Malan 等[43]通过深部金矿硬岩的蠕变试验研究发现，深部硬脆性岩石在一定应力条件下也可能表现出明显的时效特性；Ma 和 Daemen[44]通过五组在室温下进行的单轴压缩条件下的蠕变试验发现，凝灰岩不存在真正的等速蠕变阶段，且其蠕变速率可以用应力的幂函数很好地描述；徐平和夏熙伦[45]通过单轴压缩条件下的蠕变试验发现，三峡地区的花岗岩存在一定的蠕变应力阈值，当应力大于该阈值时才会产生蠕变现象；张学忠等[46]在某边坡工程的花岗岩单轴压缩蠕变试验研究中发现，高强度花岗岩在高应力状态下将表现出较为明显的蠕变特征；沈振中和徐志英[47]通过单轴压缩条件下的蠕变试验发现，三峡地区大理岩蠕变过程中所表现出的黏弹性特征基本符合伯格斯模型的本构关系。

2. 三轴蠕变特性研究

地下工程开挖后围岩往往处于三向应力环境，所以单轴条件下的蠕变试验显然不符合工程岩体开挖后的真实应力条件，于是国内外学者开始通过三轴蠕变试验研究岩石的时效力学特性。在软岩方面，彭苏萍和王希良[48]对某煤层巷道泥岩开展了一系列三轴压缩条件下的蠕变试验，发现泥岩的蠕变起始强度与围压水平密切相关，不同围压条件下的蠕变起始强度存在较大差异；赵法锁和张伯友[49]基于三轴蠕变试验，研究了水对边坡工程软岩蠕变力学性质的影响；张向东等[50]基于三轴压缩条件下的蠕变试验研究了泥岩等软弱岩石的蠕变特性，发现泥岩的蠕变变形要显著大于其瞬时变形；徐卫亚等[51]研究了绿片岩在三轴压缩条件下的蠕变特性，发现绿片岩的蠕变行为与围压水平存在着较为直接的关系；范庆忠等[52]通过三轴压缩蠕变试验研究了低围压下含油泥岩的蠕变行为，发现含油泥岩的蠕变行为也存在明显的应力阈值；陈渠等[53]对三种沉积软岩开展了不同围压条件下的三轴蠕变试验，系统研究了软岩在不同应力条件下的蠕变特性和长期强度；万玲等[54]基于自主研发的试验仪器，开展了不同应力条件下的泥岩三轴蠕变试验，发现高围压条件会降低泥岩的蠕变速率，从而延长岩石的长期寿命；陈晓斌等[55]对红砂岩粗粒土开展了低应力条件下的三轴蠕变试验，系统研究了应力状态对粗粒土蠕变体积分量和剪切分量的影响；蒋昱州等[56]对小湾水电站片麻岩开展了三轴蠕变试验，发现片麻岩在高应力条件下的蠕变现象要更为显著。在硬岩方面，Fujii 等[57]基于一系列三轴压缩条件下的蠕变试验，系统研究了花岗岩的轴向、环向及体积蠕变曲线，发现环向应变可以作为花岗岩蠕变损伤的重要判断依据；Maranini 和 Brignoli[58]基于不同围压条件下的三轴蠕变试验，系统研究了石灰岩在不同应力条件下的蠕变机制，并且指出石灰岩在低围压下的蠕变变形主要取决于其内部的裂隙扩展，而高围压下的蠕变变形主要与其内部孔隙塌陷相关；梁玉雷等[59]基于不同温度条件下的三轴蠕变试验，研究了大理岩蠕变变形和蠕变机制的温度效应；张龙云等[60]基于三轴卸荷条件下的蠕变试验研究，发现花岗岩的环向蠕变能力要比轴向蠕变能力更为突出；陈亮等[61]基于不同温度条件下的三轴压缩蠕变试验研究，发现深部花岗岩的蠕变行为不存在明显的温度效应；杨圣奇等[62]基于三轴压缩条件下的蠕变试验，系统研究了围压水平对大理岩轴向和环向蠕变特性的影响；徐子杰等[63]通过三轴蠕变和同步声发射测试发现，与低轴向应力条件相比，大理岩在高轴向应力条件下的承载能力更低，更容易发生时效变形破坏；闫子舰等[64]研究了锦屏大理岩在分级卸荷条件下的蠕变力学特性，发现蠕变变形量主要取决于轴向应力和围压之间的差值。

3. 其他蠕变特性研究

一方面，除了基于完整岩石的单轴、三轴蠕变特性研究外，还有很多学者对含结构面和节理的岩石进行了蠕变分析。例如，徐平和夏熙伦[65]、Liu 等[66]分别对含结构面（泥化、破碎、硬性）和节理岩体的蠕变特性进行了分析研究；徐卫亚和杨圣奇[67]基于剪切蠕变试验，系统分析了龙滩水电站无充填节理岩石的剪切蠕变特性及其剪切蠕变参数；Zhang 等[68]基于不同围压条件下的蠕变试验，研究了断层碎屑岩的蠕变破裂机理；张清照等[69]、沈明荣和朱根桥[70]基于剪切蠕变试验，系统研究了不同角度锯齿形结构面对岩石蠕变特性的影响。此外，还有众多学者对不同加载方式下的岩石蠕变特性进行了研究，包括劈裂拉伸蠕变试验[71]、拉剪蠕变试验[72]及恒围压卸荷蠕变试验[73]等。另一方面，除了一般应力水平或浅埋工程岩体的蠕变现象外，由于工程活动不断向深部发展，深部高应力条件下的围岩及支护结构的时效力学响应问题也逐渐凸显，并得到了学者的广泛关注。例如，加拿大核废料处理 Mine-by 深埋试验洞，在洞室开挖完成 5 天以后围岩开始出现剥落破坏，并在随后的 130 天中持续向岩体深部扩展，最终形成了 V 形剥落坑[74]；瑞典福什马克（Forsmark）核废料地下试验场，受长期微破裂影响，围岩松弛深度将在 1 000 年后达到 3 m 左右[75]；南非哈特比斯方丹（Hartebeestfontein）深采金矿巷道，其洞周石英岩最大收敛率一度达到 50 cm/月[43,76]；伊朗塔隆（Taloun）公路隧洞在支护初期是稳定的，但在支护大约 225 天以后隧洞左侧支护出现了严重的凸起现象[77]，隧道围岩和支护体均表现出显著的时效特性。综上所述，一方面关于工程岩体蠕变特性的研究工作大多集中在完整岩石本身的蠕变行为上，没有考虑深部复杂地质环境条件（如高渗透压、强烈开挖扰动引起的开挖损伤）对岩石蠕变的影响；另一方面已有研究工作仅考虑了围岩或支护结构等单个对象的时效力学特性，关于隧洞围岩-支护系统整体蠕变特性的研究工作目前鲜有报道。

1.2.3 工程岩体蠕变力学模型

基于工程岩体的蠕变特性建立相应的蠕变模型，对于评估和预测地下工程结构的长期安全性至关重要，因此工程岩体蠕变力学模型的研究工作一直是当前岩石流变力学研究的重点和热点。目前，工程岩体蠕变力学模型一般分为三种，包括：经验蠕变模型、细观损伤模型及元件组合模型。然而，由于细观损伤模型是基于损伤和断裂力学理论考虑岩石内部的不连续性和非均匀性建立的，在实际工程中如何对此进行测定和表征存在较大的困难。因此，目前工程岩体蠕变力学模型的研究工作还是以经验蠕变模型和元件组合模型为主，现分别对相关研究进展进行如下分述。

1. 经验蠕变模型

经验蠕变模型是利用数理统计回归方法对岩石蠕变全过程曲线进行拟合而建立的，是一种完全基于数学方程的经验型函数关系式。通常来说，经验蠕变模型的一般形式可以表示为

$$f(t) = f_0 + f_1(t) + f_2(t) + f_3(t) \tag{1.1}$$

式中：$f(t)$、f_0、$f_1(t)$、$f_2(t)$和$f_3(t)$分别为总应变、瞬时弹性应变、初始蠕变应变、等速蠕变应变和加速蠕变应变。$f(t)$是关于时间t的经验函数，既可以是对数型，又可以是幂函数型、指数型或多项式型。

由于经验蠕变模型可以通过拟合试验数据简单获取，所以经验蠕变模型理论仍然是目前最为常见的工程岩体蠕变力学模型的构建方法。例如，Cruden等[78]采用幂函数型经验公式，建立了能够同时反映初始蠕变和加速蠕变的经验蠕变模型；吴立新[79]通过拟合煤岩的实测数据发现，对数型经验公式可以很好地描述煤岩的蠕变过程；Sone和Zoback[80]采用幂函数型经验公式，建立了反映页岩气储层岩石蠕变特性的经验蠕变模型，并评估了蠕变行为与围压和差应力之间的关系。尽管经验蠕变模型具有较高的拟合度，但此类模型只能表征特定岩石或特定应力条件下的蠕变行为。同时，采用的经验公式由于缺乏理论支持，难以反映岩石蠕变的真实力学机制，所以在工程领域的推广应用方面一直存在较大的局限性。

2. 元件组合模型

元件组合模型是将岩石介质简化为具有不同力学性质（弹性、黏性、塑性）的理想流变元件，并根据不同岩石蠕变特性对理想流变元件进行多元组合而建立的，如麦克斯韦（Maxwell）模型、开尔文（Kelvin）模型、伯格斯模型、宾厄姆（Bingham）模型、坡印亭-汤姆孙（Poynting-Thomson）模型及西原（Nishihara）模型。由于此类模型概念直观、简单且物理意义明确，比较适用于一般工程中的岩石蠕变问题，所以一直受到研究者的广泛关注。然而，由于理想元件都属于线性元件，基于此类元件组合构建的模型也属于线性模型，这类模型不能描述具有非线性特征的岩石蠕变行为，特别是加速蠕变阶段的变形破坏行为。因此，研究者开始尝试对理想元件和线性模型进行非线性化改进，试图寻求对不同岩石蠕变全过程（初始蠕变、等速蠕变、加速蠕变）的精确描述。

在理想元件非线性化改进方面，邓荣贵等[81]提出了一个新型非牛顿流体黏滞阻尼元件；曹树刚等[82]基于黏滞系数的非线性化，提出了一个新型非线性黏滞体元件；宋飞等[83]考虑黏滞系数随时间的演化规律，提出了两种非牛顿体黏滞元件，并建立了可以描述石膏角砾岩蠕变特性的复合蠕变模型；徐卫亚等[84]提出了一个新的非线性黏塑性体，并建立了可以表征岩石加速蠕变的河海模型（非线性黏-弹-塑性模型）；杨圣奇等[85]考虑黏聚力和摩擦系数随时间的演化规律，提出了可以模拟加速蠕变的新型黏塑性体；殷德顺等[86]基于分数阶微积分理论，提出了一种介于理想流体和固体之间的软体元件，可以用来模拟岩石蠕变过程中的非线性蠕变现象；周家文等[87]通过引入非线性函数，提出了改

进的非线性宾厄姆模型；陈晓斌等[88]提出了一个双曲线型非线性黏性元件，用于描述红砂岩粗粒土的蠕变力学特性；李良权等[89]通过引入计时模块，提出了一个非线性塑性元件和瞬时塑性模型；Wu 等[90]基于变阶分数阶理论，提出了一个改进的非线性麦克斯韦模型。

在线性模型非线性化改进方面，在 Kachanov[91]将连续损伤因子和有效应力概念引入金属蠕变断裂问题中后，损伤力学、断裂力学及内时理论等概念被广泛用于非线性岩石蠕变模型的构建工作中，极大地推动了工程岩体蠕变力学模型领域的发展和进步。例如，Aubertin 等[92]、Zhou 等[93]、Wu 等[94]考虑盐岩蠕变过程中的损伤演化和发展，建立了多种描述盐岩黏-弹-塑性变形的非线性损伤蠕变模型；Shao 等[95]基于岩石微观结构的损伤劣化，建立了考虑内部参数（弹性模量、屈服强度）随时间变化的损伤蠕变模型；李连崇等[96]考虑岩石蠕变过程中的损伤演化，基于岩石破裂过程分析（rock failure process analysis，RFPA）建立了细观单元角度的损伤蠕变模型；佘成学和孙辅庭[97]基于卡恰诺夫（Kachanov）损伤概念与时效强度理论，提出了考虑黏塑性参数非线性变化的时效损伤参量，并基于西原模型构建了改进的非线性统一损伤蠕变模型，其可以很好地表征硬岩和软岩的蠕变力学行为；Shao 等[98]考虑微裂纹扩展引起的体积扩容和损伤演化，认为岩石的蠕变行为是应力腐蚀过程导致的微裂纹亚临界扩展的结果，并基于微观力学理论建立了描述脆性岩石各向异性损伤的蠕变模型，其可以较好地表征花岗岩的蠕变力学特性；Zhou 等[99]考虑岩石微观结构及黏度系数的损伤，提出了一种模拟准脆性岩石弹塑性和黏塑性行为的损伤蠕变模型，其可以较好地描述岩石在不同时间尺度下的蠕变响应；Hu 等[100]通过在黏塑性元件中引入基于应变能的三阶段损伤方程，建立了模拟硬岩三阶段蠕变响应的非线性损伤蠕变模型，较好地描述了硬岩蠕变过程中的可逆和不可逆变形，特别是加速蠕变行为；Liu 等[101]基于卡普托（Caputo）分数阶导数和损伤力学理论，提出了表征砂岩蠕变力学行为的非线性损伤蠕变模型，其可以较好地描述砂岩蠕变的全过程（初始蠕变、等速蠕变及加速蠕变）。此外，Debernardi 和 Barla[102]、Xu 等[103]、Fahimifar 等[104]、Zhao 等[105]、Pu 等[106]也都相继提出了改进的非线性岩石蠕变模型。综上所述，基于非线性化改进的元件组合模型，不仅对岩石蠕变测试数据具有较高的拟合精度，而且在实际应用时具有较强的工程适用性。因此，新型非线性化蠕变模型的研究工作，仍然是岩石流变力学研究的重要内容之一。

1.2.4 水对隧洞围岩与结构的影响

由于地下水引起的渗透力、孔隙压力、冲刷软化等作用会显著改变岩石及工程结构的受力状态，有水条件下的力学特性、裂纹扩展及破坏行为均与无水条件下存在较大差异。因此，岩石在有水条件下的强度、变形及破坏特性一直是岩石力学与工程领域中备受关注的热点问题。长期以来，研究者针对岩石遇水问题开展了大量的研究工作，并且已经取得了较为丰富的研究成果。现分别对相关研究进展进行分述。

在岩石水力耦合力学特性方面，Li 等[107]基于砂岩的三轴压缩试验，分析了孔隙压力对岩石渗透规律的影响，提出了岩石渗透率与轴向应力和应变之间的函数关系式；

Olsson 和 Barton [108]基于花岗岩的剪切试验研究，分析了节理类岩体在特定荷载条件下的渗透特性；Wang 和 Park[109]基于沉积岩全应力-应变过程中的渗透特性试验研究发现，岩石渗透率在峰值强度之前随轴向应力增加不断增大，但在峰值强度之后显著减小；彭苏萍等[110]基于砂岩的渗透特性试验发现，有效围压水平会显著影响岩石的渗透率；谢兴华等[111]采用基于损伤力学理论的渗透率演化模型，研究了岩石渗透率和损伤变量在不同破坏（剪切、拉伸）模式下的函数关系；许江等[112]基于细砂岩的三轴压缩试验，分析了孔隙压力对峰值强度和剪切强度等岩石强度指标的影响，发现可以用强度折减系数描述孔隙压力对岩石有效剪切强度的影响；胡大伟等[113]基于多孔砂岩的循环加卸载试验，研究了不同应力条件下的岩石渗透率变化情况，发现岩石骨架的不可恢复变形是岩石渗透率发生不可逆变化的主要原因；刘向君等[114]基于油气储层岩石的三轴压缩试验，研究了不同孔隙压力下的岩石变形及强度特性，发现孔隙压力的波动变化对油气储层岩石的力学性质影响很大，严重时可能诱发灾害性破坏事件；俞缙等[115]基于砂岩应力-应变全过程的渗透特性测试，分析了应力-渗透压耦合作用下岩石变形与渗透率之间的关系，发现岩石体积应变和渗透率演化过程表现出了良好的相关性；赵恺等[116]基于充填裂隙岩石的渗透特性试验研究，分析了不同结构面条件下渗透率随围压的演化情况，发现裂隙岩石渗透率与围压大小呈 W 形多项式函数关系。综上所述，岩石渗透率与变形特性及应力条件（围压、轴压）的关联性，是水力耦合条件下岩石力学特性研究工作中较受关注的问题。

在岩石水力耦合裂纹扩展方面，Douranary 等[117]基于两相介质理论，探讨了岩石等多孔介质材料在水作用下的起裂、扩展及闭合机制；Bruno 和 Nakagawa [118]基于沉积岩的试验分析，研究了孔隙压力对岩石拉裂破坏的影响，发现岩石内部拉裂纹的形成、起裂和扩展，受裂纹尖端孔隙压力大小和梯度分布方向的共同影响；Zhou 等[119]基于试验测试和理论推导，研究了孔隙压力作用下深部岩体压剪破坏过程中的裂纹萌生和扩展规律，发现孔隙压力加剧了分支裂纹的扩展行为；王伟等[120]基于应力-渗流耦合条件下的花岗片麻岩破坏试验，研究了岩石变形过程中裂纹应变与渗透率之间的关联性，发现裂纹体积应变与渗透率的演化过程具有更好的对应关系；曹加兴等[121]基于自制预裂隙类岩石材料的水压试验研究，分析了岩石内部裂隙的扩展过程和贯通机制，发现孔隙压力对包裹式翼裂纹具有正向促进作用，但对花瓣型和反翼裂纹却存在一定的反向抑制作用；Wang 和 Zhang[122]基于应力-渗流耦合条件下的三维有限元裂纹扩展模拟试验发现，岩石内部裂纹的扩展方向通常与所受竖向应力方向平行；张黎明等[123]基于不同孔隙压力条件下的砂岩破坏试验，研究了应力-孔隙压力耦合作用下的岩石裂纹扩展行为，发现岩石的脆性特征随着孔隙压力的增加明显增强，相应的起裂应力、损伤应力和峰值强度降低。

在岩石水力耦合时效特性方面，赵延林等[124]基于水岩耦合条件下的时效试验，分析了黏弹性压剪裂纹及其分支裂纹在渗透压作用下的起裂过程和演化规律，发现渗透压对分支裂纹扩展及应力强度因子演化具有显著的促进作用，并且认为岩石压剪裂纹在渗透压与侧向压应力的联合作用下存在时效流变断裂贯通破坏的可能性；杨红伟等[125]基于应力-渗流条件下的细粒砂岩蠕变试验，分析了岩石应变及体积速率在分级蠕变荷载作用下的变化规律，发现应力-渗流联合作用下的岩石蠕变表现出了与常规条件类似的三个典型变形阶段，并且岩石渗透系数与体积应变之间具有良好的对应关系，认为岩石的初始渗透系数具有一定的记忆特征；Cerasi 等[126]基于不同条件下的泥岩蠕变试验，研究了干燥条件及渗流作用下的泥岩蠕变特性，发现渗透压对这类软岩的长期强度具有显著的弱化效应，渗流条件下的轴向、环向和体积应变与干燥条件下相比均显著增加；Bian 等[127]基于 X 射线衍射和扫描电子显微镜（scanning electron microscope，SEM），从微观结构角度研究了页岩遇水参数退化的内在机理，并建立了岩石在单轴荷载作用下遇水弱化的损伤本构模型；Yan 等[128]基于应力-渗流耦合作用下的花岗岩分级蠕变测试试验，研究了不同蠕变阶段的蠕变速率与其渗透率之间的相关性，并在此基础上建立了体积应变与渗透能力之间的函数关系。此外，Liu 等[129]、蒋海飞等[130-131]、Xie 等[132]、Zhao 和 Jiang[133]也都对水岩耦合条件下的岩石蠕变特性进行了试验分析或理论研究。随着大型水利水电工程不断向深部发展，深部高应力、高渗透压（高孔隙压力）条件下的水岩耦合时效特性问题，将是地下工程建设和运营过程中面临的重要关键问题之一。

1.2.5 隧洞围岩与结构性态监测感知技术

原位力学响应有助于现场工程师直观了解围岩及结构的实时状态，并且可以为工程建设过程中的开挖和支护调控措施提供直接依据[134]。因此，原位监测技术及相应的监测设备一直是岩石力学与工程研究领域的热点问题。在长期的地下工程实践中，原位监测技术得到了迅猛发展，原有测试仪器不断更新换代，新型仪器不断被研制成功，测试机理与成果应用的深入研究等都超过了以往任何时期，国内外先后发展了一系列地下工程原位监测技术及监测设备[134-138]，包括多点位移监测、钻孔摄像观测、钻孔弹性模量测试、声发射监测、微震监测及三维激光地质扫描等，可以有效实现围岩（变形、应力、波速及开挖损伤）和结构（锚杆应力、衬砌变形）的多方面跟踪监测。借助这些原位监测技术及监测设备对工程开挖全过程进行跟踪，可以直接、有效地获取隧洞围岩和结构在施工期的原位开挖响应信息。

由隧洞监测理论可知，由于围岩和结构在施工建设期与运行管理期的受力状态存在较大差异，所以不同阶段隧洞的安全监测内容明显不同[136,139]。在隧洞施工建设期，开挖引起的应力重分布会导致围岩开挖损伤和洞壁剧烈变形，因此主要侧重于应力、变形和裂缝（开挖损伤）等常规监测。进入隧洞运行管理期后，围岩与衬砌共同承担外部荷载，围岩的作用相对来说有所降低，环境温度、衬砌外水压力等其他作用逐渐开始凸显。因此，除隧洞围岩应力和变形监测外，还需要对环境温度、衬砌外水压力、锚杆受力状态、隧洞通水水位及衬砌表面裂缝等进行系统监测。此外，考虑到衬砌结构的潜在变形破坏会影响隧洞的输水能力，严重时甚至可能危及水电站的安全运行，因此对衬砌结构性态的定期监测是引水隧洞（特别是深埋长大型引水隧洞）运行管理期需要重点关注的内容[140]。

目前，水工隧洞衬砌结构性态监测方法以人工检测为主，常见的检测手段包括潜水员入水检查及人工放空巡检两种类型[140]。对于长距离、大洞径的长大型引水隧洞，考虑到潜水员的水下作业过程存在一定的安全风险，因此该类水工隧洞的结构性态监测通常采用人工放空巡检方法（激光测距、红外热成像、三维激光扫描和数字地质雷达），并根据巡检结果决定是否开展更进一步的验证检查工作，如物探检测、钻心取样等[141-142]。随着水下检测技术的不断进步[143-146]，以自主水下航行器（autonomous underwater vehicle，AUV）和遥控水下航行器（remotely operated vehicle，ROV）为主的无人检测设备，在水利水电工程领域的水库大坝、水垫塘等开阔水域的水下检测中取得了不错的应用效果。例如，王秘学等[147]成功将 ROV 用于水库大坝的缺陷检测实践中，并分析了不同 ROV 在水库大坝检测中的适用性；王祥和宋子龙[148]系统总结了 ROV 在水闸及水库大坝水下检测方面的技术成果，并探讨了 ROV 在大坝渗漏点和裂缝检查中的关键技术与应用难题；李永龙等[149]系统总结了 AUV 和 ROV 在水利水电工程领域的水下检测实践案例，并在此基础上分析了无人探测系统在导航定位、运动控制和损伤识别等方面的关键性技术；杨超[150]基于大坝检测应用实践中的客观需求，提出了变增益型比例-积分-微分（proportional-integral-differential，PID）定姿控制方法，提高了大坝渗漏水下探测设备的控制稳定性。随着水下无人检测技术在开放型水域的成功应用，研究者开始寻求实现水工隧洞等封闭水域水下检测的可能性，并且开展了一系列创新性探索工作。在 AUV 水下检测方面，德国 SeaCat 研究团队于 2012 年首次使用 AUV 在输水隧洞中开展了水下检测工作[151]，成功开启了水工隧洞 AUV 水下检测的探索之路；随后，美国旧金山公共事业委员会也对此进行了相关探索，采用 AUV 对赫奇-赫奇（Hetch-Hetchy）输水管道开展了水下检测工作[152]；此外，国内学者胡祺林[153]基于温州永嘉隧洞水下检测的应用需求，优化了 AUV 的实时定位算法，有效提升了该类探测器的定位精度和控制稳定性。在 ROV 水下检测方面，顾红鹰等[154]引进搭载摄像单元的加拿大 Seamor 300F ROV，针对南水北调东线穿黄隧洞开展了水质及淤积情况检测，采集了穿黄隧洞内部的图像信息；冯永祥和来记桃[155]基于进口并经改造的 DOEL5N ROV，同时搭载摄像和声呐单元对二滩水电站压力管道开展了运行情况检测工作，采集了压力管道的二维图像信息；黄泽孝和孙红亮[156]基于进口并经改造的 ROV，同时搭载水下摄像单元、二维图形声呐及避障声呐装置，成功实现了水电站尾水洞冲蚀淤积情况的水下避障检测；Wang 等[157]自主研发了搭载图像采集装置的履带式 ROV，成功完成了某水电站引水隧洞运营期的水下检测和信息采集工作；来记桃[158]基于长距离引水隧洞的检测需求，提出了 ROV 电能传输的压降控制技术，成功解决了长距离引水隧洞水下检测背景下的线缆供电传输关键问题，为长距离水工隧洞的 ROV 检测提供了技术支撑。此外，杨新平[159]、徐鹏飞[160]、王黎阳[161]、周梦樊等[162]、唐洪武等[163]、王文辉等[164]也对水利水电工程领域的水下检测技术进行了相关探索和研究。综上所述，水下无人检测技术的发展成熟，为水利水电工程领域的水下检测提供了一种新的解决方案，鉴于深部长大型引水隧洞的结构特点和检测需求，适用于深部长大型水工隧洞的水下无人检测技术及设备将成为该类水工隧洞运营期检测的重要发展方向。

1.2.6 围岩损伤评价与长期稳定性分析

大量深部高应力硬岩地下工程的实践表明[165-167]，开挖卸荷和应力重分布会引起围岩损伤破裂，且这种损伤破裂会随时间推移不断向岩体深部扩展，最终洞室围岩收敛变形不断增加，甚至会出现高应力开裂和脆性破坏等影响工程安全的灾害问题。因此，有效获取开挖损伤区（excavation damaged zone，EDZ）的深度和状态，对于科学评估深部高应力硬岩地下工程的长期稳定性至关重要。目前，在围岩损伤识别和稳定性分析方面，主要有以下三种方法：理论解析法、现场测试法和数值仿真法。

1. 理论解析法

在解析分析方面，通常是将围岩划分为弹性区和塑性区，或者弹性区、塑性区和破裂区，然后基于力学理论推导不同分区范围内的封闭解。对于常规圆形洞室，国内外已有不少学者针对不同屈服准则下的理论解答进行了推导计算。例如，范鹏贤等[168]、Brown等[169]、张小波等[170]分别基于莫尔-库仑（Mohr-Coulomb）屈服准则、赫克-布朗（Hoek-Brown）屈服准则和德鲁克-普拉格（Drucker-Prager）屈服准则，计算了圆形洞室在弹塑性范围内的位移和应力的封闭解析解；与此同时，徐栓强等[171]、张强等[172]、Lu等[173]、Wang 等[174]还针对圆形洞室在不同条件（如考虑渗透压、考虑内压、考虑应变软化）下的封闭解进行了推导。对于矩形或马蹄形等非圆形洞室，可通过复变函数计算相应的映射函数以获得近似解答[175-176]。尽管该方法在工程实践中的作用非常有限，但是通过理论分析仍然可以获得一些重要的、有益的规律性认识，这可以为现场工程建设提供重要的理论依据。

2. 现场测试法

在现场测试方面，通常是基于钻孔声波测试、钻孔摄像观测、钻孔弹性模量测试、声发射监测、多点位移监测等原位测试方法[177-181]，根据现场直接获得的观测结果评估围岩的变形损伤和稳定状态。由于钻孔声波测试和钻孔摄像观测操作简单，且测试精度较高，所以这两种方法被广泛用于地下工程实践中的围岩损伤测定。例如，Read[182]基于现场开挖响应的钻孔摄像和微震监测，分析了 Mine-by 试验洞的围岩损伤机制，并在此基础上评估了工程开挖对围岩损伤发展和稳定性的影响；Malmgren 等[183]从围岩支护优化设计的实际需求出发，利用声发射监测和钻孔摄像观测对瑞典基律约（Kiirunavaara）地下铁矿巷道 EDZ 的深度和范围进行了测试，并在此基础上评估了洞室围岩的稳定性；Shao 等[184]通过现场钻孔声波测试和钻孔摄像观测，确定了法国上马恩省（Haute Marne）地下实验室 EDZ 的演化特征；Wu 等[185]基于钻孔摄像观测获得的裂缝累计张开位移曲线测定了小湾水电站坝基的 EDZ，提出了一种基于钻孔卸载应变能量化 EDZ 范围和损伤程度的新方法；Li 等[186-187]基于数字钻孔摄像获得的全景钻孔图像，研究了深部引水隧洞围岩内部裂缝的起始、扩展及闭合过程，并进一步测定了围岩 EDZ 的深度、产状和分带情况，有效揭示了深部硬岩 EDZ 的形成及演化过程；此外，邹红英和肖明[188]、戴峰等[189]、裴书锋等[190]、刘晓等[191]基于现场钻孔声波测试，研究了水库边坡、地下洞室及水电站地下厂房等典型工程的岩石松弛深度和损伤情况，并在此基础上对工程结构的稳定性进行了分析。

3. 数值仿真法

在数值计算方面，通常是基于有限单元法、有限差分法、离散单元法等数值分析方法，通过塑性区或一些考虑单元强度退化和力学参数劣化的评价指标[如强度发挥系数（strength exertion coefficient，SEC）[192]、破坏接近度指数（failure approaching index，FAI）[193]、岩石破裂度（rock failure degree，RFD）[194]、弹性模量劣化指标（elastic-modulus deterioration index，EDI）[195]等]来评估围岩的损伤情况与稳定状态。然后，张传庆等[196]、姚华彦等[197]、李建贺等[198]、江权等[199]、张皡等[200]、Xu 等[201]基于上述指标开展了实际工程岩体的损伤破坏数值分析，并根据计算结果进一步评价了围岩稳定性及结构安全性。由此可知，这些指标的提出为评估实际工程中的围岩损伤及稳定性提供了可靠的、有效的数值解决方案。然而，尽管可以通过现场测试损伤区来验证数值预测结果的正确性和合理性，但是数值计算与现场测试（如钻孔声波测试和钻孔摄像观测）之间尚未建立起直接的一一对应关系，如何将数值计算与现场测试进行深度结合是值得进一步考虑的问题。

1.3 本书的主要内容

本书依托锦屏二级水电站深埋引水隧洞工程背景，针对运营期隧洞围岩-支护系统性能检测设备、室内试验技术、流变力学模型、安全评价方法等关键工程技术问题开展科研攻关，研究深埋引水隧洞围岩-支护系统时效响应特性与变形破坏机理，研制深埋引水隧洞运营期衬砌结构性态多元协同检测设备，建立反映开挖损伤和高孔隙压力耦合效应的深埋引水隧洞开挖损伤围岩蠕变力学模型，提出深埋引水隧洞围岩-支护系统长期安全性评价方法，深入分析锦屏二级水电站深埋引水隧洞围岩-支护系统在运营过程中的时效响应特性与长期稳定性。本书各个章节的主要研究工作如下。

第 1 章绪论，系统阐述工程岩体蠕变特性测试、时效力学模型构建、隧洞衬砌结构性态监测感知技术与设备、围岩损伤评价与长期稳定性分析方法等相关问题的国内外研究现状，针对现有研究不足分析、凝练有待进一步解决的科学问题，并基于此确定本书的主要内容。

第 2 章深埋引水隧洞结构性态与检测装备，根据现场原位监测结果，系统分析锦屏二级水电站深埋引水隧洞运营管理期间的围岩变形、锚杆受力、衬砌变形及局部破坏情况，在此基础上结合光学摄像和声学扫描等水下无人检测技术，设计并研制深埋引水隧洞衬砌结构性态多元协同水下检测系统，并通过自制的引水隧洞缩尺模型装置验证检测设备的合理性和可靠性。

第 3 章深埋引水隧洞开挖损伤围岩蠕变特性测试，通过考虑深部开挖扰动-高孔隙压力耦合作用的三轴蠕变试验，系统研究深埋引水隧洞开挖损伤围岩蠕变过程中的孔压效应，然后深入分析深埋引水隧洞开挖损伤围岩在不同孔隙压力下的时效变形特性、长期强度演化规律及蠕变失效机理，为深埋引水隧洞围岩蠕变力学模型的构建工作提供实测数据和理论支撑。

第 4 章深埋引水隧洞围岩-支护系统物理模型试验，基于深部硬岩相似理论制备锦屏二级水电站大理岩相似模拟材料，在此基础上开展考虑围岩、锚杆、衬砌共同作用的时效物理模型试验，模拟锦屏二级水电站深埋引水隧洞围岩-支护系统在运营期内外压力联合作用下的变形破坏过程，系统揭示隧洞围岩-支护系统的整体时效特性与灾变破坏机理。

第 5 章深埋引水隧洞开挖损伤围岩时效力学模型，结合岩石流变理论和蠕变元件组合模型理论，提出反映深埋引水隧洞开挖损伤硬脆性围岩蠕变特性的非线性损伤蠕变模型，利用列文伯格-马夸特-全局优化（Levenberg-Marquardt-universal global optimization，LM-UGO）算法确定不同孔隙压力下的模型参数，并建立模型参数与孔隙压力之间的函数关系式，在此基础上利用 FLAC3D 有限差分软件实现该模型的程序化，并通过三轴压缩蠕变数值试验检验模型的正确性。

第 6 章深埋引水隧洞围岩-支护系统长期安全评价方法，针对深埋引水隧洞围岩-支护系统长期安全评价难题，提出深埋引水隧洞硬岩开挖损伤定量预测方法、锚杆/锚索三段式强度模型与整体破坏度指标、模拟砂浆锚杆系统力学特性的局部均一化方法，以及围岩-锚杆-衬砌安全性评价指标与可靠度分析方法。

第 7 章工程应用案例，依托锦屏二级水电站深埋引水隧洞工程，基于所提出的蠕变力学模型和长期安全评价方法，通过数值模拟研究了深埋引水隧洞围岩-支护系统在不同时期（施工开挖期、运营维护期）的力学响应特征，并在此基础上综合评价隧洞围岩-支护系统的稳定性和结构安全性。

>>> 第 2 章

深埋引水隧洞结构性态与检测装备

2.1 引　言

受高应力、高水头等深部复杂地质赋存条件的影响，深埋引水隧洞运营期存在围岩和支护结构联合变形破坏的可能性。借助原位监测技术对潜在变形破坏进行实时监测和预警，有助于现场工程师直观了解隧洞结构的服役性态并及时采取相应的调控措施，这对于保障深埋引水隧洞的安全运行至关重要。

引水隧洞运营期由围岩和衬砌共同承担外部荷载，所以其在运行管理期的受力状态与施工建设期存在较大差异，这使得隧洞运营期安全监测的侧重点有所改变[136,139]。除常规的围岩应力和变形监测外，还需对隧洞通水水位、锚杆受力状态、衬砌外水压力及衬砌表面裂缝等进行综合监测。更为重要的是，考虑到衬砌的变形破坏会严重影响引水隧洞的过水能力，因此对衬砌结构服役性态（包括开裂、鼓包、剥落等）的定期监测也是引水隧洞运营期需要重点关注的内容[140]。然而，目前水工隧洞衬砌结构服役性态的监测工作以人工放空巡检为主[140]，即通过人工巡视、物探检测和缺陷素描等对衬砌损伤和破坏情况进行检查定位，此类传统方法在应用于深埋引水隧洞时存在以下局限性：①隧洞内部环境复杂、能见度较差，使得巡检效率较低，且难以全面覆盖拱肩和拱顶等重点关注部位；②排水放空使得隧洞受力情况发生骤变，可能不利于隧洞运行安全；③长线引水隧洞内部阴暗潮湿、通风供氧条件差，使得人工巡检存在较大的风险。因此，需要研发与深埋引水隧洞结构特点相适应的水下无人检测技术与设备，克服人工巡检存在的需退水、效率低、风险大等不足。

本章基于隧洞运营期的结构服役性态原位监测结果，系统分析锦屏二级水电站深埋引水隧洞围岩及支护结构的时效力学响应，总结隧洞运营期的潜在变形与破坏问题，为深埋引水隧洞的长期稳定性评估提供数据支撑。在此基础上，针对现有水工隧洞衬砌结构性态监测方法的不足，基于光学摄像和声学扫描技术设计深埋引水隧洞衬砌结构性态多元协同检测设备，开发可独立采集数字图像信息和三维点云数据的可视化人机交互模块，实现水上控制系统和水下检测装置一体化的自主研发。所研发的检测设备操作简单且可靠度高，不仅可以简化实际检测流程，还可以提高检测效率，克服了传统水工隧洞人工检测的诸多局限。

2.2 结构性态长期跟踪监测

为了确保锦屏二级水电站深埋引水隧洞的围岩稳定与衬砌安全，避免围岩与衬砌结构的潜在变形破坏对发电系统造成不利影响，现场开展了围岩变形、锚杆应力、衬砌应变、围岩渗透压力、衬砌破坏等多方面的长期跟踪监测[167]，这些现场监测工作为揭示隧洞开挖与运行全过程的原位力学响应及演化特性提供了丰富的数据支撑。

2.2.1 围岩变形监测

由于围岩收敛变形是高应力硬岩隧洞长期稳定性评价的重要指标，所以在隧洞拱腰、拱肩及拱顶位置（图 2.1）布设了多套多点位移计，用于获取锦屏二级水电站深埋引水隧洞长期运营过程中的围岩变形演化特征，典型测点的位移变化曲线如图 2.2 所示。监测结果显示，1#深埋引水隧洞的围岩累计变形量（“+”表示拉伸变形；“-”表示压缩变形）在-5.98（M1-16+449-3-2①）～9.47 mm（M1-0+850-1-0）；2#深埋引水隧洞的围岩累计变形量在-36.19（M2-3+900-4-2）～53.01 mm（M2-3+900-4-0）；3#深埋引水隧洞的围岩累计变形量在-8.80（M3-13+815-1-2）～11.99 mm（M3-2+170-2-0）；4#深埋引水隧洞的围岩累计变形量在-31.85（M4-4+230-7-1）～69.13 mm（M4-2+220-2-0）。总体来说，2#和 4#深埋引水隧洞围岩变形较大，最大位移量达 69.13 mm；1#和 3#深埋引水隧洞围岩变形较小，位移变化范围为 5.98～11.99 mm。历时多年的跟踪监测结果表明：锦屏二级水电站深埋

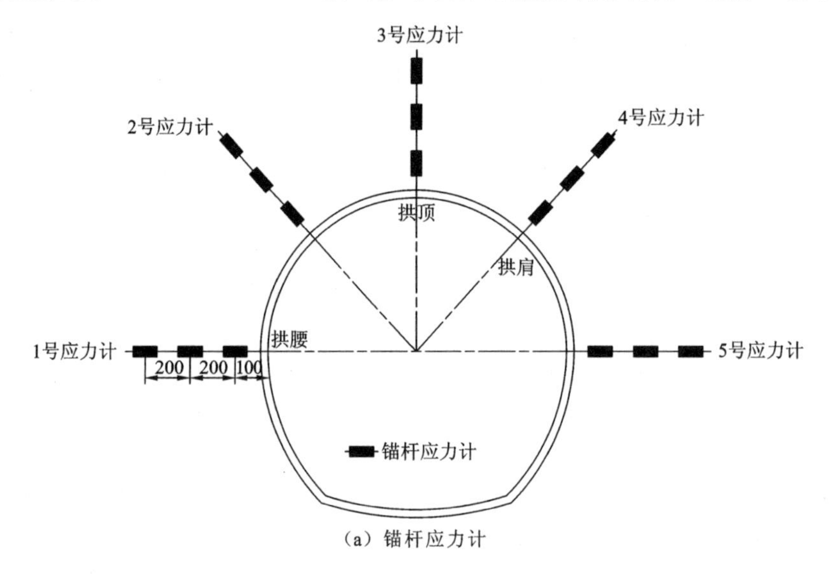

（a）锚杆应力计

① M1-16+449-3-2 编号说明：M1 指 1#引水隧洞；16+449 指桩号 K16+449；3 指多点位移计编号；2 指测点编号。余同。

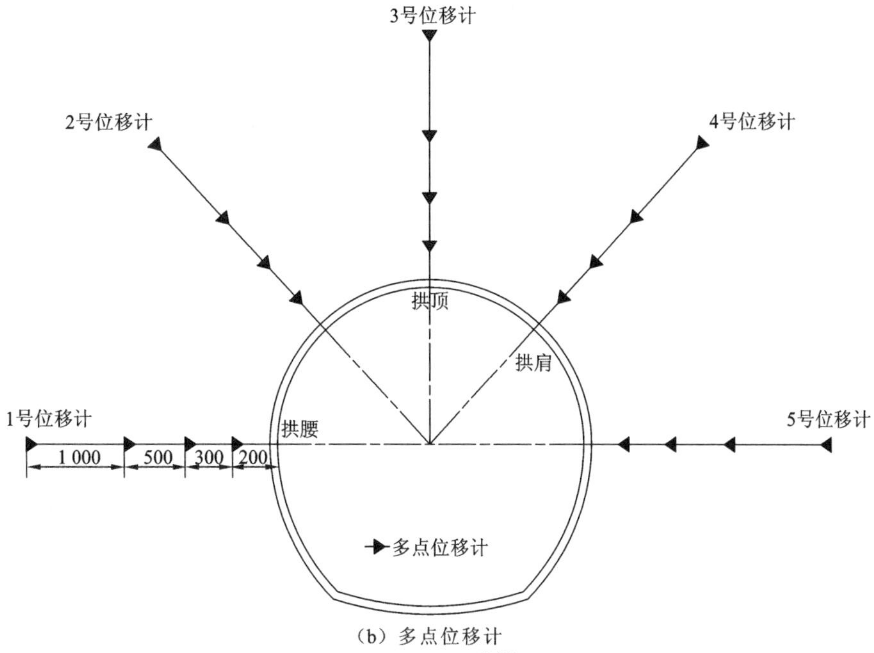

（b）多点位移计

图 2.1　现场监测布置方案[167]（单位：mm）

引水隧洞的围岩变形呈台阶式增长，施工开挖期间变形量较大，且变形随与隧洞边墙距离的增加而逐渐较小；长期运营期间变形量较小，除部分洞段的大理岩表现出一定的流变特性外，基本趋于稳定状态。

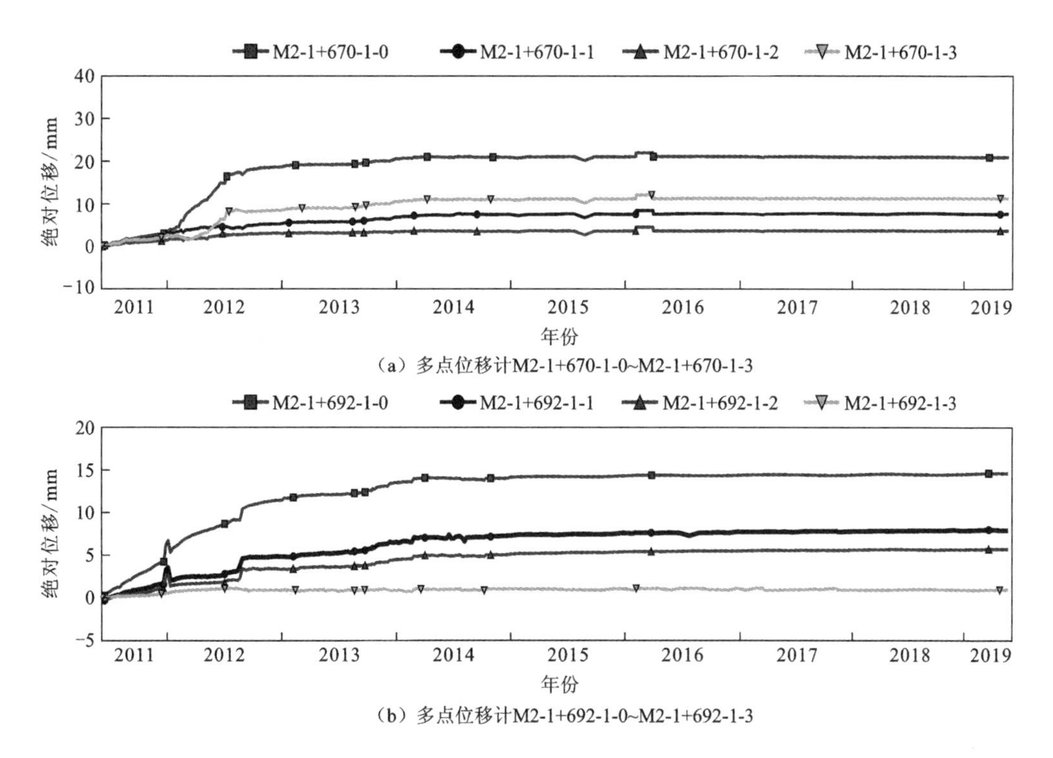

（a）多点位移计M2-1+670-1-0~M2-1+670-1-3

（b）多点位移计M2-1+692-1-0~M2-1+692-1-3

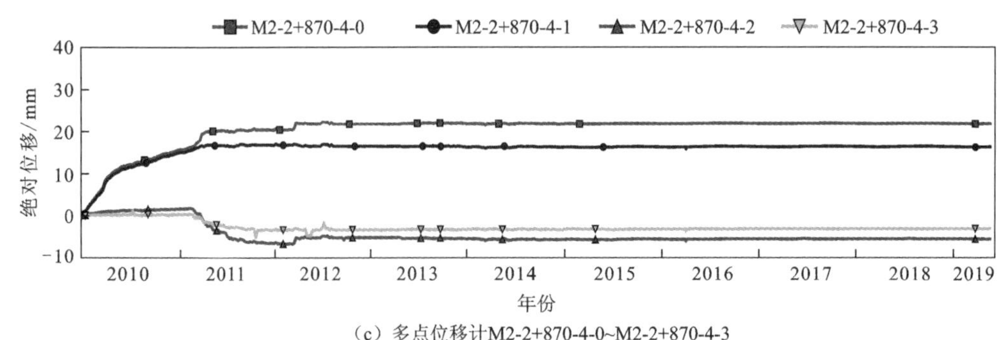

（c）多点位移计M2-2+870-4-0~M2-2+870-4-3

图 2.2　运营期典型测点位移变化曲线[167]

2.2.2　锚杆应力监测

在隧洞拱腰、拱肩及拱顶位置（图 2.1）布设了多套锚杆应力计，用于获取锦屏二级水电站深埋引水隧洞开挖和运营全过程的内部应力演化特征，典型测点的锚杆应力变化曲线如图 2.3 所示。监测结果显示，1#深埋引水隧洞围岩内部锚杆的应力累计变化量（“+”表示受拉；“-”表示受压）在-88.46（R1-1+760-3-2）～294.57 MPa（R1-1+665-2-3）；2#深埋引水隧洞围岩内部锚杆的应力累计变化量在-90.39（R2-12+261-2-1）～425.20 MPa（R2-3+595-3-1）；3#深埋引水隧洞围岩内部锚杆的应力累计变化量在-14.66（R3-4+250-1-2）～310.57 MPa（R3-2+170-2-1）；4#深埋引水隧洞围岩内部锚杆的应力累计变化量在-63.97（R4-4+135-5-2）～301.67 MPa（R4-9+809-2-3）。整体而言，隧洞锚杆应力调整变化量较小，围岩内部应力调整趋于稳定状态。

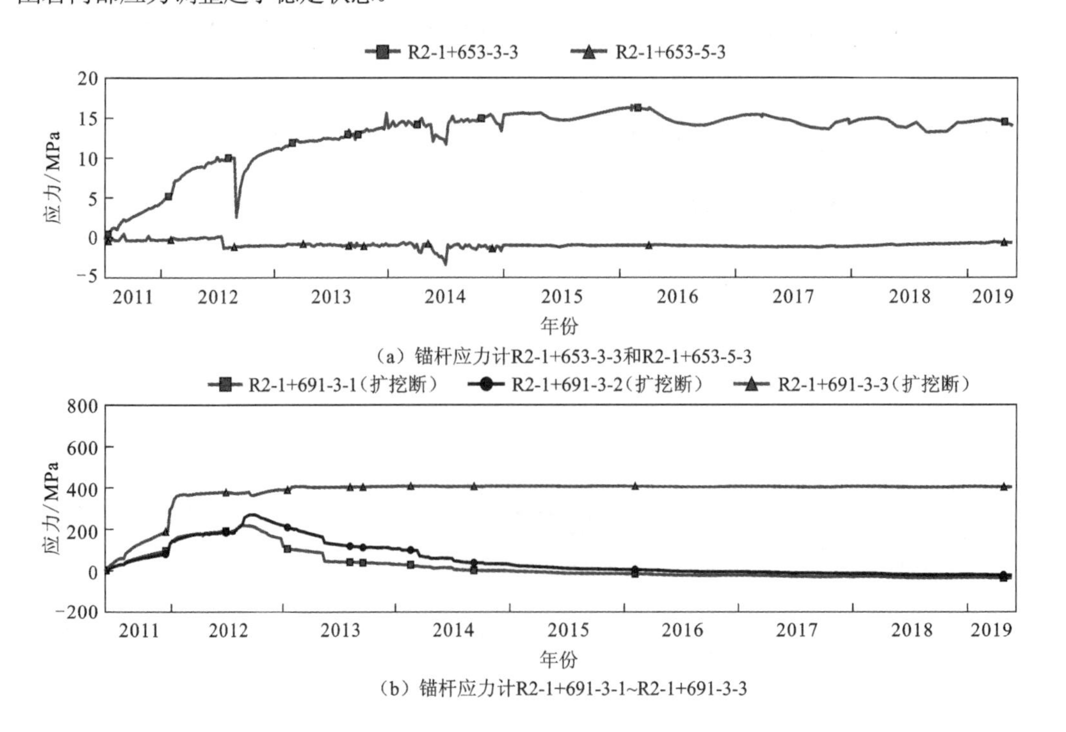

（a）锚杆应力计R2-1+653-3-3和R2-1+653-5-3

（b）锚杆应力计R2-1+691-3-1~R2-1+691-3-3

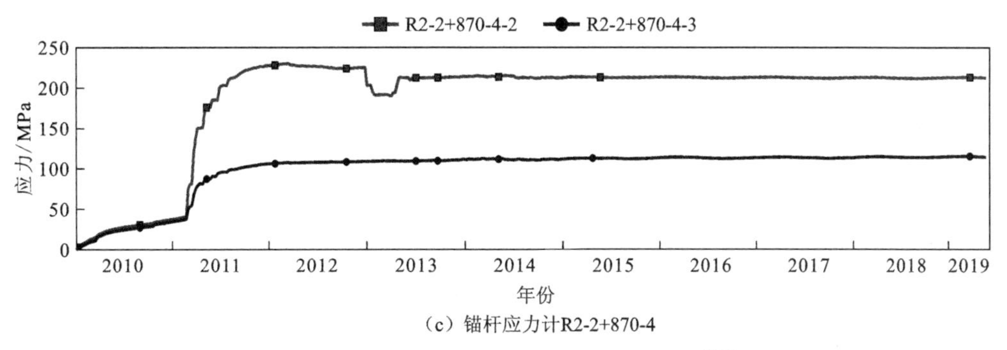

（c）锚杆应力计R2-2+870-4

图 2.3　运营期典型测点锚杆应力变化曲线[167]

2.2.3　衬砌应变监测

在隧洞拱腰、拱肩及拱顶位置（图 2.1）布设了多套衬砌微应变计，用于获取锦屏二级水电站深埋引水隧洞开挖和运营全过程的衬砌应变演化特征，典型测点的衬砌应变变化曲线如图 2.4 所示。监测结果显示，1#深埋引水隧洞混凝土衬砌的累计应变（“+”表示拉应变；“−”表示压应变）在−686.40（N1-1+760-2）～88.15 με（N1-2+704-2）；2#深埋引水隧洞混凝土衬砌的累计应变在−957.51（N2-1+691-1）～514.76 με（N2-12+695-5）；3#深埋引水隧洞混凝土衬砌的累计应变在−804.65（N3-5+420-5）～138.76 με（N3-2+235-6）；4#深埋引水隧洞混凝土衬砌的累计应变在−592.85（N4-1+748-5）～354.48 με（N4-8+655-1）。总体来说，隧洞混凝土衬砌应变调整变化趋于稳定。

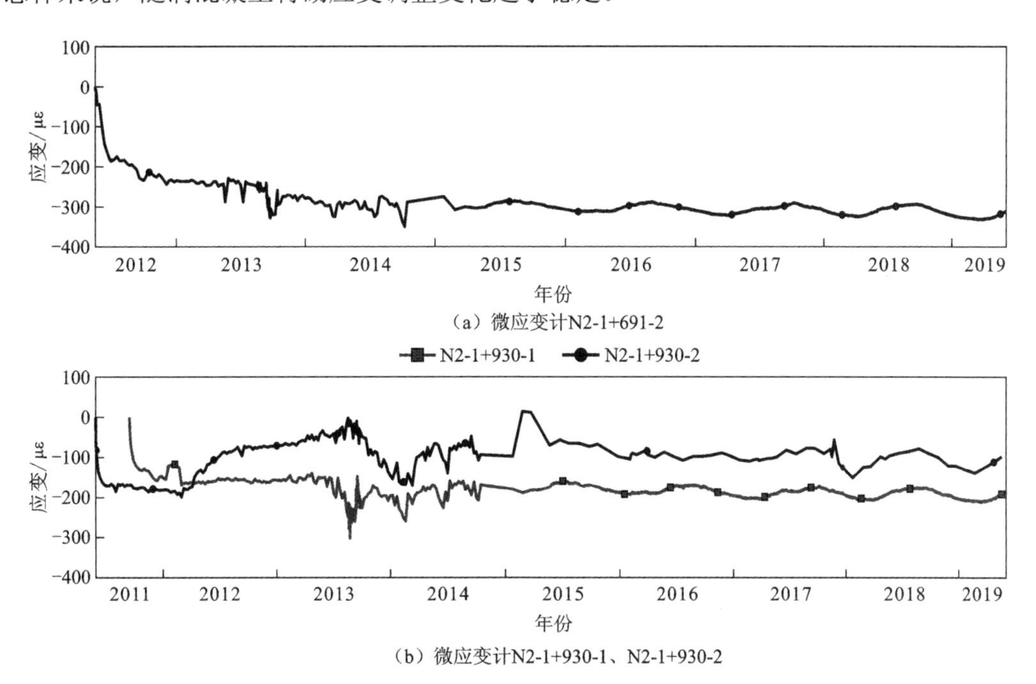

（a）微应变计N2-1+691-2

（b）微应变计N2-1+930-1、N2-1+930-2

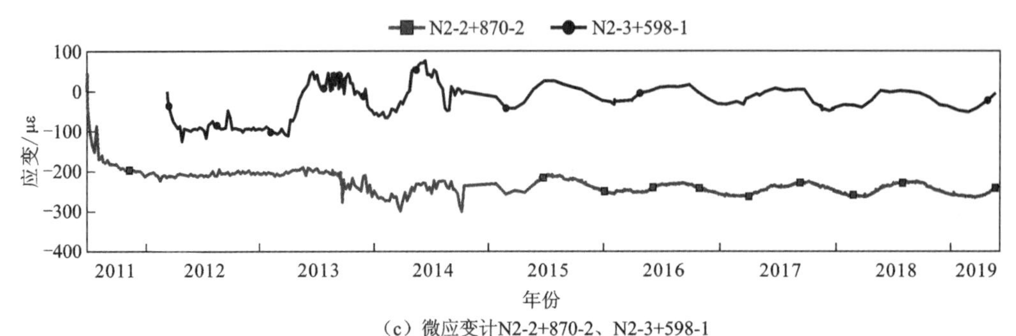

（c）微应变计N2-2+870-2、N2-3+598-1

图 2.4　运营期典型测点衬砌应变变化曲线[167]

2.2.4　围岩渗透压力监测

在隧洞拱腰、拱肩及拱顶位置（图 2.1）布设了多套渗压计，用于获取锦屏二级水电站深埋引水隧洞开挖和运营全过程的围岩渗透压力演化特征，典型测点的渗透压力变化曲线如图 2.5 所示。监测结果显示，1#深埋引水隧洞围岩内部的渗透压力在 21.76（P1-2+920-1）～799.62 kPa（P1-13+555-3），渗透压力变化量在−78.11～21.76 kPa；2#深埋引水隧洞围岩内部的渗透压力在−26.30（P2-11+510-4）～1 405.16 kPa（P2-3+900-4），其中 K3+900 监测断面右拱腰处（P2-3+900-4）、K3+598 监测断面左拱腰处（P2-3+598-3、P2-3+598-4）渗透压力较大，分别为 1 405.16 kPa 和 1 038.65 kPa；3#深埋引水隧洞围岩内部的渗透压力在−83.45（PG3-11+980-1）～881.13 kPa（PG3-5+420-2），其中 3 个测点的

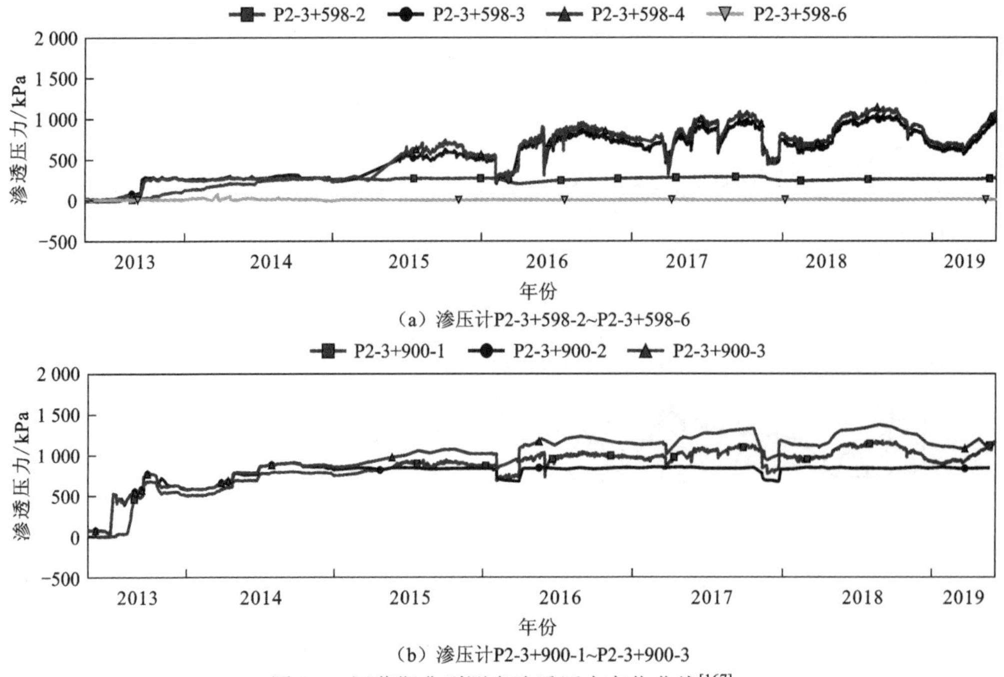

（a）渗压计P2-3+598-2~P2-3+598-6

（b）渗压计P2-3+900-1~P2-3+900-3

图 2.5　运营期典型测点渗透压力变化曲线[167]

渗透压力变化量超过 100 kPa，最大变化为-178.6 kPa，其余测点的渗透压力变化量处于-130.52～74.63 kPa；4#深埋引水隧洞围岩内部的渗透压力在-374.42（PG4-12+975-2）～577.16 kPa（PG4-13+803-3），渗透压力变化量处于-137.00～413.77 kPa。总体来说，2#深埋引水隧洞受充排水影响，大部分测点的渗透压力有所增大，其余隧洞受排水影响大部分测点的渗透压力呈减小趋势，变化趋势与历次充排水变化规律基本一致，属于正常变化。

2.2.5　衬砌破坏监测

除上述常规围岩及支护结构的变形、应力监测外，还定期排水放空进行隧洞衬砌结构服役性态的检测。经过运营期的多年跟踪检测发现，锦屏二级水电站深埋引水隧洞末端部分洞段的衬砌结构发生了不同程度的时效破坏，主要表现为衬砌翘曲破损、衬砌开裂剥落及钢筋外露腐蚀等，尤其是在 1#深埋引水隧洞引（1）15+200 m 洞段附近出现了多次衬砌破坏现象，具体如图 2.6 所示。

（a）钢筋外露腐蚀　（b）衬砌开裂剥落　（c）衬砌翘曲破损　（d）地下渗水现象

图 2.6　引（1）15+200 m 洞段衬砌结构局部破坏[167]

隧洞破损洞段埋深约为 1 370 m，围岩由中三叠统盐塘组灰白色、灰绿色条带状云母大理岩组成，以微风化和新鲜为主，局部构造破碎带两侧岩石呈弱风化—强风化状。该洞段位于东端第一出水带西侧边缘，主要发育 NWW 向中陡倾角张性结构面和 NNE 向陡倾的层面节理，局部发育溶蚀裂隙，溶蚀现象明显，地下水相对发育，沿结构面多有渗水，雨季期间地下水位较高。结合大量的前期测试结果可知[166-167]，高应力及高外水压力作用下的围岩损伤破裂随时间推移不断扩展是引起隧洞运营期混凝土衬砌破坏的主要因素。

2.3 多元协同水下检测系统

由隧洞结构服役性态长期原位监测结果可知，由于锦屏二级水电站深埋引水隧洞具有长距离、大埋深、大洞径的结构特点，在深部复杂赋存条件下容易出现不同程度的衬砌损伤和变形破坏，如果未能及时检测并且采取相应的防护措施，会严重危及隧洞结构的运营安全。然而，传统人工检测方法存在效率低、风险大等局限，隧洞衬砌安全检测手段急需向自动化和智能化转型升级[140]。随着水下无人检测技术的不断进步，以 ROV 和 AUV 为主的水下探测装置为水工隧洞的水下检测提供了一种新的思路。为此，作者针对锦屏二级水电站深埋引水隧洞的结构特点，设计并研发了一套适用于深埋引水隧洞运营期衬砌结构性态检测的多元协同水下检测系统。

2.3.1 系统整体构造

图 2.7 为多元协同水下检测系统结构设计图，图 2.8 为多元协同水下检测系统装置实物图。由图 2.7 和图 2.8 可知，本书所研制的多元协同水下检测系统主要由探测采集模块、驱动控制模块和人机交互模块三大部分组成。

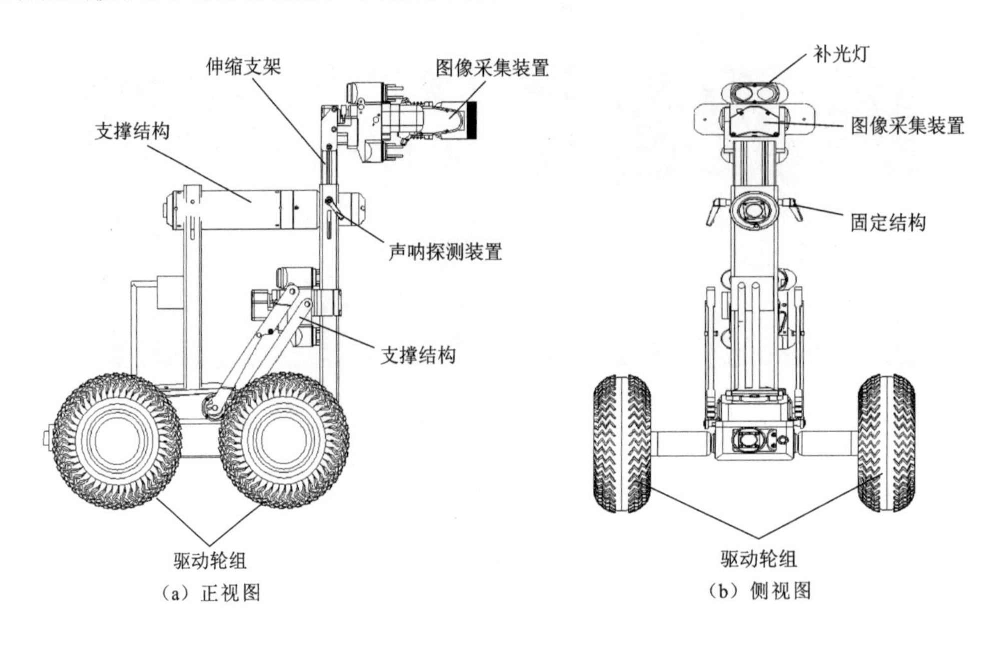

（a）正视图　　（b）侧视图

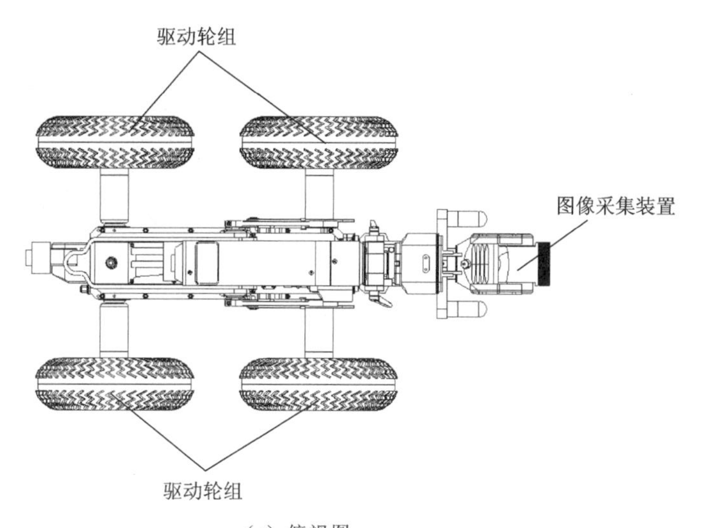

（c）俯视图

图 2.7　多元协同水下检测系统结构设计图

（a）水下探测装置

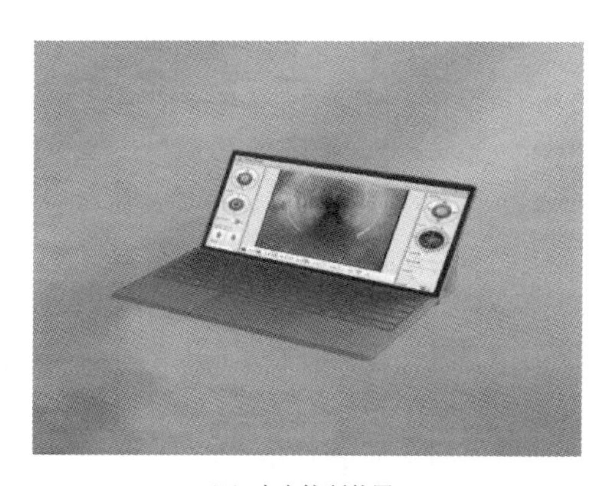

（b）水上控制装置

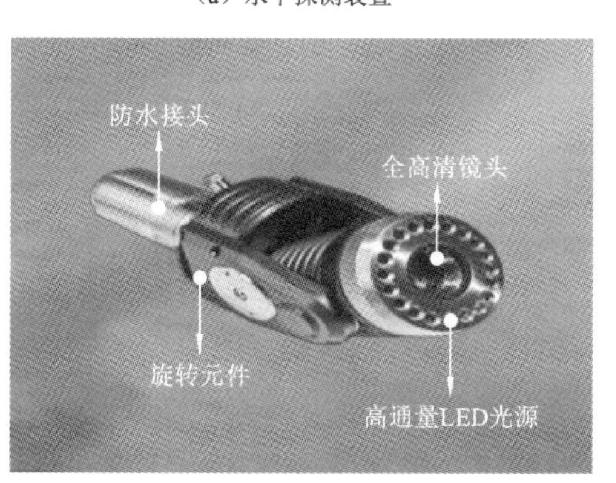

（c）图像采集装置

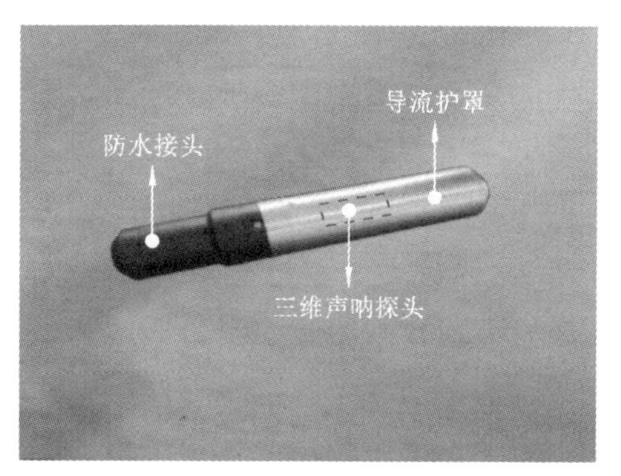

（d）声呐探测装置

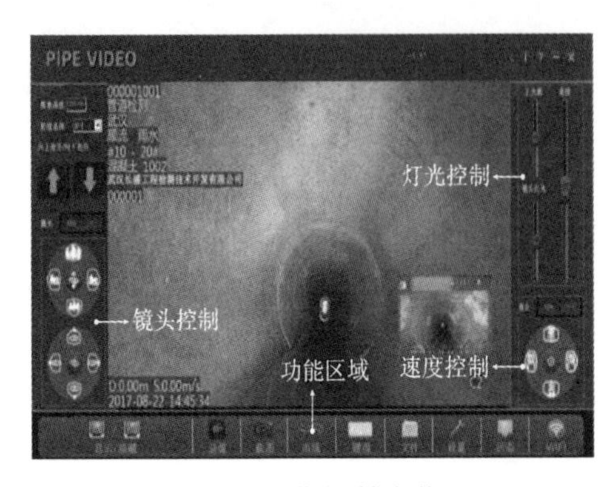

(e) 图像信息采集软件

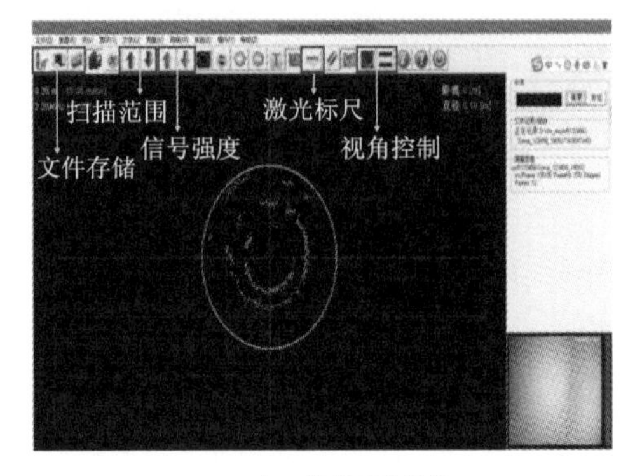

(f) 点云数据采集软件

图 2.8　多元协同水下检测系统装置实物图

1. 探测采集模块

探测采集模块主要由图像采集装置和声呐探测装置组成，用于实现待测目标区域的探测识别与信息采集功能。图像采集装置由全高清镜头、高通量发光二极管（light emitting diode，LED）光源、旋转元件和防水接头组合而成。全高清镜头采用低感光可活动式设计，不仅具有广阔的拍摄视野（可实现水平 360° 和竖向 180° 的无极旋转），而且具有良好的水下环境成像能力（具备 4 K 成像能力）。为了更加清晰地捕捉目标隧洞衬砌结构的开裂和破坏信息，还在全高清镜头周围配置了高通量 LED 光源来提供灯光补偿，可保证图像采集装置在水下昏暗环境中获得良好的成像效果。声呐探测装置由三维声呐探头、导流护罩和防水接头组合而成。三维声呐探头采用高频率集成式设计，用集成化超声波模拟前端芯片取代传统分立式电子元器件对回波信号进行处理，这不仅在很大程度上减小了电子元器件的印刷电路板（printed circuit board，PCB）面积，使得装置整体更加小巧和轻便，而且有利于模块化安装和拆装维护。考虑到深埋引水隧洞运营期的内水环境，探测采集模块整体采用 IP68 级防水和气密保护设计。

2. 驱动控制模块

驱动控制模块主要由驱动轮组、位置传感器、驱动电机及微型控制器组成，用于实现水下检测机器人的可控式移动。微型控制器由单片机、驱动芯片和控制芯片组合而成。控制芯片采用意法半导体（STMicroelectronics）公司生产的 STM32F103RCT6TR 高效能集成电路，驱动芯片采用东芝（TOSHIBA）公司生产的 TB6612FNG 双通道大电流集成电路，不仅可以满足驱动电机自动化控制的高运算需求，而且可以同时独立控制双电机以实现多种运动模式（正转、反转、制动、停止）。

3. 人机交互模块

人机交互模块主要由控制系统、操作摇杆及电动线缆绞车组成，用于实现水下检测机器人与水上控制终端的信息交互、数据传输和可视化展示。控制系统由 PIPE VIDEO 图像信息采集软件[图 2.8（e）]和 PIPE SONAR 点云数据采集软件[图 2.8（f）]组合而成，通过光电复合缆线与水下检测机器人进行信息交互及数据传输，可以实现数字图像信息和三维点云数据的实时采集，以便进行可视化展示和后期结构损伤分析。此外，相关采集软件还可以直接集成到笔记本电脑中，有效避免了复杂外部设备给现场测试工作带来的不便。

2.3.2　系统控制流程

图 2.9 为多元协同水下检测系统的基本控制流程图。操作员通过水上人机交互模块下达运行控制及信息采集指令，水下微型控制器接收到上述控制指令后将其解译为相应的电信号。水下驱动控制模块根据接收到的电信号控制驱动轮组的前进、后退、制动和停止，从而实现水下检测机器人的可控式移动。水下探测采集模块根据相应的电信号动态采集目标隧洞衬砌结构的表观图像信息和三维点云数据，并将采集结果实时反馈至水上人机交互模块以进行可视化展示和存储记录，从而实现不放空条件下深埋引水隧洞衬砌结构服役性态的水下无人检测（包括几何形变和结构损伤）。

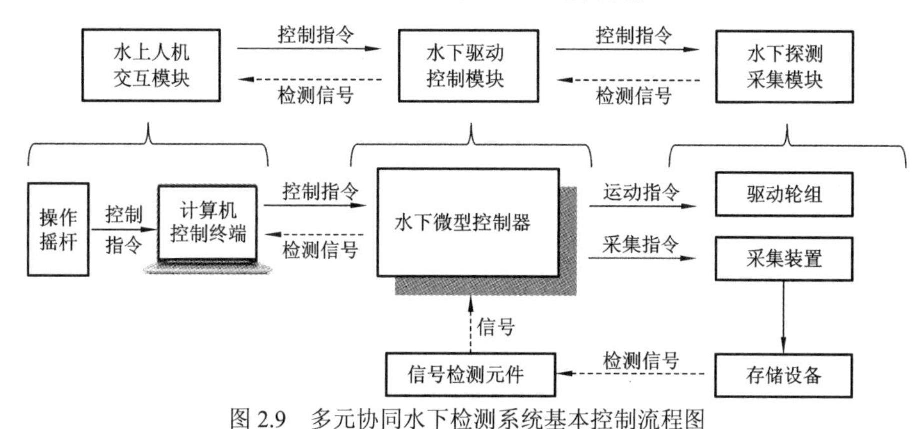

图 2.9　多元协同水下检测系统基本控制流程图

2.3.3　系统工作原理

1. 驱动控制工作原理

图 2.10 为多元协同水下检测系统运动控制的工作原理图。在水下检测机器人到达目标隧洞预设位置以后，首先通过配备的传感器件实时获取机身的坐标位置参数和电机运

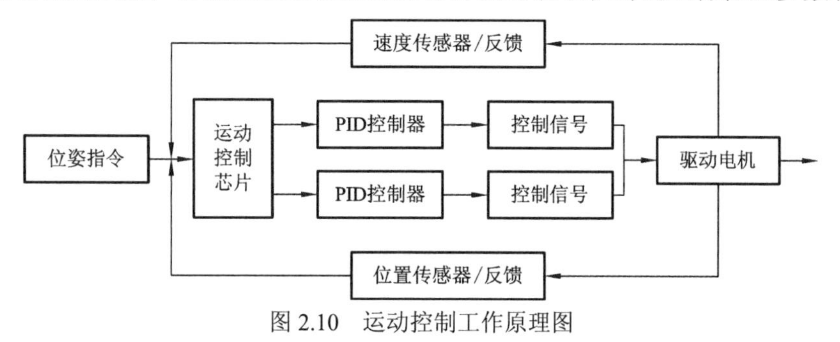

图 2.10　运动控制工作原理图

行参数，然后通过运动控制芯片基于PID对上述参数进行读取和调整从而得到控制信号，最后将基于PID调整的控制信号输出至驱动电机，从而实现水下检测机器人的运动控制。

PID是工业过程控制中应用最为广泛的一种控制方法。该方法的核心思想是根据受控对象的预设值与实际值构造偏差反馈值，然后将该偏差反馈值的比例项、积分项和微分项通过线性组合构成控制调整量，从而实现对受控对象的运动控制。当水下检测机器人处于工作状态时，开始执行PID循环流程，如果水下检测机器人的运行位置与预设航线发生偏离，则基于两者的偏差对比例项、积分项和微分项进行线性组合构成控制调整量，然后通过单片机输出控制调整信号至驱动芯片，对驱动电机的运行状态及转动速度进行快速调整，从而实现探测器运行位置偏差的实时纠正，直至到达预设终点或接收到停止指令，其控制方程为

$$\delta(t)=K_{\mathrm{p}}\lambda(t)+K_{\mathrm{i}}\int_0^t\lambda(t)\mathrm{d}t+K_{\mathrm{d}}\frac{\mathrm{d}\lambda(t)}{\mathrm{d}t} \tag{2.1}$$

$$\lambda(t)=\alpha(t)-\beta(t) \tag{2.2}$$

式中：$\alpha(t)$为预设目标值；$\beta(t)$为实际输出值；$\lambda(t)$为偏差反馈值；$\delta(t)$为控制调整量；K_{p}、K_{i}和K_{d}为PID的基本参数。

2. 探测采集工作原理

多元协同水下检测系统探测采集的工作原理为：当接收到水上人机交互模块的采集指令后，水下微型控制器通过温度传感器、压力传感器、姿态传感器实时获取温度和水压等环境条件数据及位置和航向等三维姿态数据；同时，通过图像采集装置和声呐探测装置同步采集目标隧洞的数字图像信息和三维点云数据，从而实现环境条件数据、三维姿态数据、数字图像信息及三维点云数据等多元数据的实时协同采集。通过对上述多元数据进行综合分析，还可以进一步判别目标隧洞衬砌结构的工作性态。

由于二维成像声呐的辨识度较低[140]，且目前三维成像声呐商业化产品较少，所以作者自主设计、研发了一款集成式高频三维成像声呐[图2.8（d）]。图2.11为该声呐装置的工作原理图，该声呐装置用集成化超声波模拟前端芯片取代传统分立式电子元器件对回波信号进行处理，与现有的适合于ROV搭载的二维或三维成像声呐相比，作者研发的集成式高频三维成像声呐具有以下优势：①采用高频率（60 MHz）、多波束

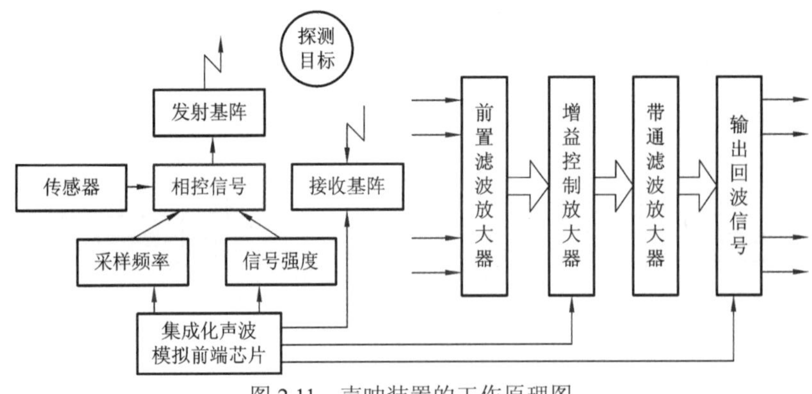

图2.11　声呐装置的工作原理图

（4～20 束）的作业方式，实现了水下低可见度环境下的高质量声学成像，对小目标具有更高的探测精度（分辨率可达 1～24 mm）；②采用集成化超声波模拟前端芯片对回波信号进行有效放大，解决了深埋引水隧洞长距离检测时存在的回波信号较弱及采集难度大的问题；③采用千兆以太网口、传输控制协议/因特网协议（transmission control protocol/ internet protocol，TCP/IP）和高性能宽带载波技术，解决了深埋引水隧洞长距离和高速率信号传输时存在的延迟及丢帧问题，设备最大通信距离可达 1 000 m，具有很强的抗干扰能力。

3. 通信供电工作原理

通信单元主要用于实现水下检测机器人与水上人机交互模块的信息交互和数据传输功能，而供电单元则主要用于为多元协同水下检测系统的稳定工作提供动力来源，也是系统组成至关重要的一部分。考虑到电池供电方案存在续航能力差和经济成本高等局限，并且单模光纤在信号传输上不受交流电感应噪声的影响，在远距离传输上有着比多模光纤更大的带宽和速率，更适合用于水下检测机器人的远程信号传输，因此，采用光电复合单模光纤进行多元协同水下检测系统的动力供应和数据传输。

光电复合缆线集通信光纤和输电铜线于一体，可以同时满足信号传输和设备用电的双重需求。这不仅为系统的信息交互与数据传输提供了足够通道，而且有效避免了供电线路二次布线的不便。多元协同水下检测系统中的许多元器件均适用于低压直流供电，但直接采用低压直流供电会显著增加缆线的尺寸和重量，给现场的检测工作带来不便。因此，为了有效减小缆线的截面尺寸和整体重量，采用水面升压和水下降压方式对多元协同水下检测系统整机进行供电。图 2.12 为系统的供电方案示意图，首先在水上将 220 V 交流电转换成 400 V 中压直流电，然后将 400 V 中压直流电输送至水下检测机器人主节点，再经直流降压变换器将 400 V 中压直流电转换成电子元器件和各类传感器的工作电压，如 48 V、24 V 和 12 V 等。

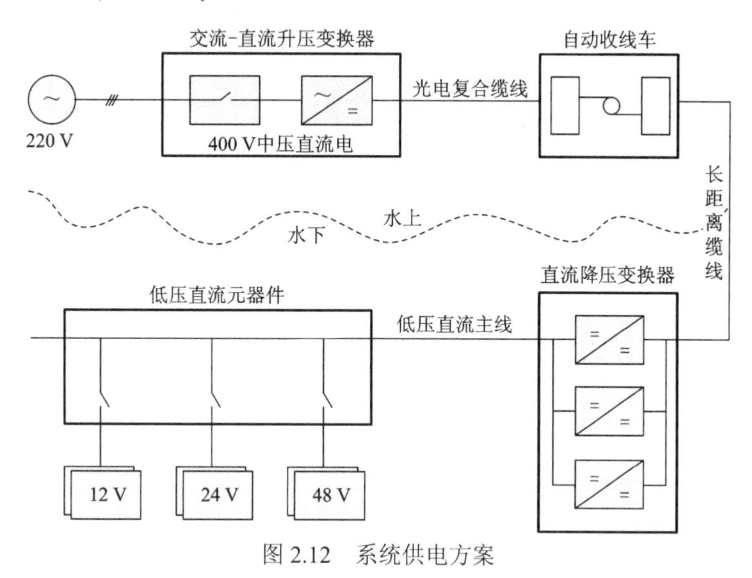

图 2.12　系统供电方案

2.3.4 系统技术特性

（1）采用数字控制技术实现了不放空条件下深埋引水隧洞衬砌结构服役性态的水下可视化和自动化检测。

（2）采用光学成像和声学扫描相结合的技术，实现了数字图像信息、三维点云数据及三维姿态数据等多元数据的协同采集。

（3）水下成像效果好（具备 4 K 成像能力），小目标探测精度高（分辨率达 1～24 mm），抗干扰能力强（最大通信距离达 1 000 m）。

（4）模块化设计使得多元协同水下检测系统拆装灵活、便于维修。

2.3.5 模拟测试分析

1. 测试环境

由于现场原位测试工作难以展开，设计了一个引水隧洞缩尺模型装置，用于模拟实际引水隧洞的内水环境，以验证多元协同水下检测系统的可行性（如是否可以判别目标隧洞衬砌结构存在的开裂、剥落、鼓包及淤积情况）。如图 2.13（a）所示，该装置总长 6 m，直径为 2.7 m，上部设有预留孔（长 1.2 m、宽 0.8 m）用于吊装检测设备。考虑到模型装置内表面的既有纹路可用于近似模拟实际引水隧洞运营过程中可能出现的开裂及剥落现象，因此仅在装置内部不同位置布置了 5 个用于模拟鼓包或淤积现象的待测目标，具体布置如图 2.13（b）所示。

（a）模型装置

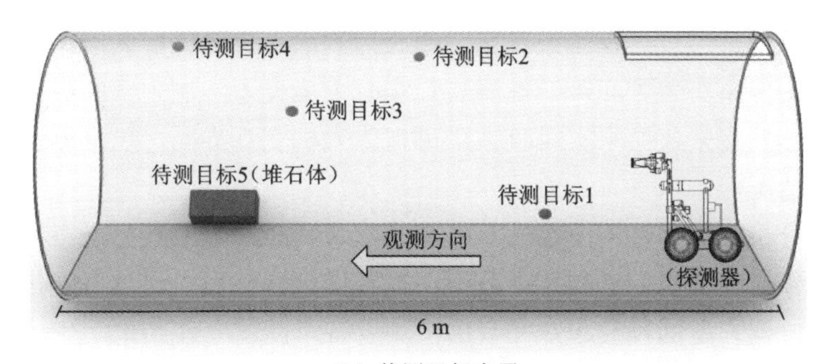

（b）待测目标布置

图 2.13　引水隧洞缩尺模型装置及待测目标布置

2. 测试步骤

多元协同水下检测系统的模拟测试及分析工作主要分为如图 2.14 所示的四个步骤，具体可概述如下。

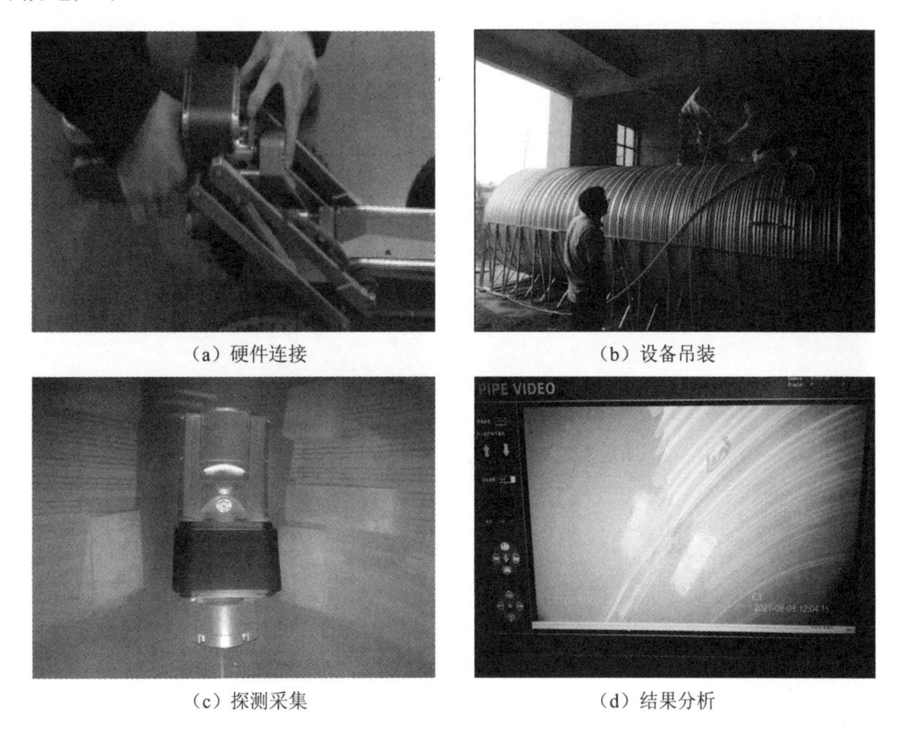

（a）硬件连接　（b）设备吊装

（c）探测采集　（d）结果分析

图 2.14　测试步骤

（1）硬件连接：首先将模块化图像采集装置和声呐探测装置与水下检测机器人按要求进行连接，然后将检测设备与可视化人机交互模块进行连接，最后打开相关采集软件进行初步调试，以确保系统各部分连接正确、牢固。

（2）设备吊装：通过专业吊装设备将水下检测机器人经上部预留孔吊装至模型隧洞内，并调整检测设备的位置使其置于隧洞中轴线上，再次打开采集软件进行设备的二次调试，以防吊装过程引起零部件松动和脱落。

（3）探测采集：通过可视化人机交互模块控制水下检测机器人沿预设中轴线匀速行进，同时控制图像采集装置和声呐探测装置实时采集模型隧洞内部的数字图像信息及三维点云数据，然后将采集结果实时反馈至可视化人机交互界面，以供测试员实时观察模型隧洞内部的情况。

（4）结果分析：模型隧洞内部的数字图像信息和三维点云数据采集结束后，打开采集结果文件对预设待测目标进行统计分析；经测试员确认后，通过可视化人机交互模块控制水下检测机器人返回预设起点并取出检测设备，测试工作结束。

3. 典型检测结果及分析

图 2.15 为测试过程中图像采集装置采集的模型隧洞内壁的数字图像信息，其成像效果较为清晰明亮，并且能够直观捕捉洞壁纹路及待测目标等细节特征，这表明本书所设计的低感光图像采集装置具备高质量的水下环境成像能力。

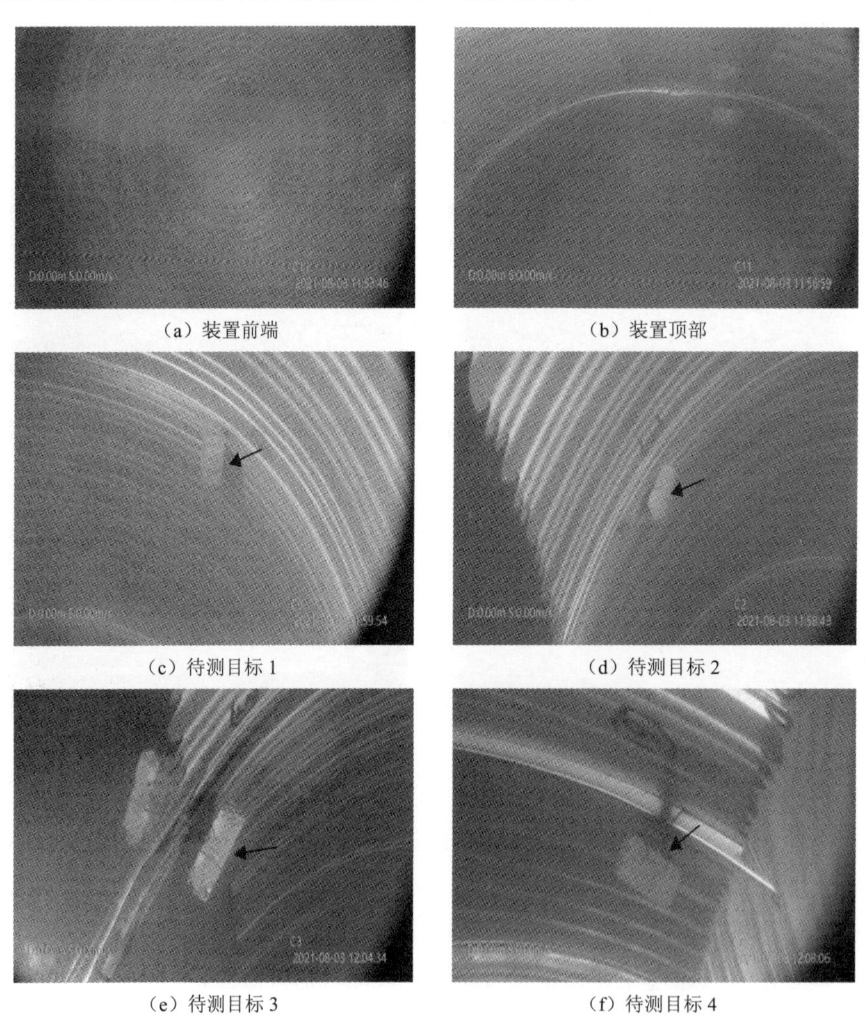

（a）装置前端　（b）装置顶部

（c）待测目标 1　（d）待测目标 2

（e）待测目标 3　（f）待测目标 4

图 2.15　数字图像信息采集结果

图 2.16 为测试过程中声呐探测装置所采集的模型隧洞点云数据，其不仅能准确反映模型隧洞的轮廓形态，还能有效识别预设缺陷的位置及形态特征。在此基础上，根据所采集的点云数据计算了模型隧洞不同断面的实测尺寸，具体如表 2.1 所示。隧洞直径设计值与实测值的最大误差仅为 0.02 m，平均误差仅为 0.01 m，表明本书所设计的高频三维成像声呐具备高精度点云数据的采集能力。值得注意的是，由于图 2.16 为未经滤波除噪处理的原始点云数据，所以不可避免地存在噪声引起的不圆滑甚至是凹凸不平现象。

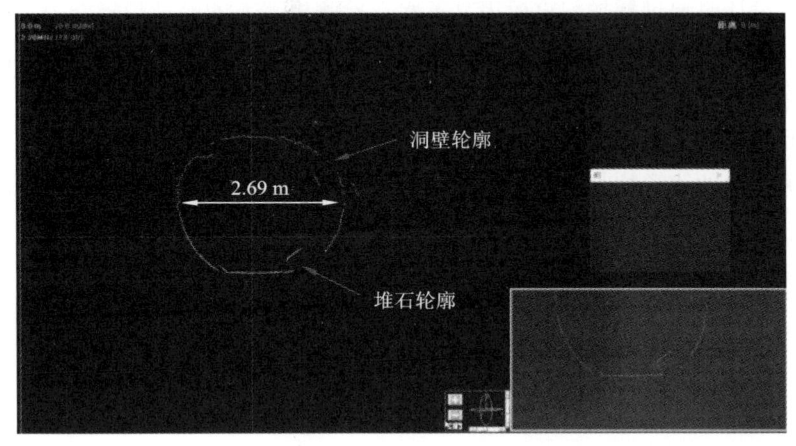

图 2.16　点云数据采集结果

表 2.1　模型隧洞断面尺寸（直径）实测结果　（单位：m）

项目	设计值	断面 1 实测值	断面 2 实测值	断面 3 实测值	平均值	平均误差
值	2.70	2.71	2.68	2.69	2.69	0.01

2.3.6　关键问题讨论

由上述引水隧洞缩尺模型的测试结果可知，多元协同水下检测系统具备高质量的水下环境成像能力和高精度的点云数据采集能力。通过后期视频影像及点云数据的统计分析，可以实现引水隧洞衬砌结构局部损伤的有效判别；通过不同时刻点云数据的对比分析，可以实现引水隧洞衬砌结构全断面的变形演化分析。然而，考虑到相似模型装置与实际引水隧洞复杂内水环境的差异性，以及视频摄像技术和声呐扫描成像技术的不同适用条件，在实际引水隧洞工程的检测应用中应注意以下问题。

（1）对于水质较好、能见度高、成像效果较好的洞段，可以直接利用图像采集装置搭配激光测距仪对检测范围内衬砌结构的开裂、剥落、鼓包及底板淤积情况进行检查。对于裂缝长度、剥落面积和淤积厚度等尺寸较大的检测对象，可通过激光测距仪对其尺寸进行直接测量；而对于裂缝宽度和鼓包大小等尺寸较小的检测对象，可基于等距高清图像采集模拟试验[26]建立被测目标的图像-尺寸对照表，通过视频截图文件查表间接确定其尺寸信息。

（2）对于水质较差、能见度低（浑浊）、成像效果不佳的洞段，可以将声呐扫描成像技术作为视频摄像技术的补充手段，对检测范围内的衬砌结构进行全方位的声学扫描，获取被测洞段的三维点云数据。在此基础上，通过三维点云数据的后期统计分析对被测洞段局部破坏及底板淤积情况进行有效判别。值得注意的是，受声呐扫描成像技术的精度限制，其不能反映衬砌结构的细微损伤问题。

（3）对于隧洞底板存在隆起或淤积等影响检测设备前进的情况，尽管在多元协同水下检测系统设计时通过增加配重板提高了水下检测机器人的爬坡越障能力，但尚不能排除树枝和渔网等杂物缠绕线缆或机体的可能。因此，在具体探测作业时需要格外注意。

（4）在千米级长距离引水隧洞检测作业中，水下检测机器人与水上人机交互模块连接线缆的回收也是一个值得考虑的问题。支持自动收放线缆的电动线缆绞车为解决长距离水下检测作业的线缆回收问题提供了一个可行的方案，在具体检测作业时可根据实际检测距离进行定制。

>>>> 第3章

深埋引水隧洞开挖损伤围岩蠕变特性测试

3.1 引言

几乎所有主要岩石类型都存在与时间相关的时效力学特性，这种时效力学特性与岩石所处的应力条件和自身力学性能密切相关。在地下工程实践中，工程岩体的时效力学特性是影响地下工程项目设计施工和长期稳定的重要因素，因此人们通常期望能够全面了解工程岩体的时效力学特性，然后为开挖方案和支护设计提供有效的优化对策，以减少时效变形甚至是时效破坏所引起的人力和物力损失，这对于科学评估地下工程项目的长期稳定性具有极其重要的现实意义和工程价值。

长期原位监测结果表明，锦屏二级水电站深埋引水隧洞围岩受工程区高地应力和高孔隙压力的共同影响，遭受了较为严重的开挖扰动引起的初始损伤，且这种损伤随着时间推移不断扩展演化，表现出较为明显的时效破坏特征，如部分洞段围岩变形随着时间推移逐渐增加，部分洞段混凝土衬砌存在持续开裂与剥落现象。隧洞围岩与支护结构的这种时效力学行为，对于深埋引水隧洞工程结构的长期安全运行来说是一种持续的威胁和挑战，所以有必要系统开展锦屏二级水电站深埋引水隧洞围岩的时效力学试验，深入研究这类开挖损伤围岩在深部高地应力、高孔隙压力共同影响下的时效力学响应。然而，尽管各类工程岩体的时效力学特性已经得到了大量研究，但是相关研究工作主要集中于完整岩样的力学特性测试和分析，未考虑深部高地应力、高孔隙压力、强开挖扰动复杂赋存环境的影响。由于深部赋存环境的复杂性，深部围岩的时效力学行为会受到开挖扰动引起的损伤[202-203]或孔隙压力[129-133]的显著影响，然而以往的研究工作均忽略了这样一个事实，即深部开挖损伤与高孔隙压力之间存在耦合效应，这种耦合效应对深部围岩蠕变行为的影响仍然是一个亟待解决的科学问题。

本章针对锦屏二级水电站深埋引水隧洞大理岩，开展了考虑深部开挖损伤与高孔隙压力耦合作用的三轴蠕变试验，系统研究了锦屏二级水电站深埋引水隧洞开挖损伤围岩蠕变过程中的孔压效应；在此基础上，深入分析了此类深部开挖损伤围岩在不同孔隙压力条件下的时效变形特性、长期强度演化规律及蠕变失效机理，以期为锦屏二级水电站深埋引水隧洞和类似的高水头地下工程项目的长期稳定性评估，以及深部围岩蠕变力学模型的构建提供数据支撑和理论参考。

3.2 三轴蠕变试验

3.2.1 前期准备工作

试验所用大理岩样品取自锦屏二级水电站辅助隧道，取样区域上覆岩体埋深约为 2 400 m。这种浅灰色的细粒大理岩属于中三叠统白山组（T_2b），初始渗透率约为 10^{-18} m^2；考虑到试样尺寸对岩样力学性能具有显著影响，因此本次试验使用标准尺寸试样来评估锦屏二级水电站大理岩的时效力学特性。首先，根据国际岩石力学学会的相关建议，将大理岩样品加工成如图 3.1 所示的直径为 50 mm、高度为 100 mm、平行度误差小于 0.05 mm 的标准圆柱形试样。然后，测量每个大理岩试样的弹性波速度，并选择那些波速相近的试样作为最终的测试样品，以避免试样内部因素引起的测试误差。测试前，将所有测试样品置于蒸馏水中，采用真空饱和法浸泡 24 h，以确保试样达到完全饱和。

图 3.1　大理岩试样

本次三轴蠕变试验在如图 3.2 所示的四川大学电液伺服岩石试验系统（型号 MTS815）上开展。MTS815 电液伺服岩石试验系统由加载装置、测量装置和采集装置三部分组成；一般用于岩石和混凝土单轴/三轴压缩试验、蠕变/松弛试验和水-力耦合试验。该试验系统负载框架的刚度为 1.1×10^{10} N/m，能够提供 0～4 600 kN 的轴向压力、0～140 MPa 的侧向压力和 0～140 MPa 的渗透压力。该试验系统可以在加载过程中监测试样的轴向和环向应变，同时通过采集装置自动记录试样的变形数据。更具体地说，测试岩样的轴向变形可以通过线性可变差动位移传感器（linear variable displacement transducer，LVDT）和轴向引伸计进行测量；而岩样的环向变形则可以通过安装在试样中间的环向引伸计进行测定。图 3.3 为试验过程中测量装置的具体布置。

图 3.2　MTS815 电液伺服岩石试验系统

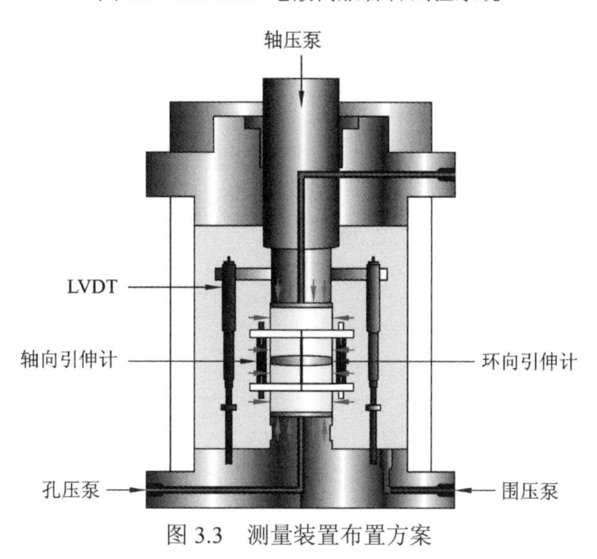

图 3.3　测量装置布置方案

3.2.2　试验方案设计

已有研究表明，深部开挖扰动会在深埋洞室围岩中引起大范围的应力重分布现象，最终在开挖洞室周围形成由塑性软化区（距开挖面较近）、塑性硬化区和弹性区（距开挖面较远）三部分组成的承重拱[204]。进一步，相关研究还指出塑性硬化区通常是地下洞室开挖后围岩的主要承载部分[203-204]。也就是说，可以认为地下洞室开挖后的长期稳定性主要取决于塑性硬化区围岩的长期承载能力。因此，本次试验重点针对锦屏二级水电站深埋引水隧洞塑性硬化区大理岩的时效力学特性进行研究，以更好地了解深埋洞室开挖后的围岩真实时效力学响应。考虑到塑性硬化区围岩仍处于三维应力状态（即没有卸荷自由面），因此在测试过程中仍采用三轴加载方案。

测试过程包括以下两个步骤：①开挖损伤模拟试验；②考虑高孔隙压力的三轴蠕变试验。其中，开挖损伤模拟试验是为了模拟锦屏二级水电站深埋引水隧洞围岩经历的开挖扰动和应力演化过程，以获得用于后续三轴蠕变试验的开挖损伤大理岩试样；随后的三轴蠕变试验则是为了将开挖损伤与孔隙压力耦合起来，以研究这种耦合作用对深部围岩时效力学行为的影响。

1. 开挖损伤模拟试验

在开挖损伤模拟试验中，采用张茹等[205]提出的深部围岩长期力学行为室内模拟测试方法，模拟了锦屏二级水电站深部大理岩的开挖扰动和损伤过程。该方法的核心思想是通过对测试岩样进行多次加卸载，以模拟深部围岩所经历的实际开挖卸荷和应力重分布过程。图 3.4 为本次开挖损伤模拟试验所采用的应力加载路径。其中，路径 A 表示岩体处于未受扰动的初始应力阶段；路径 B 表示岩体处于开挖扰动过程中最大主应力由缓慢增加向快速增长转变的过渡阶段；路径 C 表示岩体处于开挖扰动过程中最大主应力达到最大的峰值阶段；路径 D 表示岩体处于开挖扰动消退后应力趋于平衡的稳定阶段。

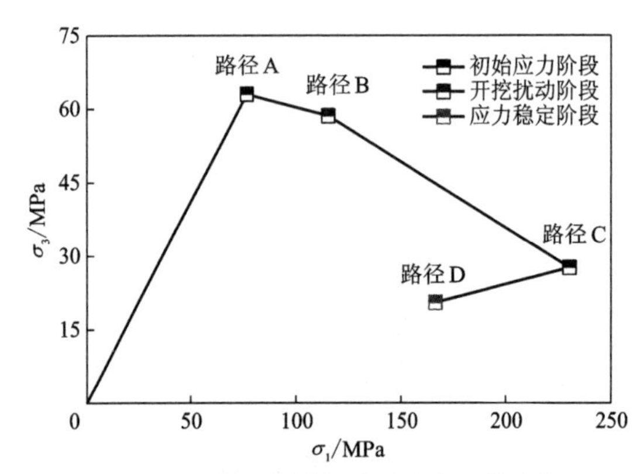

扫一扫，看彩图

图 3.4　开挖损伤模拟试验应力加载路径

开挖损伤模拟试验严格遵循以下步骤：①对测试岩样同时施加围压和轴压，直至达到预定的初始应力阶段（路径 A）；②根据指定的应力路径（从路径 A 至路径 D）和加载速率同时调整试件的围压与轴压，以模拟深部围岩所经历的实际开挖卸荷和应力演变过程，直至达到试验所预定的应力稳定阶段（路径 D）；③达到路径 D 的应力稳定阶段以后，维持最终的应力状态 24 h 不变，以模拟深部围岩开挖后的应力重分布行为。表 3.1 列出了此次试验所采用的应力水平和加载速率的详细信息，其中应力分量是基于式（3.1）[205]确定的。

$$
\begin{cases}
\sigma_1 = k_s k_c \gamma H,\ \sigma_2 = \sigma_3 = 0.4\gamma H, & \text{路径A} \\
\sigma_1 = 1.5 k_c \gamma H,\ \sigma_2 = \sigma_3 = 0.9\gamma H, & \text{路径B} \\
\sigma_1 = k_s k_c \gamma H,\ \sigma_2 = \sigma_3 = 0.4\gamma H, & \text{路径C} \\
\sigma_1 = (3k_c - 1)\gamma H,\ \sigma_2 = \sigma_3 = (9k_c - 1)\gamma H / 32, & \text{路径D}
\end{cases}
\tag{3.1}
$$

式中：H 为研究区域的岩体埋藏深度，试验中设定为 2 400 m；k_c 为侧向压力系数，研究区域 2 400 m 深度处的侧向压力系数约等于 1.2；γ 为岩样的体积重度，研究区域 2 400 m 深度处大理岩的体积重度约为 26.5 kN/m³；σ_1、σ_2、σ_3 分别为最大、中间及最小主应力，在本次试验中以 σ_1 为轴压，以 σ_3 为围压；k_s 为与开挖方法有关的应力集中系数，对于不同的开挖方法可分别取 3.0（全断面爆破法）、2.5（部分掘进和部分爆破法）或 2.0（全断面掘进法）。为了便于模拟最不利的开挖条件，在本次开挖损伤模拟试验中将应力集中系数设定为 3.0。

表 3.1　开挖损伤模拟试验应力加载方案

应力路径	应力水平/MPa		加载速率/(MPa/min)		偏应力 $(\sigma_1-\sigma_3)$ /MPa
	σ_1	σ_3	σ_1	σ_3	
路径 A	76.8	64.0	5.0	3.0	12.8
路径 B	115.2	57.6	3.5	−0.5	57.6
路径 C	230.4	25.6	6.9	−1.5	204.8
路径 D	166.4	19.5	−13.5	−1.5	146.9

2. 应力-孔隙压力耦合的三轴蠕变试验

开挖损伤模拟试验完成后，立即对开挖损伤大理岩试件进行耦合高孔隙压力作用的三轴蠕变试验。由上述开挖损伤模拟试验可知，锦屏二级水电站深埋引水隧洞开挖后塑性硬化区围岩的最小主应力由 64 MPa 降至 19.5 MPa（埋深 2 400 m 处），因此在本次三轴蠕变试验中所有试样均采用 19.5 MPa 的恒定围压。该围压是基于锦屏二级水电站深埋引水隧洞实际开挖卸荷量的理论围压，因此更符合锦屏二级水电站深埋引水隧洞大理岩开挖损伤后的实际应力状态。

考虑到试样数量有限且历时较长，本次三轴蠕变试验过程中采用如图 3.5 所示的分级加载试验方法。其中，分级蠕变荷载的应力水平根据常规三轴压缩试验的结果进行估计，最大蠕变荷载约为相应三轴压缩强度的 105%；分级蠕变荷载拟分为 9 级，每级荷载维持 24 h，直到试样发生蠕变破坏。此外，为了更好地了解高孔隙压力对锦屏二级水电站深埋引水隧洞开挖损伤围岩蠕变行为的影响，在本次试验中共设置了五种孔隙压力条件（0、4 MPa、8 MPa、12 MPa 和 16 MPa）。本次试验的具体加载方案如表 3.2 所示，其中所有试样都采用相同的偏应力加载路径，尽管它们处于不同的孔隙压力状态。

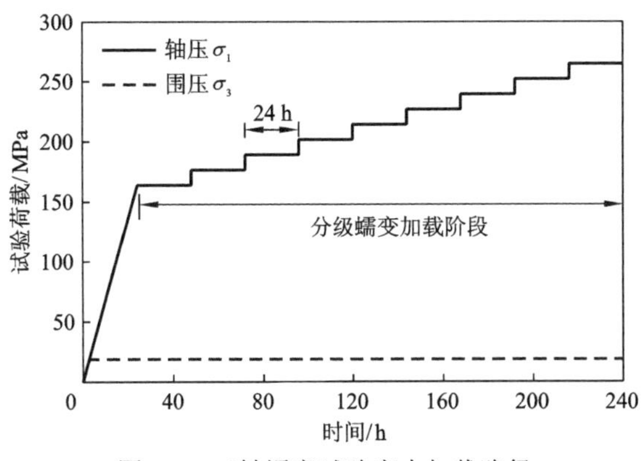

图 3.5　三轴蠕变试验应力加载路径

表 3.2　三轴蠕变试验分级加载方案

试样编号	孔隙压力/MPa	轴向偏应力/MPa								
		1 级	2 级	3 级	4 级	5 级	6 级	7 级	8 级	9 级
JP-01	0	163.8	176.4	189.0	201.6	214.2	226.8	239.4	252.0	264.6
JP-02	4									
JP-03	8									
JP-04	12									
JP-05	16									

注：（1）所有试样均采用 19.5 MPa 的恒定围压；（2）所有试样均采用相同的偏应力路径；（3）孔隙压力为 0 时试样处于饱和状态。

3.2.3　具体测试流程

由于本次试验所用大理岩试样的渗透性普遍较低，在其内部实现完全饱和及孔隙压力平衡通常需要经历很长一段时间。在本次试验中，采用文献[206-207]中推荐的以下处理方法来控制试样内部孔隙压力平衡过程的更快实现：①在测试之前，将待测试件置于蒸馏水中，采用真空饱和法浸泡 24 h，以确保试样达到完全饱和；②在测试期间，当试样两端获得指定的孔隙压力并维持恒定 2 h 后，认为试样内部已经达到孔隙压力平衡。整个测试过程都遵循《水利水电工程岩石试验规程》（SL/T 264—2020）的标准测试程序[207]。详细的测试步骤如下。

（1）测试之前，测量并记录每个测试样品的直径、高度、重量、弹性波速等基本信息，然后及时拍照保存。

（2）用直径为 60 mm、厚度为 0.1 mm 的热缩管包裹试样并置于三轴室中，同时安装轴向和环向引伸计及 LVDT。

（3）以 0.05 MPa/s 的加载速率同时对试样施加围压和轴压，直至试样在静水压力状态下达到初始围压 64 MPa。

（4）以 0.05 MPa/s 的加载速率同时在试样两端施加孔隙压力，直至试样获得恒定的预设孔隙压力。

（5）根据既定的应力路径和加载速率，对每个试样进行深部开挖损伤模拟试验，以获得用于后续三轴蠕变试验的开挖损伤试样。

（6）开挖损伤模拟试验结束后，立即以 0.5 MPa/s 的加载速率对损伤试样施加分级蠕变荷载，每级荷载维持 24 h 直至试样失效，及时记录试样的失效形态。

3.3　时效变形特性

3.3.1　应变–时间曲线

图 3.6 为锦屏二级水电站深埋引水隧洞开挖损伤岩样在不同孔隙压力下的完整蠕变曲线。其中，ε_1 为轴向应变，ε_2 为环向应变，ε_3 为体积应变（应变均以压缩为正，以膨胀为负）。不同孔隙压力下蠕变曲线之间的快速比较结果表明，孔隙压力对经历开挖损伤

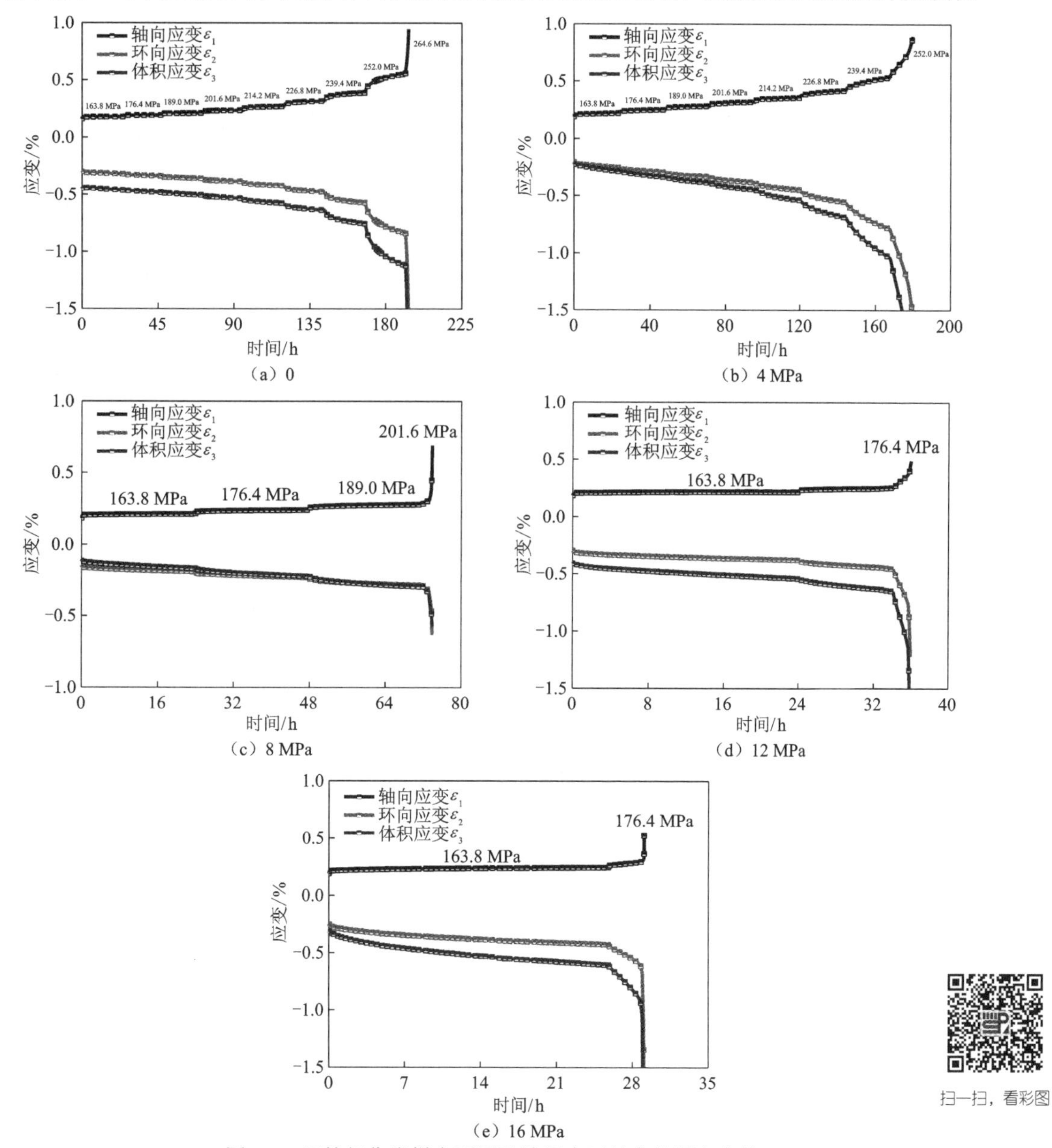

（a）0　（b）4 MPa　（c）8 MPa　（d）12 MPa　（e）16 MPa

图 3.6　开挖损伤岩样在不同孔隙压力下的完整蠕变曲线

后的锦屏二级水电站深埋引水隧洞大理岩试样的蠕变行为具有显著影响。例如，在没有孔隙压力的情况下，试样承受了约 200 h 的多级蠕变过程，最终在 264.6 MPa 的轴向荷载下发生蠕变失效；而在 16 MPa 高孔隙压力的情况下，试样在 30 h 内就发生了加速蠕变破坏，蠕变破坏荷载仅为 176.4 MPa。由此可见，高孔隙压力对锦屏二级水电站深埋引水隧洞开挖损伤围岩的蠕变行为具有不可忽视的影响。

3.3.2 蠕变变形能力

表 3.3 统计了不同孔隙压力条件下锦屏二级水电站深埋引水隧洞开挖损伤大理岩试样的变形信息。其中，ε_a^i 和 ε_a^c 分别为试样的轴向瞬时应变和蠕变应变，ε_l^i 和 ε_l^c 分别为试样的环向瞬时应变和蠕变应变。为了简化分析，表 3.3 中仅列出了与前两个加载步有关的统计数据（即轴向偏应力等于 163.8 MPa 和 176.4 MPa 两个加载步）。根据统计结果可知，在 163.8 MPa 的轴向偏应力条件下，随着孔隙压力从 0 增加至 16 MPa，试样的轴向蠕变应变增加了约 1 308.3%（从 2.4×10^{-5} 增加至 3.38×10^{-4}），而相应的轴向瞬时应变仅增加了 31.4%；在 176.4 MPa 的轴向偏应力条件下，随着孔隙压力从 0 逐渐增加至 16 MPa，试样的轴向蠕变应变增加了约 4 196.0%（从 2.5×10^{-5} 增加至 1.074×10^{-3}），而相应的轴向瞬时应变仅增加了 31.8%。这表明高孔隙压力对锦屏二级水电站深埋引水隧洞开挖损伤围岩的瞬时变形影响不大，但对其蠕变变形有着非常显著的影响。为了更加定量地分析孔隙压力对锦屏二级水电站深埋引水隧洞开挖损伤围岩蠕变变形的影响，本书定义了两个表征特定荷载作用下岩石蠕变能力的参数，即 ν_a^c 和 ν_l^c：

表 3.3　不同孔隙压力条件下锦屏二级水电站深埋引水隧洞开挖损伤大理岩试样的变形信息

试样编号	孔隙压力/MPa	围压/MPa	变形/10^{-3}			
			$\sigma_1-\sigma_3=163.8$ MPa		$\sigma_1-\sigma_3=176.4$ MPa	
JP-01	0	19.5	$\varepsilon_a^i=0.159$	$\varepsilon_l^i=0.081$	$\varepsilon_a^i=0.129$	$\varepsilon_l^i=0.063$
			$\varepsilon_a^c=0.024$	$\varepsilon_l^c=0.099$	$\varepsilon_a^c=0.025$	$\varepsilon_l^c=0.117$
JP-02	4	19.5	$\varepsilon_a^i=0.182$	$\varepsilon_l^i=0.172$	$\varepsilon_a^i=0.191$	$\varepsilon_l^i=0.079$
			$\varepsilon_a^c=0.089$	$\varepsilon_l^c=0.305$	$\varepsilon_a^c=0.132$	$\varepsilon_l^c=0.322$
JP-03	8	19.5	$\varepsilon_a^i=0.188$	$\varepsilon_l^i=0.081$	$\varepsilon_a^i=0.147$	$\varepsilon_l^i=0.066$
			$\varepsilon_a^c=0.103$	$\varepsilon_l^c=0.331$	$\varepsilon_a^c=0.139$	$\varepsilon_l^c=0.348$
JP-04	12	19.5	$\varepsilon_a^i=0.191$	$\varepsilon_l^i=0.081$	$\varepsilon_a^i=0.141$	$\varepsilon_l^i=0.057$
			$\varepsilon_a^c=0.133$	$\varepsilon_l^c=0.740$	$\varepsilon_a^c=0.648$	$\varepsilon_l^c=1.679$
JP-05	16	19.5	$\varepsilon_a^i=0.209$	$\varepsilon_l^i=0.105$	$\varepsilon_a^i=0.170$	$\varepsilon_l^i=0.104$
			$\varepsilon_a^c=0.338$	$\varepsilon_l^c=1.589$	$\varepsilon_a^c=1.074$	$\varepsilon_l^c=9.285$

$$
\begin{cases}
\nu_{\mathrm{a}}^{\mathrm{c}} = \varepsilon_{\mathrm{a}}^{\mathrm{c}} / (\varepsilon_{\mathrm{a}}^{\mathrm{i}} + \varepsilon_{\mathrm{a}}^{\mathrm{c}}) \\
\nu_{\mathrm{l}}^{\mathrm{c}} = \varepsilon_{\mathrm{l}}^{\mathrm{c}} / (\varepsilon_{\mathrm{l}}^{\mathrm{i}} + \varepsilon_{\mathrm{l}}^{\mathrm{c}})
\end{cases}
\tag{3.2}
$$

式中：$\nu_{\mathrm{a}}^{\mathrm{c}}$（$\nu_{\mathrm{l}}^{\mathrm{c}}$）为试样在各级轴向荷载作用下的轴向（环向）蠕变变形与总变形之比。在本次试验中，将测试样品的总变形设定为瞬时应变与蠕变应变之和。因此，这些参数可以表征试样在特定荷载下的蠕变能力。

图 3.7 为恒定轴向偏应力条件下 $\nu_{\mathrm{a}}^{\mathrm{c}}$ 和 $\nu_{\mathrm{l}}^{\mathrm{c}}$ 随孔隙压力增加的变化情况。由图 3.7 可知，参数 $\nu_{\mathrm{a}}^{\mathrm{c}}$ 和 $\nu_{\mathrm{l}}^{\mathrm{c}}$ 均随孔隙压力增加呈线性增加的趋势，且 $\nu_{\mathrm{l}}^{\mathrm{c}}$ 总是显著大于 $\nu_{\mathrm{a}}^{\mathrm{c}}$。例如，在 163.8 MPa 的轴向偏应力条件下，轴向蠕变变形与总变形的比值 $\nu_{\mathrm{a}}^{\mathrm{c}}$ 随着孔隙压力增加从 0.13 增加到 0.62，而相应的环向蠕变变形与总变形的比值 $\nu_{\mathrm{l}}^{\mathrm{c}}$ 随着孔隙压力增加从 0.55 增加到 0.94；另外，在 176.4 MPa 的轴向偏应力条件下，轴向蠕变变形与总变形的比值 $\nu_{\mathrm{a}}^{\mathrm{c}}$ 随着孔隙压力增加从 0.16 增加到 0.86，而相应的环向蠕变变形与总变形的比值 $\nu_{\mathrm{l}}^{\mathrm{c}}$ 随着孔隙压力增加从 0.65 增加到 0.99。上述结果表明，高孔隙压力显著增加了锦屏二级水电站深埋引水隧洞开挖损伤围岩的蠕变能力，特别是环向方向上的蠕变能力。

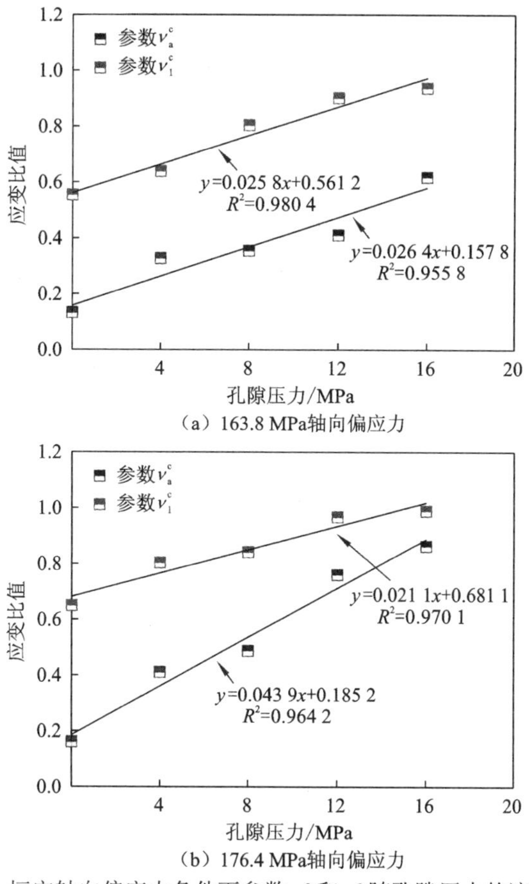

（a）163.8 MPa轴向偏应力

（b）176.4 MPa轴向偏应力

扫一扫，看彩图

图 3.7　恒定轴向偏应力条件下参数 $\nu_{\mathrm{a}}^{\mathrm{c}}$ 和 $\nu_{\mathrm{l}}^{\mathrm{c}}$ 随孔隙压力的演化规律

3.4 长期强度特征

岩石材料的蠕变行为是指其在长期恒定荷载作用下变形随时间推移逐渐增大的一种力学响应。根据岩石材料所处的应力状态，其蠕变行为可以分为以下两种典型类型[20]：稳定蠕变和非稳定蠕变。在长期恒定荷载作用下，岩石材料既可能发生稳定蠕变，又可能发生非稳定蠕变。当外部荷载小于某一临界应力时，岩石通常发生稳定蠕变，此时蠕变速率随时间推移逐渐趋于零，总蠕变量最终接近于定值且不会发生蠕变破坏；当外部荷载大于某一临界应力时，岩石由稳定蠕变向非稳定蠕变发展，此时蠕变速率将随时间推移趋于定值或逐渐增加，最终发生加速蠕变破坏。判断岩石是否会由稳定蠕变向非稳定蠕变发展的临界应力（临界荷载）被定义为岩石材料的长期强度，其用于表征岩石材料在长期恒定外部荷载作用下抵御蠕变破坏的极限强度。由此可见，确定工程岩体的长期强度对于深部地下工程长期稳定性评价而言具有重要意义，因为它是评估洞室围岩长期变形稳定性的关键参数。

目前，确定岩石材料长期强度的方法主要分为以下四种类型：①等时应力-应变曲线法[208]；②体积变形法[209]；③稳态蠕变速率法[210]；④非稳态蠕变速率法[211]。其中，等时应力-应变曲线法和稳态蠕变速率法是在室内蠕变测试中评估岩石长期强度的两种最常用的方法。等时应力-应变曲线法根据分级加载蠕变测试结果，绘制试样在某一时刻的等时应力-应变曲线簇，然后确定曲线簇中表征岩样内部结构开始损伤恶化，并且从黏弹性行为向黏塑性行为发展的一系列特征点，对应于不同特征点的应力水平随时间推移逐渐减小并趋于某一极限值，该极限值即测试岩样的长期强度。稳态蠕变速率法根据轴向稳态蠕变速率与荷载水平之间的相关性来确定测试岩样的长期强度，该方法认为当轴向荷载水平低于岩样的长期强度时，其轴向稳态蠕变速率将趋于某一恒定值，而当轴向荷载水平高于岩样的长期强度时，其轴向稳态蠕变速率将大幅增加，因此将蠕变速率-加载时间曲线中轴向稳态蠕变速率突变点对应的蠕变荷载定义为测试岩样的长期强度。

在本次试验中，采用等时应力-应变曲线法来确定锦屏二级水电站深埋引水隧洞开挖损伤大理岩试样的长期强度。首先，根据分级加载蠕变测试结果绘制了如图 3.8 所示的试样在不同时刻的应力-应变曲线簇；然后，根据试样由黏弹性行为向黏塑性行为发展的特征点（即试样内部结构开始损伤恶化的转折点）所对应的轴向应力水平确定测试大理岩试样的长期强度。基于该方法，可以确定孔隙压力为 0、4 MPa、8 MPa、12 MPa 和 16 MPa 时，开挖损伤大理岩试样的长期强度分别为 215 MPa、202 MPa、177 MPa、156 MPa 和 147 MPa。图 3.9 为锦屏二级水电站深埋引水隧洞开挖损伤大理岩试样的长期强度随孔隙压力的演化情况。由此可知，试样的长期强度与孔隙压力之间存在着近似线性的相关性。与无孔隙压力条件相比，试样在 16 MPa 孔隙压力条件下的长期强度大幅降低（降低约 32%）。上述分析结果表明，孔隙压力（尤其是高孔隙压力）会显著削弱锦屏二级水电站深埋引水隧洞开挖损伤围岩的长期力学性能，导致其抵抗长期荷载的能力大幅降低。

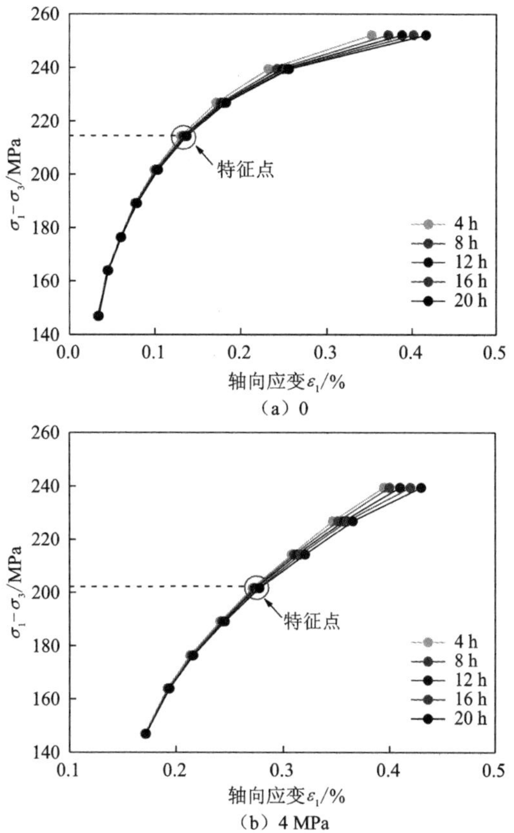

图 3.8　不同孔隙压力条件下的等时应力-应变曲线

扫一扫，看彩图

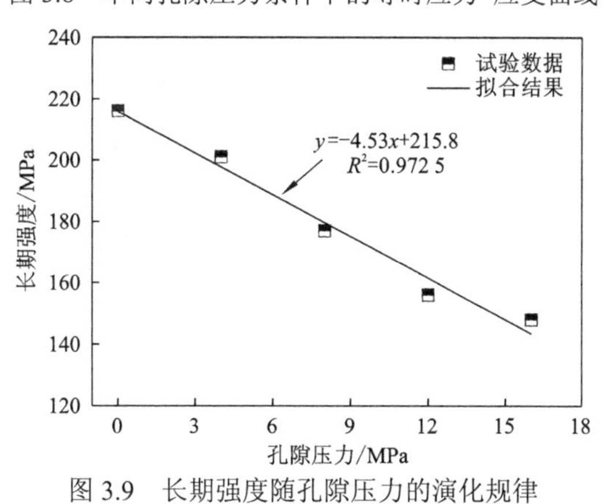

图 3.9　长期强度随孔隙压力的演化规律

3.5　时效破裂机理

3.5.1　宏观破坏模式

为了评估高孔隙压力对锦屏二级水电站深埋引水隧洞开挖损伤围岩蠕变破坏模式的

影响，对经历不同孔隙压力作用的试样的蠕变破坏形态进行了对比分析（图 3.10）。由图 3.10 可知，开挖损伤试样在不同孔隙压力条件下的蠕变破坏形态存在显著差异：①在没有孔隙压力的情况下，试样破坏时仅产生单一倾斜破裂面，表现出剪切破坏的典型特征；②在孔隙压力增加至 4 MPa 的情况下，试样破坏时表现出了与前者类似的剪切破坏特征，但在试样两端还观察到了一些细小的轴向拉伸裂纹和局部碎片剥落现象；③在孔隙压力进一步增加至 8 MPa 和 12 MPa 的情况下，试样破坏时内部形成了拉伸和剪切组合破裂面，同时还观察到了较多的轴向拉伸裂纹及大规模的块体剥落现象，这与前两个试样的破坏行为存在较大差异；④在孔隙压力增加至 16 MPa 的情况下，试样的整体破坏程度要比其他试样更为严重，表现出典型的张拉破坏特征。

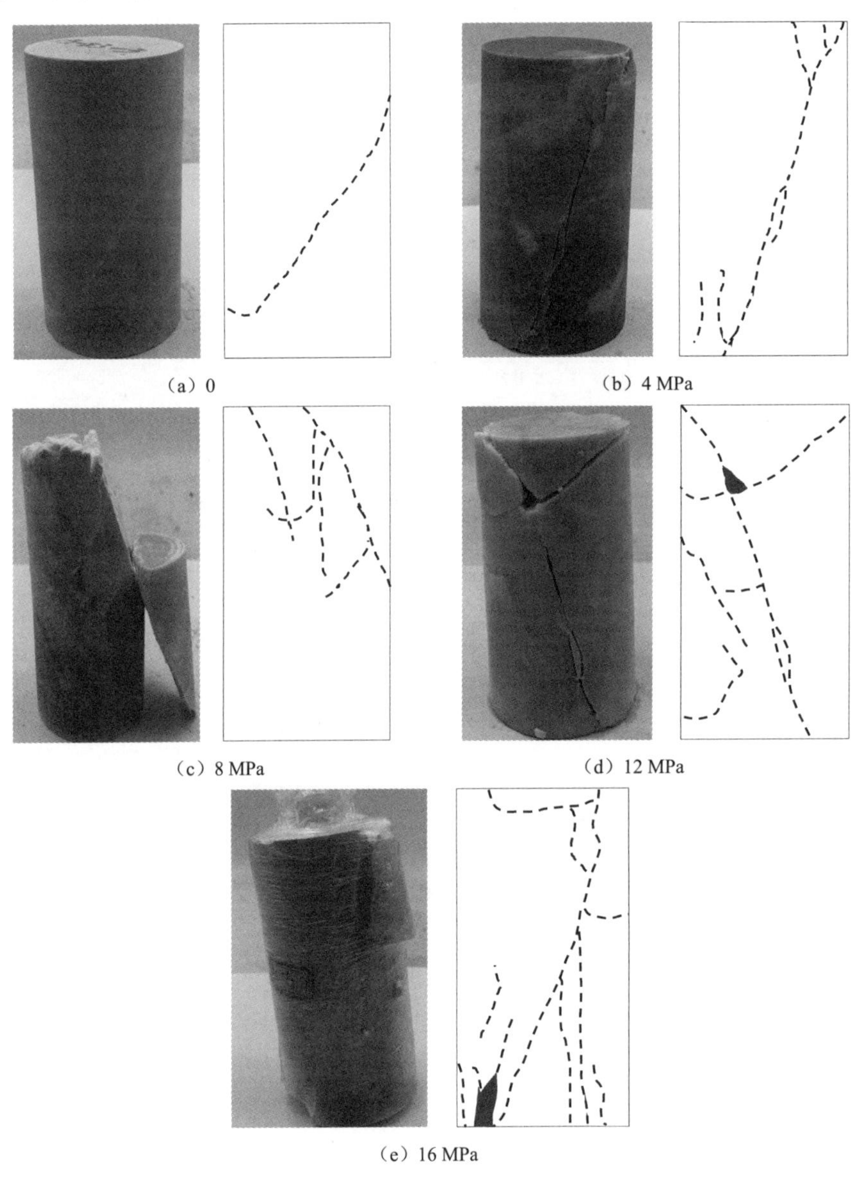

图 3.10　不同孔隙压力条件下的蠕变破坏形态

上述分析结果表明，锦屏二级水电站深埋引水隧洞开挖损伤围岩在长期恒定荷载作用下的失效破坏模式与其所承受的孔隙压力水平是密切相关的。当承受的孔隙压力较小时，岩样产生蠕变失效时剪切破坏占主导地位；随着孔隙压力的逐渐增加，岩样产生蠕变失效时逐渐由剪切破坏向剪切-拉伸组合破坏再向拉伸劈裂破坏进行转变，脆性破坏特征不断增强。因此，在承受高孔隙压力的深部硬岩地下工程中，应该注意到洞室围岩存在发生小变形脆性蠕变破坏的可能性。

3.5.2　蠕变破坏机理

岩石是一种天然的非均质材料，即使是处于地下深部的工程岩体，也会不可避免地含有微孔隙、微孔洞和微裂纹等微观缺陷。已有研究表明，这些微观缺陷是影响岩石破裂过程中内部裂纹扩展、断裂路径和坍塌破坏的最重要的因素之一[212]。Malan 等[43]在对南非煤矿的研究中发现，深部围岩的蠕变行为主要取决于其内部微裂纹扩展所引起的损伤累积。然而，本次考虑开挖损伤和高孔隙压力耦合作用的蠕变试验结果表明，与低孔隙压力条件下的试样相比，开挖损伤试样在高孔隙压力下的蠕变行为表现出显著差异，这意味着深部开挖损伤围岩的蠕变行为可能与其所承受的孔隙压力的大小存在一定的相关性。为了进一步揭示锦屏二级水电站深埋引水隧洞开挖损伤围岩在承受高孔隙压力时的蠕变机制，采用 SEM 对高孔隙压力条件下的试样进行切片和成像，然后将这些图像与无孔隙压力条件下的类似图像进行比较。图 3.11 和图 3.12 分别为开挖损伤试样在经历 0 和 16 MPa 孔隙压力作用后断口的 SEM 图像。

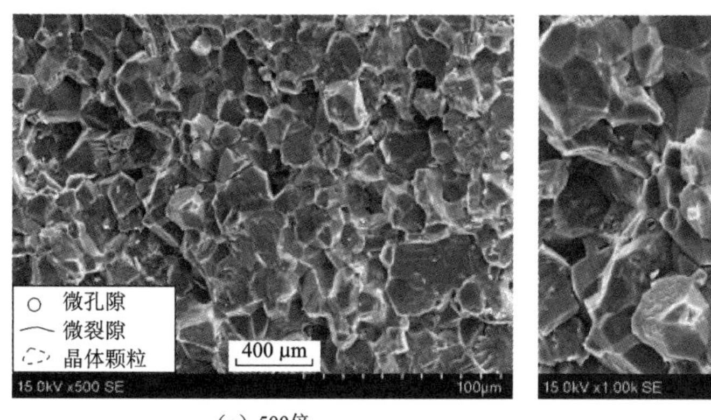

（a）500倍

（b）1 000倍

图 3.11　无孔隙压力条件下开挖损伤深部大理岩断口的 SEM 图像

由图 3.11 所示的 SEM 图像可知，在无孔隙压力作用情况下，试样断口在整体上表现为颗粒状的晶体结构，且具有清晰可辨的晶体颗粒边界[图 3.11（a）]；即使在晶体颗粒之间可以观察到一些微孔隙和微裂隙，但其微观结构在整体上仍相对紧凑[图 3.11（b）]。相反，由图 3.12 所示的 SEM 图像可知，在经历 16 MPa 的高孔隙压力作用后，试样断口在整体上表现出相对松散的微观结构特征[图 3.12（a）]，晶体颗粒边界难以辨别且晶间距离变大[图 3.12（b）]。这些观测结果表明，不同孔隙压力条件下的试样在微观结构方

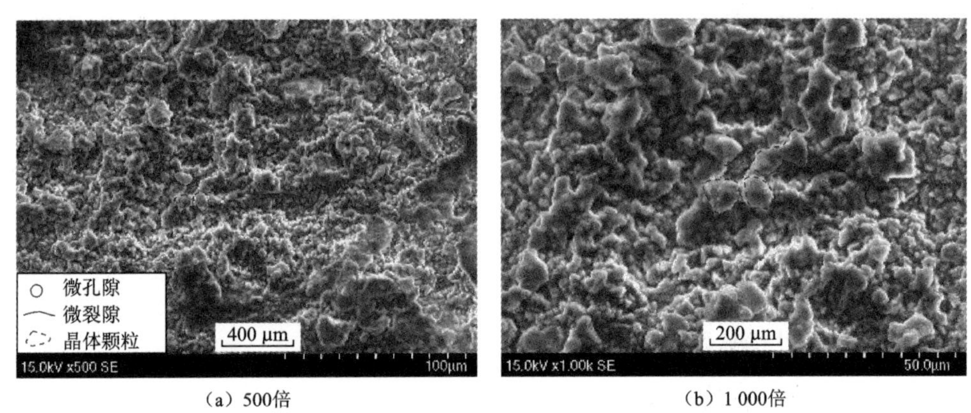

（a）500倍　　（b）1 000倍

图 3.12　高孔隙压力条件下开挖损伤深部大理岩断口的 SEM 图像

面存在着显著差异，高孔隙压力（16 MPa）条件下的试样在破坏时表现出更严重的结构损伤。由此可以推断，高孔隙压力加剧了锦屏二级水电站深埋引水隧洞开挖损伤围岩在长期恒定荷载作用下的微裂纹扩展和损伤累积过程。这导致了高孔隙压力条件下试样蠕变行为的显著变化，包括蠕变能力显著增加、蠕变失效过程显著缩短等。

结合上述观测结果和工程断裂力学理论，对高孔隙压力作用下深部开挖损伤围岩蠕变破坏过程的微观机理分析如下：①在开挖扰动之前，由于深部赋存环境中蓄存着初始高地应力，深部岩体内部的天然微孔隙和微裂隙大部分趋于闭合状态[203][图 3.13（a）]；②在开挖扰动后，由于开挖过程引起了围岩快速卸荷和应力重分布，这些原本处于闭合状态的微孔隙和微裂隙逐渐趋于张开，甚至出现了一定的扩展[203][图 3.13（b）]；③由于开放的裂隙允许地下水通过，水将以更快的速度渗入围岩内部并在微裂隙和微孔洞表

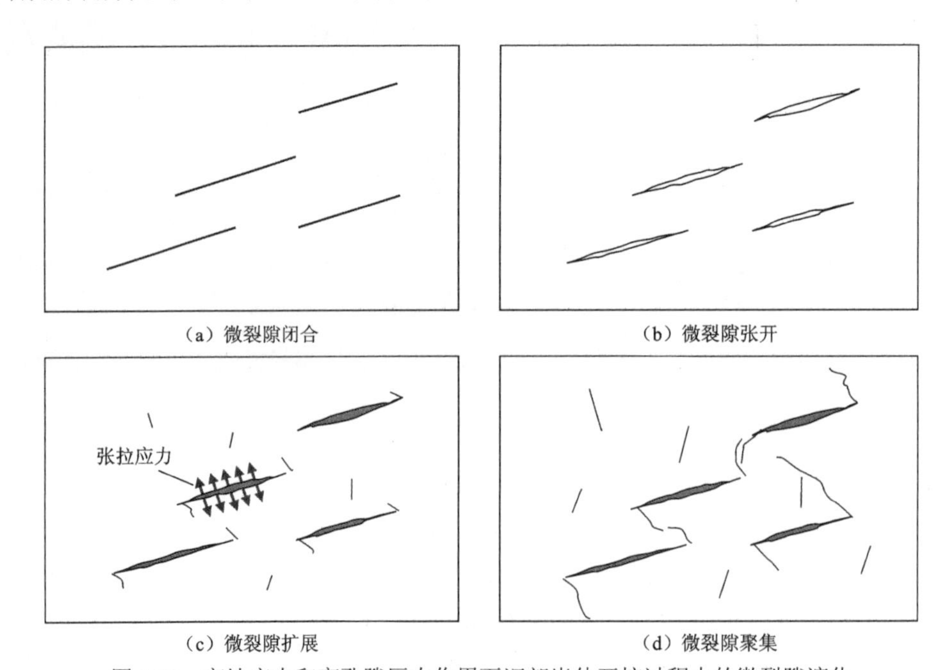

（a）微裂隙闭合　　（b）微裂隙张开

（c）微裂隙扩展　　（d）微裂隙聚集

图 3.13　高地应力和高孔隙压力作用下深部岩体开挖过程中的微裂隙演化

面产生额外的张拉应力[图 3.13（c）]，这极大地促进了围岩内部初始裂隙的扩展和次生裂隙的形成[15]；④随着围岩内部微裂纹的继续扩展，裂纹尺度和规模逐渐扩大，形成了亚微裂纹或层联状的宏观裂纹[213-214][图 3.13（d）]；⑤当这些裂纹在外部荷载作用下继续以非稳定的方式进行扩展直至相邻裂纹彼此贯穿时，会形成宏观断裂或剪切破坏带[213-215]。从宏观角度来看，孔隙压力（特别是深部高孔隙压力）会显著增加锦屏二级水电站深埋引水隧洞开挖损伤围岩在一定应力条件下的蠕变速率，最终加速隧洞围岩的蠕变破坏过程。

>>>> 第 4 章

深埋引水隧洞围岩-支护系统物理模型试验

4.1 引　言

在深部地下工程中，除围岩的时效变形破坏问题外，隧洞围岩-支护系统的联合变形破坏问题也是制约工程长期安全的关键问题。例如，某些深部洞室在成洞之初变形趋于稳定，但随着时间的不断推移其变形逐渐增加，甚至出现持续向深部发展的渐进型剥落破坏[74-76]；某些支护结构在支护初期处于基本稳定状态，但随着工程建设的继续进行，支护结构开始出现一定程度的破坏，甚至出现整体坍塌现象[77]。如何准确把握隧洞围岩-支护系统的时效力学特性和灾变机理，成为深部岩石力学与工程建设活动中亟待解决的重要问题。

锦屏二级水电站深埋引水隧洞由围岩、锚杆、衬砌三部分构成组合承载体系，共同承担隧洞运营期的内外压力作用（如高地应力、外水压力、内水压力）。长期原位监测结果表明，受长期内外压力联合作用、水位波动引起的内压变化等的共同影响，隧洞围岩-支护系统的联合变形破坏问题较为突出，运营期间多次发生衬砌结构开裂和锚杆破坏现象（图 2.6），这对于隧洞的长期运营安全极为不利。尽管相关学者已经针对类似深埋硬岩隧洞或岩石锚杆的时效特性和破坏机制进行了分析，但现有研究工作仍然侧重于围岩或锚杆等单个研究对象，对此类隧洞围岩-支护系统在内外压力联合作用下的整体时效响应尚不明晰。因此，为了保障锦屏二级水电站深埋引水隧洞及类似工程的长期运营安全，在此类隧洞结构的长期稳定性评估中，除研究围岩、锚杆和衬砌等单一结构的时效响应和破坏机制外，还必须厘清隧洞围岩-支护系统的整体时效力学特性及灾变机理。

目前，针对地下工程岩石时效特性与灾变机理的常规研究方法主要分为以下几种：①现场观察及测试；②室内蠕变试验；③数值模拟方法。然而，考虑到隧洞组合承载体系的结构特性，以及内外压力联合作用等地质赋存条件的复杂性，上述方法在处理这类复杂问题时具有一定的局限性。例如，现场观察及测试不可避免地存在试验周期长、数据采集难及作业风险高等问题；基于远小于工程岩体规模的小试件进行的岩石蠕变测试，一方面存在试件大小会引起显著的尺寸效应的问题，另一方面也无法反映隧洞围岩-支护系统的整体承载特性；连续或不连续数值模拟方法由于自身发展尚不成熟，在处理深埋引水隧洞围岩-支护系统的非线性时效灾变破坏问题时仍存在一定的不足。地质力学物理模型试验作为一种满足相似条件的工程缩尺物理模拟方法，可以真实地再现深部岩体工程的复杂地质构造、应力加载路径、全受力过程、荷载时间效应，有助于深入分析锦屏二级水电站深埋引水隧洞围岩-支护系统在长期内外压力联合作用下的时效力学响应和灾变破坏机理。

4.2　模型试验相似理论

4.2.1　相似模型分类

在岩土工程物理模型试验理论中，将所研究的目标对象称为工程原型，将基于相似条件建立的目标对象模拟试样称为物理模型。当物理模型尺度小于工程原型时称为缩尺模型，当物理模型尺度大于工程原型时称为放尺模型。根据物理模型和工程原型之间的对应关系，物理模型可以分为如图 4.1 所示的几种主要类型。其中，与工程原型同属相同物理过程的物理模型称为相似模型，通过对相似模型进行相关试验及测量，可以推测并获取工程原型中的相关物理量及比例关系。

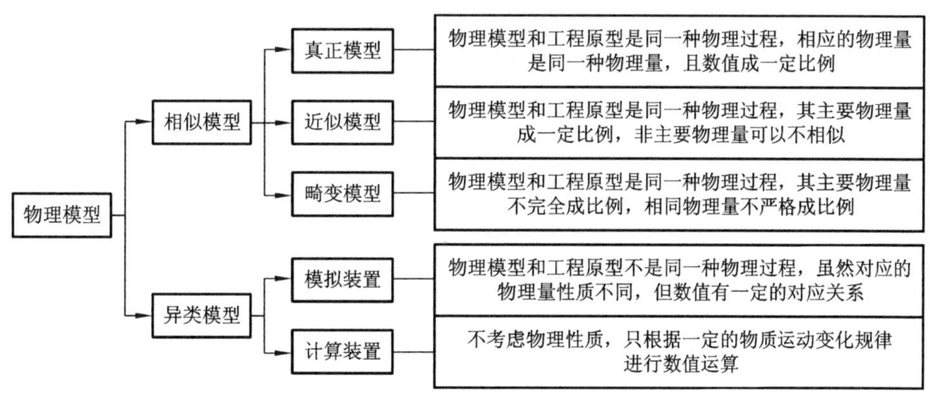

图 4.1　地质力学物理模型分类[216]

相似模型与工程原型属于基本满足相似条件的两个相似体系，可以真实、直观地反映断层、节理和破碎带等不良地质构造与工程结构的相互作用，从而系统地模拟地下工程施工建设及长期运营过程中的变形破坏响应。一方面，在构建地质力学相似模型时，不能只局限于工程结构的局部范围，应合理考虑工程结构一定范围内构造运动所引起的断层、节理和破碎带等复杂构造作用；另一方面，在进行地质力学物理模型试验时，对于地质构造运动所引起的构造应力（以水平方向为主）及上覆岩体重度所引起的自重应力(以铅直方向为主),可以分别通过施加边界荷载和调整相似材料容重来进行近似模拟。

4.2.2　模型相似条件

物理模型与工程原型属于基本满足相似条件（相似理论）的相似体系，两者在几何特征、物理性质及应力边界等方面均满足一定的比例关系。基于两个相似体系间的比例关系，可以根据物理模型的某一力学响应量值有效推测工程原型的相应力学响应量值。这种表征物理模型与工程原型之间相似特性的比例关系称为相似条件。

相似条件主要包括以下三种：几何相似、数学相似、物理相似。其中，几何相似是指两个相似体系在几何形状和尺度规模上满足一定的比例关系，不涉及物理性质方面的相似性；数学相似是指两个相似体系仅在某一物理量上满足一定的数学规律或内在联系，不涉及诸如几何特征和物理性质方面的相似性；物理相似是指两个相似体系在应力、应变、运动及破坏等物理性质方面满足一定的比例关系，是表征相似体系中物理过程相似现象的充分必要条件。

1. 相似比尺

在地质力学物理模型试验相似理论中，通常将表征工程原型与物理模型相同物理性质的参数之比称为该相似体系的相似比尺（又称为相似系数或相似常数）。由相似理论可知，工程原型中某物理参数与物理模型中对应参数之比始终为常数，即

$$C_i = i^{\mathrm{p}} / i^{\mathrm{m}} \tag{4.1}$$

其中，上标 “p”和“m”分别对应工程原型和物理模型，C_i 为相似体系中某物理参数的相似比尺，参数 i 可以定义为长度（L）、应力（σ）、应变（ε）、弹性模量（E）、泊松比（μ）、位移（u）、容重（γ）、脆-延转换系数（ξ）、脆性系数（k）、黏聚力（c）、摩擦角（φ）等。

2. 相似关系

由于物理模型和工程原型是两个满足相似条件（相似理论）的相似体系，所以两者满足几何尺寸、物理性质、应力边界及位移边界等诸多方面的相似性。现分别基于三向应力状态下的平衡方程、物理方程及几何方程，对物理模型和工程原型之间的相似关系进行详细阐述。

1）C_L、C_σ、C_γ 的相似关系

由弹性力学理论可知，工程原型在一定荷载条件下的三维平衡方程[216]可以表示为

$$\begin{cases} \left(\dfrac{\partial \sigma_x}{\partial x}\right)^{\mathrm{p}} + \left(\dfrac{\partial \tau_{yx}}{\partial y}\right)^{\mathrm{p}} + \left(\dfrac{\partial \tau_{zx}}{\partial z}\right)^{\mathrm{p}} + (F_x)^{\mathrm{p}} = \left(\rho \dfrac{\partial^2 u_x}{\partial t^2}\right)^{\mathrm{p}} \\ \left(\dfrac{\partial \sigma_y}{\partial y}\right)^{\mathrm{p}} + \left(\dfrac{\partial \tau_{zy}}{\partial z}\right)^{\mathrm{p}} + \left(\dfrac{\partial \tau_{xy}}{\partial x}\right)^{\mathrm{p}} + (F_y)^{\mathrm{p}} = \left(\rho \dfrac{\partial^2 u_y}{\partial t^2}\right)^{\mathrm{p}} \\ \left(\dfrac{\partial \sigma_z}{\partial z}\right)^{\mathrm{p}} + \left(\dfrac{\partial \tau_{xz}}{\partial x}\right)^{\mathrm{p}} + \left(\dfrac{\partial \tau_{yz}}{\partial y}\right)^{\mathrm{p}} + (F_z)^{\mathrm{p}} = \left(\rho \dfrac{\partial^2 u_z}{\partial t^2}\right)^{\mathrm{p}} \end{cases} \tag{4.2}$$

式中：ρ 为工程岩体的密度；σ_x、σ_y、σ_z 分别为沿 x、y、z 轴方向的正应力分量；τ_{xy}（τ_{yx}）、

τ_{yz}（τ_{zy}）、τ_{zx}（τ_{xz}）分别为垂直于 x（y）、y（z）、z（x）轴的面上沿 y（x）、z（y）、x（z）轴方向的剪应力分量；F_x、F_y、F_z 分别为沿 x、y、z 轴方向的体积力分量；u_x、u_y、u_z 分别为沿 x、y、z 轴方向的位移分量。

考虑到地下工程结构通常以承受静力荷载为主，因此可以认为工程原型中位移对时间的二阶偏导数恒等于 0。由此可得

$$\begin{cases}\left(\dfrac{\partial\sigma_x}{\partial x}\right)^{\mathrm{p}}+\left(\dfrac{\partial\tau_{yx}}{\partial y}\right)^{\mathrm{p}}+\left(\dfrac{\partial\tau_{zx}}{\partial z}\right)^{\mathrm{p}}+(F_x)^{\mathrm{p}}=0\\\left(\dfrac{\partial\sigma_y}{\partial y}\right)^{\mathrm{p}}+\left(\dfrac{\partial\tau_{zy}}{\partial z}\right)^{\mathrm{p}}+\left(\dfrac{\partial\tau_{xy}}{\partial x}\right)^{\mathrm{p}}+(F_y)^{\mathrm{p}}=0\\\left(\dfrac{\partial\sigma_z}{\partial z}\right)^{\mathrm{p}}+\left(\dfrac{\partial\tau_{xz}}{\partial x}\right)^{\mathrm{p}}+\left(\dfrac{\partial\tau_{yz}}{\partial y}\right)^{\mathrm{p}}+(F_z)^{\mathrm{p}}=0\end{cases}\tag{4.3}$$

同理，物理模型在相似荷载条件下的三维平衡方程可以表示为

$$\begin{cases}\left(\dfrac{\partial\sigma_x}{\partial x}\right)^{\mathrm{m}}+\left(\dfrac{\partial\tau_{yx}}{\partial y}\right)^{\mathrm{m}}+\left(\dfrac{\partial\tau_{zx}}{\partial z}\right)^{\mathrm{m}}+(F_x)^{\mathrm{m}}=0\\\left(\dfrac{\partial\sigma_y}{\partial y}\right)^{\mathrm{m}}+\left(\dfrac{\partial\tau_{zy}}{\partial z}\right)^{\mathrm{m}}+\left(\dfrac{\partial\tau_{xy}}{\partial x}\right)^{\mathrm{m}}+(F_y)^{\mathrm{m}}=0\\\left(\dfrac{\partial\sigma_z}{\partial z}\right)^{\mathrm{m}}+\left(\dfrac{\partial\tau_{xz}}{\partial x}\right)^{\mathrm{m}}+\left(\dfrac{\partial\tau_{yz}}{\partial y}\right)^{\mathrm{m}}+(F_z)^{\mathrm{m}}=0\end{cases}\tag{4.4}$$

将式（4.1）代入式（4.3），可得

$$\begin{cases}\left(\dfrac{\partial\sigma_x}{\partial x}\right)^{\mathrm{m}}+\left(\dfrac{\partial\tau_{yx}}{\partial y}\right)^{\mathrm{m}}+\left(\dfrac{\partial\tau_{zx}}{\partial z}\right)^{\mathrm{m}}+\dfrac{C_\gamma C_L}{C_\sigma}(F_x)^{\mathrm{m}}=0\\\left(\dfrac{\partial\sigma_y}{\partial y}\right)^{\mathrm{m}}+\left(\dfrac{\partial\tau_{zy}}{\partial z}\right)^{\mathrm{m}}+\left(\dfrac{\partial\tau_{xy}}{\partial x}\right)^{\mathrm{m}}+\dfrac{C_\gamma C_L}{C_\sigma}(F_y)^{\mathrm{m}}=0\\\left(\dfrac{\partial\sigma_z}{\partial z}\right)^{\mathrm{m}}+\left(\dfrac{\partial\tau_{xz}}{\partial x}\right)^{\mathrm{m}}+\left(\dfrac{\partial\tau_{yz}}{\partial y}\right)^{\mathrm{m}}+\dfrac{C_\gamma C_L}{C_\sigma}(F_z)^{\mathrm{m}}=0\end{cases}\tag{4.5}$$

由式（4.4）和式（4.5）可知，物理模型与工程原型关于几何条件、应力条件及材料容重的相似关系可以表示为

$$C_\gamma C_L / C_\sigma = 1\tag{4.6}$$

由于深部地下工程结构往往面临较高的地应力条件，这意味着环境应力通常远大于工程结构的自身重度，所以在开展深部岩石工程物理模型试验研究时可以忽略体积力（即相似材料重度）的影响[217]，则式（4.3）和式（4.4）可以分别转化为式（4.7）和式（4.8）。再根据式（4.1）、式（4.8），可以获得式（4.9）。对比式（4.7）和式（4.9）可知，物理模型与工程原型关于几何条件和应力条件的相似关系如式（4.10）所示。

$$\begin{cases}\left(\dfrac{\partial\sigma_x}{\partial x}\right)^{\mathrm{p}}+\left(\dfrac{\partial\tau_{yx}}{\partial y}\right)^{\mathrm{p}}+\left(\dfrac{\partial\tau_{zx}}{\partial z}\right)^{\mathrm{p}}=0\\ \left(\dfrac{\partial\sigma_y}{\partial y}\right)^{\mathrm{p}}+\left(\dfrac{\partial\tau_{zy}}{\partial z}\right)^{\mathrm{p}}+\left(\dfrac{\partial\tau_{xy}}{\partial x}\right)^{\mathrm{p}}=0\\ \left(\dfrac{\partial\sigma_z}{\partial z}\right)^{\mathrm{p}}+\left(\dfrac{\partial\tau_{xz}}{\partial x}\right)^{\mathrm{p}}+\left(\dfrac{\partial\tau_{yz}}{\partial y}\right)^{\mathrm{p}}=0\end{cases} \tag{4.7}$$

$$\begin{cases}\left(\dfrac{\partial\sigma_x}{\partial x}\right)^{\mathrm{m}}+\left(\dfrac{\partial\tau_{yx}}{\partial y}\right)^{\mathrm{m}}+\left(\dfrac{\partial\tau_{zx}}{\partial z}\right)^{\mathrm{m}}=0\\ \left(\dfrac{\partial\sigma_y}{\partial y}\right)^{\mathrm{m}}+\left(\dfrac{\partial\tau_{zy}}{\partial z}\right)^{\mathrm{m}}+\left(\dfrac{\partial\tau_{xy}}{\partial x}\right)^{\mathrm{m}}=0\\ \left(\dfrac{\partial\sigma_z}{\partial z}\right)^{\mathrm{m}}+\left(\dfrac{\partial\tau_{xz}}{\partial x}\right)^{\mathrm{m}}+\left(\dfrac{\partial\tau_{yz}}{\partial y}\right)^{\mathrm{m}}=0\end{cases} \tag{4.8}$$

$$\begin{cases}\dfrac{C_L}{C_\sigma}\cdot\left[\left(\dfrac{\partial\sigma_x}{\partial x}\right)^{\mathrm{p}}+\left(\dfrac{\partial\tau_{yx}}{\partial y}\right)^{\mathrm{p}}+\left(\dfrac{\partial\tau_{zx}}{\partial z}\right)^{\mathrm{p}}\right]=0\\ \dfrac{C_L}{C_\sigma}\cdot\left[\left(\dfrac{\partial\sigma_y}{\partial y}\right)^{\mathrm{p}}+\left(\dfrac{\partial\tau_{zy}}{\partial z}\right)^{\mathrm{p}}+\left(\dfrac{\partial\tau_{xy}}{\partial x}\right)^{\mathrm{p}}\right]=0\\ \dfrac{C_L}{C_\sigma}\cdot\left[\left(\dfrac{\partial\sigma_z}{\partial z}\right)^{\mathrm{p}}+\left(\dfrac{\partial\tau_{xz}}{\partial x}\right)^{\mathrm{p}}+\left(\dfrac{\partial\tau_{yz}}{\partial y}\right)^{\mathrm{p}}\right]=0\end{cases} \tag{4.9}$$

$$C_L/C_\sigma=\varDelta \tag{4.10}$$

由式（4.10）可知，当忽略相似材料重度（即不考虑容重相似性）的影响时，工程原型与物理模型中的几何及应力相似比尺可分别进行确定（即$\varDelta$可为任意常数）。这可以有效避免物理模型试验设计过程中不同相似比尺相互制约的问题，既减少了物理模型尺寸的多种限制因素，又降低了围岩模拟材料的制备难度[217]。

2）C_E、C_σ、C_ε的相似关系

由弹性力学理论可知，工程原型在一定荷载条件下的三维物理方程[216]可以表示为

$$\begin{cases}(\varepsilon_x)^{\mathrm{p}}=\dfrac{1}{E^{\mathrm{p}}}[\sigma_x-\mu(\sigma_y+\sigma_z)]^{\mathrm{p}},(\gamma_{yz})^{\mathrm{p}}=\dfrac{(\tau_{yz})^{\mathrm{p}}}{E^{\mathrm{p}}}[2(1+\mu)]^{\mathrm{p}}\\ (\varepsilon_y)^{\mathrm{p}}=\dfrac{1}{E^{\mathrm{p}}}[\sigma_y-\mu(\sigma_x+\sigma_z)]^{\mathrm{p}},(\gamma_{zx})^{\mathrm{p}}=\dfrac{(\tau_{zx})^{\mathrm{p}}}{E^{\mathrm{p}}}[2(1+\mu)]^{\mathrm{p}}\\ (\varepsilon_z)^{\mathrm{p}}=\dfrac{1}{E^{\mathrm{p}}}[\sigma_z-\mu(\sigma_y+\sigma_x)]^{\mathrm{p}},(\gamma_{xy})^{\mathrm{p}}=\dfrac{(\tau_{xy})^{\mathrm{p}}}{E^{\mathrm{p}}}[2(1+\mu)]^{\mathrm{p}}\end{cases} \tag{4.11}$$

式中：ε_x、ε_y、ε_z分别为三个正应变分量；γ_{xy}、γ_{yz}、γ_{zx}分别为三个剪应变分量。

同理，物理模型在相似荷载条件下的三维物理方程可以表示为

$$\begin{cases}(\varepsilon_x)^{\mathrm{m}}=\dfrac{1}{E^{\mathrm{m}}}[\sigma_x-\mu(\sigma_y+\sigma_z)]^{\mathrm{m}},(\gamma_{yz})^{\mathrm{m}}=\dfrac{(\tau_{yz})^{\mathrm{m}}}{E^{\mathrm{m}}}[2(1+\mu)]^{\mathrm{m}}\\(\varepsilon_y)^{\mathrm{m}}=\dfrac{1}{E^{\mathrm{m}}}[\sigma_y-\mu(\sigma_x+\sigma_z)]^{\mathrm{m}},(\gamma_{zx})^{\mathrm{m}}=\dfrac{(\tau_{zx})^{\mathrm{m}}}{E^{\mathrm{m}}}[2(1+\mu)]^{\mathrm{m}}\\(\varepsilon_z)^{\mathrm{m}}=\dfrac{1}{E^{\mathrm{m}}}[\sigma_z-\mu(\sigma_y+\sigma_x)]^{\mathrm{m}},(\gamma_{xy})^{\mathrm{m}}=\dfrac{(\tau_{xy})^{\mathrm{m}}}{E^{\mathrm{m}}}[2(1+\mu)]^{\mathrm{m}}\end{cases}\tag{4.12}$$

将式（4.1）代入式（4.11），可得物理模型与工程原型关于应力条件、应变条件及弹性模量的相似关系：

$$C_\sigma / C_E C_\varepsilon = 1\tag{4.13}$$

在物理模型试验中，规定量纲为一的物理量（应变、泊松比等）的相似比尺恒等于 1[216]，由此进一步可得

$$C_\sigma = C_E\tag{4.14}$$

3）C_u、C_L、C_ε 的相似关系

由弹性力学理论可知，工程原型在一定荷载条件下的三维几何方程[216]可以表示为

$$\begin{cases}(\varepsilon_x)^{\mathrm{p}}=\left(\dfrac{\partial u_x}{\partial x}\right)^{\mathrm{p}},(\gamma_{xy})^{\mathrm{p}}=\left(\dfrac{\partial u_x}{\partial y}\right)^{\mathrm{p}}+\left(\dfrac{\partial u_y}{\partial x}\right)^{\mathrm{p}}\\(\varepsilon_y)^{\mathrm{p}}=\left(\dfrac{\partial u_y}{\partial y}\right)^{\mathrm{p}},(\gamma_{yz})^{\mathrm{p}}=\left(\dfrac{\partial u_y}{\partial z}\right)^{\mathrm{p}}+\left(\dfrac{\partial u_z}{\partial y}\right)^{\mathrm{p}}\\(\varepsilon_z)^{\mathrm{p}}=\left(\dfrac{\partial u_z}{\partial z}\right)^{\mathrm{p}},(\gamma_{zx})^{\mathrm{p}}=\left(\dfrac{\partial u_x}{\partial z}\right)^{\mathrm{p}}+\left(\dfrac{\partial u_z}{\partial x}\right)^{\mathrm{p}}\end{cases}\tag{4.15}$$

同理，物理模型在相似荷载条件下的三维几何方程可以表示为

$$\begin{cases}(\varepsilon_x)^{\mathrm{m}}=\left(\dfrac{\partial u_x}{\partial x}\right)^{\mathrm{m}},(\gamma_{xy})^{\mathrm{m}}=\left(\dfrac{\partial u_x}{\partial y}\right)^{\mathrm{m}}+\left(\dfrac{\partial u_y}{\partial x}\right)^{\mathrm{m}}\\(\varepsilon_y)^{\mathrm{m}}=\left(\dfrac{\partial u_y}{\partial y}\right)^{\mathrm{m}},(\gamma_{yz})^{\mathrm{m}}=\left(\dfrac{\partial u_y}{\partial z}\right)^{\mathrm{m}}+\left(\dfrac{\partial u_z}{\partial y}\right)^{\mathrm{m}}\\(\varepsilon_z)^{\mathrm{m}}=\left(\dfrac{\partial u_z}{\partial z}\right)^{\mathrm{m}},(\gamma_{zx})^{\mathrm{m}}=\left(\dfrac{\partial u_x}{\partial z}\right)^{\mathrm{m}}+\left(\dfrac{\partial u_z}{\partial x}\right)^{\mathrm{m}}\end{cases}\tag{4.16}$$

将式（4.1）代入式（4.15），可得物理模型与工程原型关于位移条件、几何条件及应变条件的相似关系：

$$C_u / C_L C_\varepsilon = 1\tag{4.17}$$

根据量纲为一的物理量（应变、泊松比等）的相似比尺恒等于 1 的相关规定，进一步可得

$$C_u = C_L\tag{4.18}$$

4）C_k、C_ξ 的相似关系

由于深部硬脆性岩石往往具有高强度、高脆性及脆-延转换等特征，所以在此类岩石工程的物理模型试验研究中，除考虑强度、变形等基本物理力学参数的相似性以外，还需要进一步考虑工程原岩与模拟材料在脆性及脆-延转换特征两个方面的相似关系[217]。

由于脆性系数 k（单轴抗压强度 σ_c 与抗拉强度 σ_t 之比）与脆-延转换系数 ξ（脆-延转换的临界围压 σ_3 与峰值强度 σ_f 之比）是表征岩石脆性与脆-延转换特征的常用度量指标，所以本次试验分别通过参数 k 和 ξ 对原岩及其模拟材料的脆性与脆-延转换特征进行量化。由于参数 k 和 ξ 属于量纲为一的参量，两者在物理模型与工程原型相似体系中的相似关系[216]可以表示为

$$C_k = C_\xi = 1 \tag{4.19}$$

5）C_t、C_L 的相似关系

对于长期荷载作用下的时效变形破坏问题，在试验设计过程中除了要考虑应力边界和几何尺寸等方面的相似性以外，还需要考虑荷载作用的时间效应，即工程原型与物理模型之间的时间相似比尺（C_t）。在考虑时间效应的物理模型试验研究中，合理的时间相似比尺是试验能够顺利开展的重要前提。

由因次（量纲）分析法及牛顿第二定律可知，工程原型和物理模型之间的加速度存在如下关系[216]：

$$\frac{a^{\mathrm{p}}}{a^{\mathrm{m}}} = \frac{L^{\mathrm{p}}(t^{\mathrm{m}})^2}{L^{\mathrm{m}}(t^{\mathrm{p}})^2} = 1 \tag{4.20}$$

由式（4.20）可知，工程原型与物理模型之间的几何尺寸与时间参数存在如下关系：

$$\frac{L^{\mathrm{p}}}{L^{\mathrm{m}}} = \left(\frac{t^{\mathrm{p}}}{t^{\mathrm{m}}}\right)^2 = 1 \tag{4.21}$$

由此可得，工程原型与物理模型相似体系中时间参数与几何条件的相似关系可以表示为

$$C_t = \frac{t^{\mathrm{p}}}{t^{\mathrm{m}}} = \sqrt{\frac{L^{\mathrm{p}}}{L^{\mathrm{m}}}} = \sqrt{C_L} \tag{4.22}$$

6）支护系统的相似关系

锚杆支护力与其直径及间距有关[218]，则锚杆的纵向间距、环向间距及直径的相似不能按照几何相似进行计算。为此，锚杆支护力的相似关系可以通过等效支护构建。锚杆的相似性必须考虑锚杆结构的性质，即模型锚杆必须满足拉压刚度（$K=E\cdot A$）相似的条件，如式（4.23）所示。

$$C_K = \frac{(EA)^{\mathrm{p}}}{(EA)^{\mathrm{m}}} = C_E \cdot C_L^2 \tag{4.23}$$

式中：C_K 为锚杆拉压刚度的相似比尺；A 为锚杆截面面积。模型锚杆的长度可以根据

几何相似比尺进行计算。

衬砌的作用主要是承载隧洞径向压力，因此，物理模型试验中衬砌相似材料只需考虑强度相似。

4.3 深部硬岩相似材料研制

相似材料通常是指基本满足相似条件的、具有与某种天然材料相似力学性能的人工合成材料。在岩石力学与工程领域的物理模型试验研究中，科学、合理地选择满足力学相似要求的原岩相似材料，对于目标试验顺利开展至关重要。考虑到深部岩体通常处于三维应力状态，因此所采用的相似材料应该同时满足单轴和三轴应力条件下的相似性。然而，实现相似材料与原岩所有参数的理想相似几乎是不可能的，因此通常的做法是保证主要参数指标满足相似条件。鉴于锦屏二级水电站深埋引水隧洞的实际尺寸（直径12.4 m）及试验设备的加载空间较小，为了尽可能地减少边界效应的影响，本次物理模型试验设置的几何及应力相似比尺分别为 $C_L=208$ 和 $C_\sigma=16$。在相似参数指标选择方面，以实现大理岩高强度、高脆性、延性、应变、弹性模量、泊松比、黏聚力、摩擦角及破坏模式等关键力学参数的相似为相似材料研制的目标。

4.3.1 相似材料研制方法

光学显微镜检测结果显示，锦屏二级水电站深埋引水隧洞大理岩局部裂隙发育（图 4.2），且骨料颗粒边缘的裂隙数量（圈 1）远高于骨料颗粒内部的裂隙数量（圈 2）。此外，以往制作方法将原岩颗粒加工为细颗粒时会对颗粒造成损伤。因此，颗粒受力时易沿骨料颗粒边缘发生剪切滑移破坏，降低了相似材料的强度和脆性特征。为此，作者提出了“骨料加膜法”的相似材料制作方法[219-220]，即采用松香酒精溶液浸泡骨料颗粒，待骨料颗粒表面形成一层“膜”后再进行相似材料配比试验。该方法与以往岩石相似材料研制方法的区别在于：①高脆性的松香与骨料颗粒胶结，提高了相似材料的脆性特征；②通过松香充填骨料颗粒裂隙和微裂纹，提高了骨料的强度和密实度；③改变了以往通过石膏提高相似材料脆性的方法，并未将石膏作为胶结质，避免了因石膏的水化反应而生成大量孔隙，从而提高了相似材料的强度；④无须通过机械密实即可获得高致密度的相似材料，大大简化了试样制作过程，降低了对模具强度的要求。

4.3.2 相似材料配比试验

基于深部硬岩相似材料的研制方法，将石英砂、水泥及松香酒精溶液作为配比试验的原材料。目前，在进行相似材料配比试验确定最佳配比方案时，通常采用正交设计法和均匀设计法两种试验方法。与正交设计法相比，均匀设计法在应对多因素及多水平背

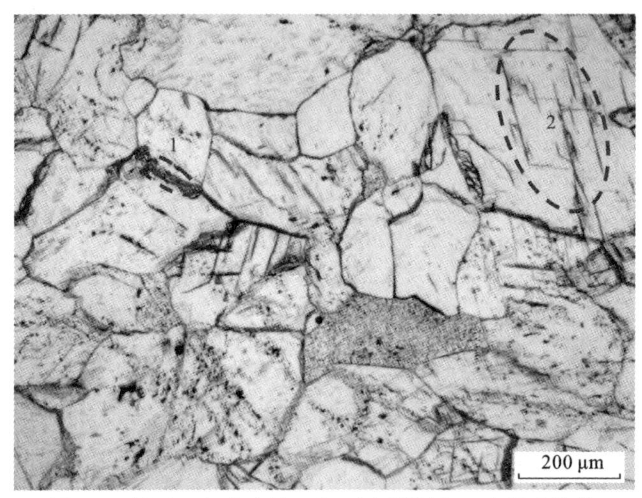

图 4.2　锦屏二级水电站深埋引水隧洞大理岩微观结构

景下的配比试验时，可以实现多因素调节并且显著减小试验次数[220]。因此，本次试验采用均匀设计法进行相似材料的最佳配比测试。根据原材料的组成情况，本次配比试验主要考虑以下几个因素对相似材料力学特性的影响，包括：骨料配比、胶结剂配比、砂胶比及水灰比。表 4.1 为采用均匀设计法确定的配比测试方案，各影响因素分别划分为 9 个水平，共进行 9 组配比测试。

表 4.1　大理岩相似材料配比测试方案（均匀设计法）

编号	级配/%			砂胶比	松香酒精溶液质量分数/%
	石英砂（560～900 μm）	石英砂（154～180 μm）	石英砂（45 μm）		
1	27.0	66.0	7.0	2.6	37.0
2	34.5	55.5	10.0	1.7	33.0
3	42.0	45.0	13.0	0.8	29.0
4	24.5	69.5	6.0	2.9	25.0
5	32.0	59.0	9.0	2.0	21.0
6	39.5	48.5	12.0	1.1	17.0
7	22.0	73.0	5.0	3.2	13.0
8	29.5	62.5	8.0	2.3	9.0
9	37.0	52.0	11.0	1.4	5.0

在配比试验中，相似目标参数包括脆性、延性、单轴抗压强度、抗拉强度、应变、弹性模量、泊松比、黏聚力、内摩擦角等。根据岩石力学试验的相关规定，每种材料配比条件下应至少制备 5 个试件以减小试验结果的离散性[220]。因此，采用干钻法共计制备了约 100 个试件用于配比测试，包括 50 mm×100 mm（直径×高度）及 50 mm×25 mm（直

径×高度）两种尺寸的圆柱及圆盘试件（图 4.3）。大理岩相似材料试件的具体制备过程可概述如下：①按规定配比称量三种尺寸的石英砂颗粒，混合均匀后置于松香酒精溶液中进行浸泡，然后进行充分过滤和干燥处理；②按规定配比称量一定量的硅酸盐水泥，将其与用松香酒精溶液浸泡处理后的石英砂混合均匀，加水搅拌均匀后置于预先涂有脱模剂的模具中进行充分振捣，直至没有明显气泡出现；③待相似材料初凝后拆除外部模具，在室温条件下养护直至重量不再发生变化；④采用干钻法将养护好的相似材料试块加工制作成标准圆柱试件和圆盘试件；⑤测量每个试件的纵波速度，并将波速相近的试件作为后续测试用样。

图 4.3　大理岩相似材料试件

4.3.3　相似材料物理力学参数

为了测定所制备的相似材料的单轴抗压强度、抗拉强度、弹性模量、泊松比、黏聚力、内摩擦角等主要物理及力学参数，对表 4.1 所示配比测试方案下的材料试件进行了大量单轴压缩、三轴压缩及巴西劈裂测试。其中，三轴压缩测试在 MTS815.04 电液伺服岩石试验系统上进行；单轴压缩及巴西劈裂测试在中国科学院武汉岩土力学研究所自研设备 RMT-150C 刚性压力试验机上进行。力学试验结果表明，表 4.1 中第 9 组为大理岩相似材料的最佳配比。表 4.2 为相似材料与大理岩的物理力学参数，由表 4.2 可知，相似材料的参数值与其理论目标值具有较高的一致性，这表明本次试验所制备的大理岩相似材料能够满足后续物理模型试验的相似要求。

表 4.2　相似材料与大理岩的物理力学参数

试样	σ_f /MPa	σ_t /MPa	E /GPa	c /MPa	k	ξ	φ /（°）	u	ε /%
大理岩	175.07	7.39	56.05	54.64	1.00	0.39	36.96	0.30	0.44
相似材料	10.68	0.44	3.93	2.80	1.01	0.29	34.60	0.26	0.44
相似比尺	16.39	16.80	14.26	19.51	0.99	1.40	1.07	1.15	1.00

图 4.4 为大理岩相似材料试件在单轴压缩条件下的全过程应力–应变曲线。由图 4.4 可知，相似材料试件基本表现出与原岩类似的脆性破坏特征，具体表现在以下几个方面：①当轴向荷载较小时，试件处于弹性变形阶段，应力–应变曲线近似表现为直线形态；②随着轴向荷载的增加，试件进入塑性变形阶段（内部开始产生微破裂），应力–应变曲线逐渐转变为下凹型曲线形态，且曲线斜率随应力水平的不断增加逐渐趋于平缓；③当轴向荷载增加到峰值强度以后，试件的承载能力随着应变增加急剧下降，最终产生宏观破裂。

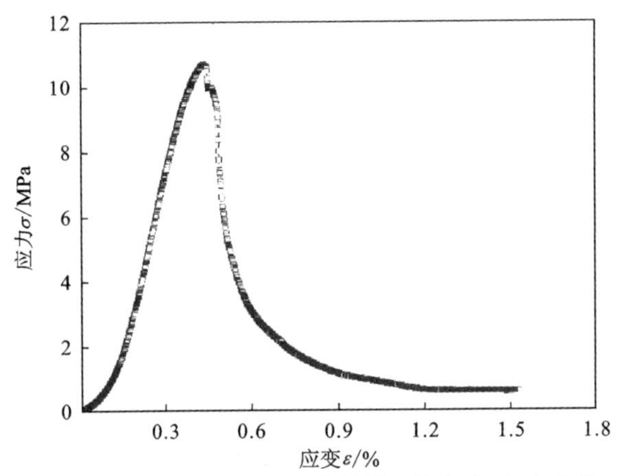

图 4.4　大理岩相似材料试件单轴压缩应力–应变曲线

图 4.5 为大理岩相似材料试件在不同围压条件下的全过程应力–应变曲线。由图 4.5 可知，相似材料试件在常规三轴压缩条件下表现出较为明显的脆–延转换特征，具体表现在以下几个方面：①当无围压存在时，试件表现出明显的脆性特征；②随着围压水平的增加（1～8 MPa 条件下），试件达到峰值强度后并未发生突然的脆性破裂，而是表现出一定的残余承载能力，此时试件由脆性逐渐向延性进行转变，且随围压增加延性特征越来越显著；③当围压增加到 16 MPa 时，试件的应力保持恒定而应变不断增加，表现出明显的塑性流动特征；④当围压增加到 24 MPa 时，试件表现出应变硬化特征。

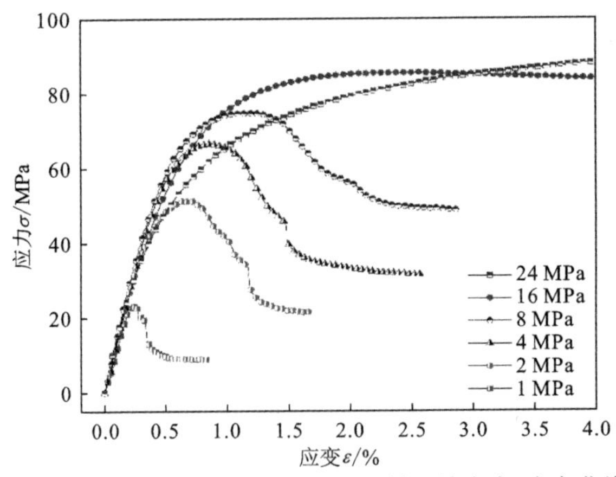

图 4.5　大理岩相似材料试件常规三轴压缩应力–应变曲线

图4.6为大理岩相似材料试件在不同围压条件下的典型宏观破坏形态。由图4.6可知，相似材料在不同围压条件下表现出与原岩类似的破坏形态：①在单轴压缩条件下，试件破坏时可观察到多条沿轴向分布的裂纹，表现出以拉伸破坏为主的典型特征；②在一定围压条件下，试件破坏时通常可以观察到单一倾斜破裂面，表现出以剪切破坏为主的典型特征；③随着侧向围压的逐渐增加，试件破坏时还表现出无显著破裂面的鼓胀破坏，具体表现为试件轴向高度有所降低，环向产生明显体积膨胀。综上所述，本次试验所制备的大理岩相似材料基本符合原岩在力学强度及破坏形态等多方面的相似性。

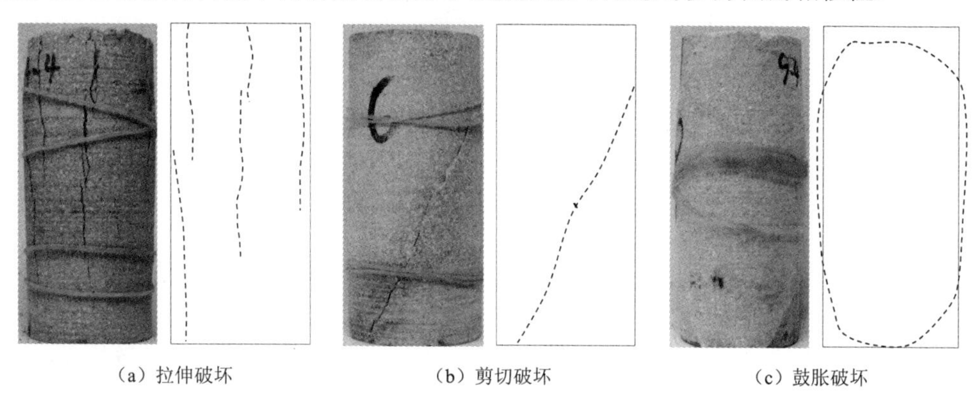

（a）拉伸破坏　（b）剪切破坏　（c）鼓胀破坏

图 4.6　大理岩相似材料试件典型宏观破坏形态

4.4　深埋引水隧洞围岩-支护系统时效物理模型试验

4.4.1　试验加载系统

本次试验在中国科学院武汉岩土力学研究所自主研发的RMT-150C刚性压力试验机上开展。RMT-150C岩石力学试验系统（图4.7）主要由数字加载系统、变形测量系统和数据采集系统三部分组成，用于实现岩石和混凝土材料单轴/三轴压缩、剪切等多种力学性能的测试。该试验系统的机架刚度为5 000.0 kN/mm，能够提供0～1 000 kN的轴向出力、0～500 kN的水平出力及0～50 MPa的侧向围压。此外，该试验系统可以实现应力控制、变形控制或组合控制等多种加载方式，以适应不同力学试验的测试需求。其中，变形控制的加载速率为0.000 1～1.0 mm/s（最大13级），应力控制的加载速率为0.01～100.0 kN/s（最大13级）。

4.4.2　物理模型制作

根据加载装置与几何相似比尺确定的物理模型尺寸为 250 mm×50 mm×250 mm（长×宽×高）。为了提高模型的完整性和致密性，本次试验采用一次性浇筑和机械振捣的

图 4.7　RMT-150C 岩石力学试验系统

方式制作物理模型。模型的制作主要包括相似材料浇筑、模型锚杆安装、衬砌材料浇筑及室温养护等环节（图 4.8），具体过程可概述如下：①根据隧洞实际布局将预制隧洞模型装置固定在涂有脱模剂的模型盒中；②将按规定配比配制的围岩相似材料均匀铺设在模型盒内，并用振捣器对其进行振捣直到无可见气泡产生；③挖除隧洞模型装置内部模拟材料，通过预留锚杆安装孔定向置入贴有应变片的模型锚杆；④按规定配比制备模型衬砌，待衬砌固化后及时脱模；⑤根据监测方案在模型前后两侧布置 4 个声发射磁吸式探头，并在模型前侧均匀喷射数字散斑监测点；⑥将模型置于室温下进行养护，直到重量不再发生变化。受加载设备大小及模型隧洞尺寸的限制，模型锚杆和衬砌等支护结构的施工模拟存在较大的技术难题。在本次试验中，采用常规预埋法对模型锚杆和衬砌进行安装，忽略工程实际中的施工开挖及支护介入过程。

（a）模型盒

（b）相似材料浇筑

（c）模型锚杆安装

（d）衬砌材料浇筑

（e）监测点布设

（f）室温养护

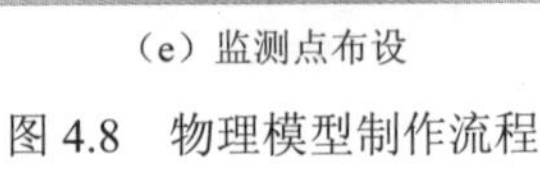

图 4.8　物理模型制作流程

对于原型锚杆和原型衬砌，本次试验分别采用聚丙烯材料和高强石膏进行模拟。本次试验采用物理模型试验中最常用的等效刚度法[221]来确定模型锚杆的分布。

本次试验主要考虑其满足弹性模量、单轴抗压强度和抗拉强度等力学参数的相似性。通过不同含水量的前期预备试验，最终确定基本满足强度相似要求的最优水膏比例为1∶2。表 4.3 与表 4.4 为模型锚杆和模型衬砌的相关参数对比情况。由此可以看出，模型锚杆和模型衬砌材料满足本次试验的相似性要求。图 4.9 为根据上述步骤所制备的部分物理模型。

表 4.3　原型锚杆与相似模型锚杆材料参数对比

材料类型	材料参数			
	直径/mm	长度/mm	弹性模量/GPa	抗拉强度/MPa
原型锚杆	32	6 000	200	400
模型锚杆	2	30	12	23

表 4.4　原型衬砌与相似模型衬砌材料参数对比

材料类型	材料参数			
	厚度/mm	弹性模量/GPa	单轴抗压强度/MPa	抗拉强度/MPa
原型衬砌	600	30	32	2.2
模型衬砌	5	2.1	1.9	0.2

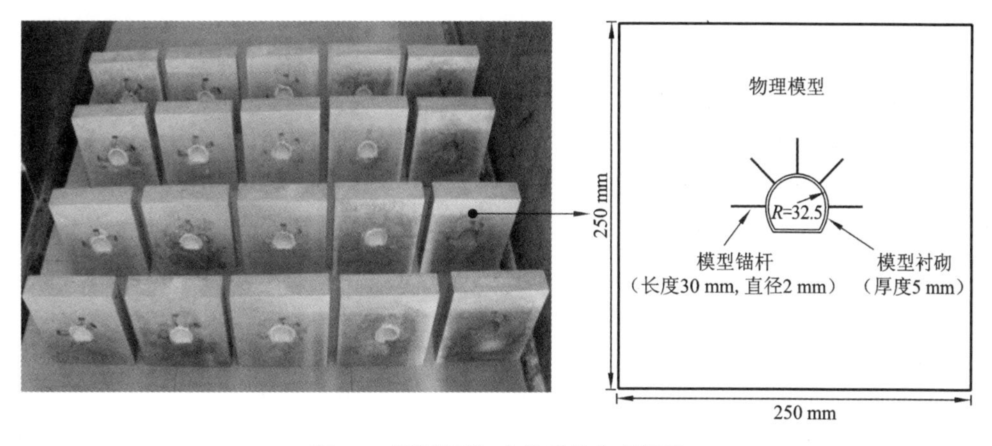

图 4.9　隧洞围岩-支护系统物理模型

R 为半径，mm

4.4.3　加载方案设计

为了模拟锦屏二级水电站深埋引水隧洞围岩-支护系统的组合承载体系在内外压力

联合作用下的变形破坏过程，本次试验采用如图4.10所示的应力边界加载方法进行加载，包括：垂直应力（σ_H）、水平应力（σ_h）和隧洞内压（P_i）。其中，垂直应力σ_H通过RMT-150C岩石力学试验系统进行施加，水平应力σ_h通过自主设计的液压加载装置进行施加，隧洞内压P_i参考相关研究工作[222]采用压力气囊进行施加。根据锦屏二级水电站深埋引水隧洞的实际运行环境和应力条件，加载过程分为以下两个阶段。

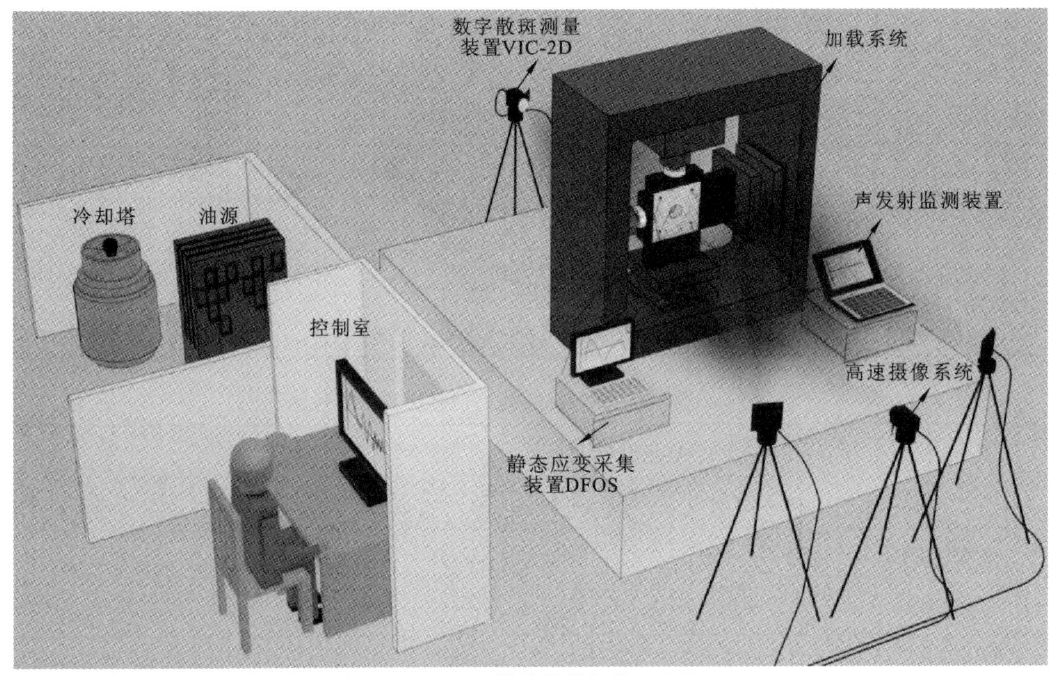

图 4.10　物理模型试验加载示意图

（1）初始应力阶段。根据锦屏二级水电站深埋引水隧洞所处工程区域的实测地应力，通过应力相似比尺换算获得物理模型的初始边界荷载。通过 0.2 kN/s 的加载速率同时施加垂直应力σ_H和水平应力σ_h，待模型边界荷载达到预设值后通过压力气囊在隧洞内部施加均匀分布的压力P_i，模拟锦屏二级水电站深埋引水隧洞在内外压力联合作用下的运行状态。需要注意的是，受试验设备条件的限制，本次试验仅考虑隧洞内部水头引起的均布压力作用，不考虑渗流及孔隙压力的影响。

（2）时效加载阶段。考虑到深部硬岩的脆性破坏主要受自身属性和环境应力条件的影响[223]，为了探讨锦屏二级水电站深埋引水隧洞围岩-支护系统在内外压力联合作用下的时效变形与破坏机理，在初始应力阶段加载完成后，保持水平应力σ_h不变并且逐级增加垂直应力σ_H，每级荷载增加 4.88 MPa 并维持 100 min，加载速率为 0.2 kN/s，直到组合承载体系发生时效破坏。

由锦屏二级水电站深埋引水隧洞原位应力测量实践可知，隧洞区垂直和水平方向的主应力分量分别为 67.42 MPa 和 52.13 MPa。通过应力相似比尺$C_\sigma=16$进行相似换算，可以得到物理模型的初始边界荷载，分别为$\sigma_H=4.21$ MPa（垂直方向）和$\sigma_h=3.26$ MPa（水平方向）。此外，考虑到隧洞运营过程中的水位波动变化会导致内部压力的变化，为了探讨不同内压条件对深埋引水隧洞围岩-支护系统的组合承载体系时效力学响应的影响，在试验过程中设置了三种内压条件（0、200 kPa、300 kPa）。本次试验所采用的应力加载路径如图 4.11 所示，除内压条件以外所有物理模型都采用表 4.5 中的加载方案。为了有效减少试验加载过程中的端部效应，加载前在物理模型的四个加载面预先涂抹一层真空硅脂，并在模型加载面与加载设备之间填充厚度为 0.3 mm 的硅胶垫片，用于改善两者之间的摩擦作用以保证物理模型受力均匀。

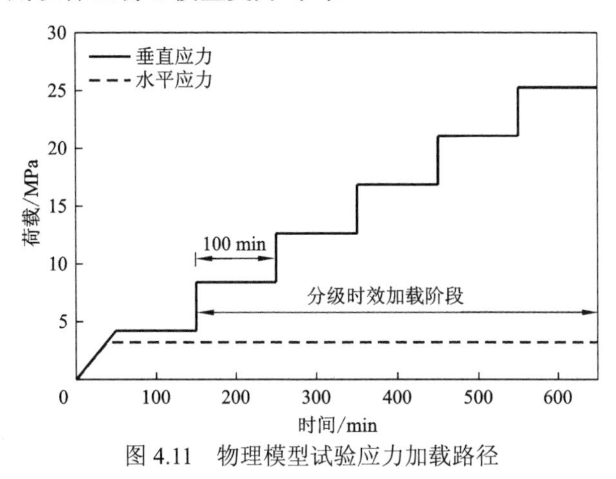

图 4.11　物理模型试验应力加载路径

表 4.5　物理模型试验时效加载方案

试样编号	内压/kPa	σ_h/MPa	σ_H/MPa					
			1 级	2 级	3 级	4 级	5 级	6 级
PM-01	0	3.26	4.21	9.18	14.15	19.12	24.09	29.04
PM-02	200	3.26						
PM-05	300	3.26						

4.4.4　监测系统布置

为了揭示深埋引水隧洞围岩-支护系统的组合承载体系时效变形破坏的时空演化规律，采用声发射监测装置、数字散斑测量装置、静态应变采集装置等综合监测手段，实时跟踪监测了物理模型在时效荷载下的变形、损伤及破裂过程。其中，声发射监测装置用于捕捉物理模型开裂破坏过程中的声发射信号；数字散斑测量装置用于追踪物理模型表面的全场应变及位移变化，还可以有效捕捉物理模型表面裂纹的扩展演化过程；静态应变采集装置主要用于监测模型锚杆轴向应变及应力的变化情况。图 4.12 为该综合监测系统的具体布置方案。

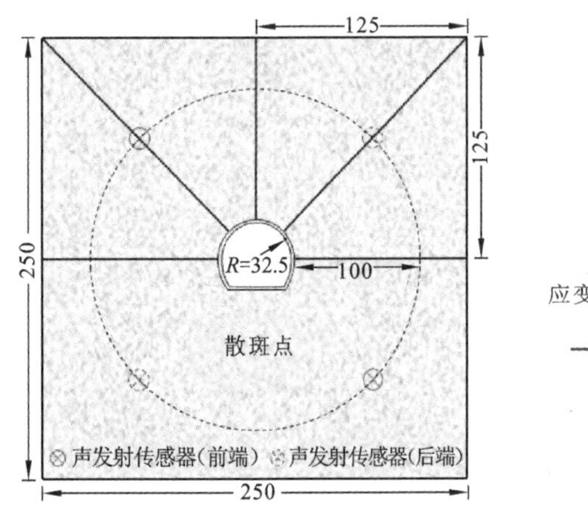

(a) 声发射传感器及散斑点布置

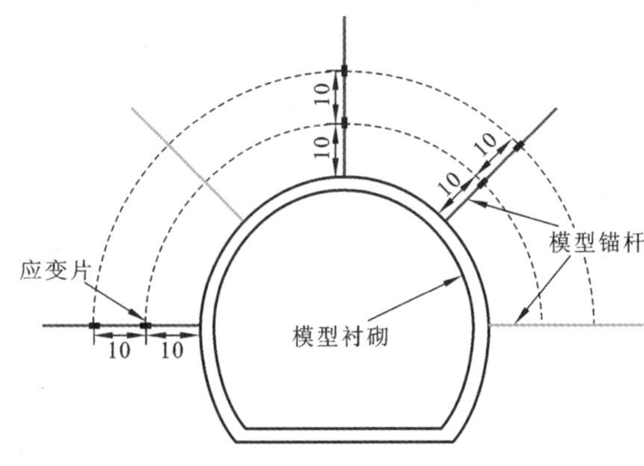

(b) 模型锚杆应变监测点布置

图 4.12 物理模型试验监测系统布置(单位:mm)

(1)声发射传感器布设于物理模型前后端面,按照对称分布形式每个端面各布置 2 个,探头与隧洞边界的距离为 100 mm。声发射传感器与物理模型之间涂抹有真空硅脂薄层,用于提高声发射传感器的声学响应。在时效加载过程中,将声发射事件的触发阈值设置为 45 dB,同时采用 16 通道声发射信号监测系统记录整个测试过程的声发射数据。

(2)散斑点布设于物理模型前侧端面,该散斑点通过黑白两种颜色的喷漆喷涂形成一种随机分布。在时效加载过程中,采用高速工业相机以 1 帧每秒的速度记录物理模型的实时图像,然后采用数字图像技术(digital image correlation,DIC)捕捉散斑点的位置变化,以获取物理模型表面的全场应变或全场位移演化情况。高速工业相机布设在物理模型正前方,与监测端面的距离约为 1.2 m。

(3)考虑到模型锚杆分布的对称性,模型锚杆应变监测点布设于左侧拱腰、拱顶及右侧拱肩等位置,每根模型锚杆共设置 2 个应变监测点,各应变监测点与模型隧洞边界的距离分别为 10 mm 和 20 mm。在加载过程中,采用静态应变采集装置实时采集模型锚杆的轴向应变演化情况,通过进一步的计算还可以有效获取锚杆轴力及锚杆-围岩界面的剪切作用力。

4.5 深埋引水隧洞围岩-支护系统时效物理模型试验结果分析

4.5.1 变形演化规律

1. 时效演化特性

在时效加载过程中,通过 RMT-150C 岩石力学试验系统配备的 LVDT 跟踪监测了隧洞围岩-支护系统组合承载体系的轴向应变,同时以 1.0 s 的采样间隔实时记录了加载过程中的轴向应变及轴向荷载信息。图 4.13 为隧洞围岩-支护系统组合承载体系在不同内压条件下的应变-时间曲线和应力-应变曲线（如未特别说明，应变均以压缩为正）。由图 4.13 可知，组合承载体系的变形响应连续且无明显波动，表现出初始蠕变、等速蠕变及加速蠕变等典型时效特征。

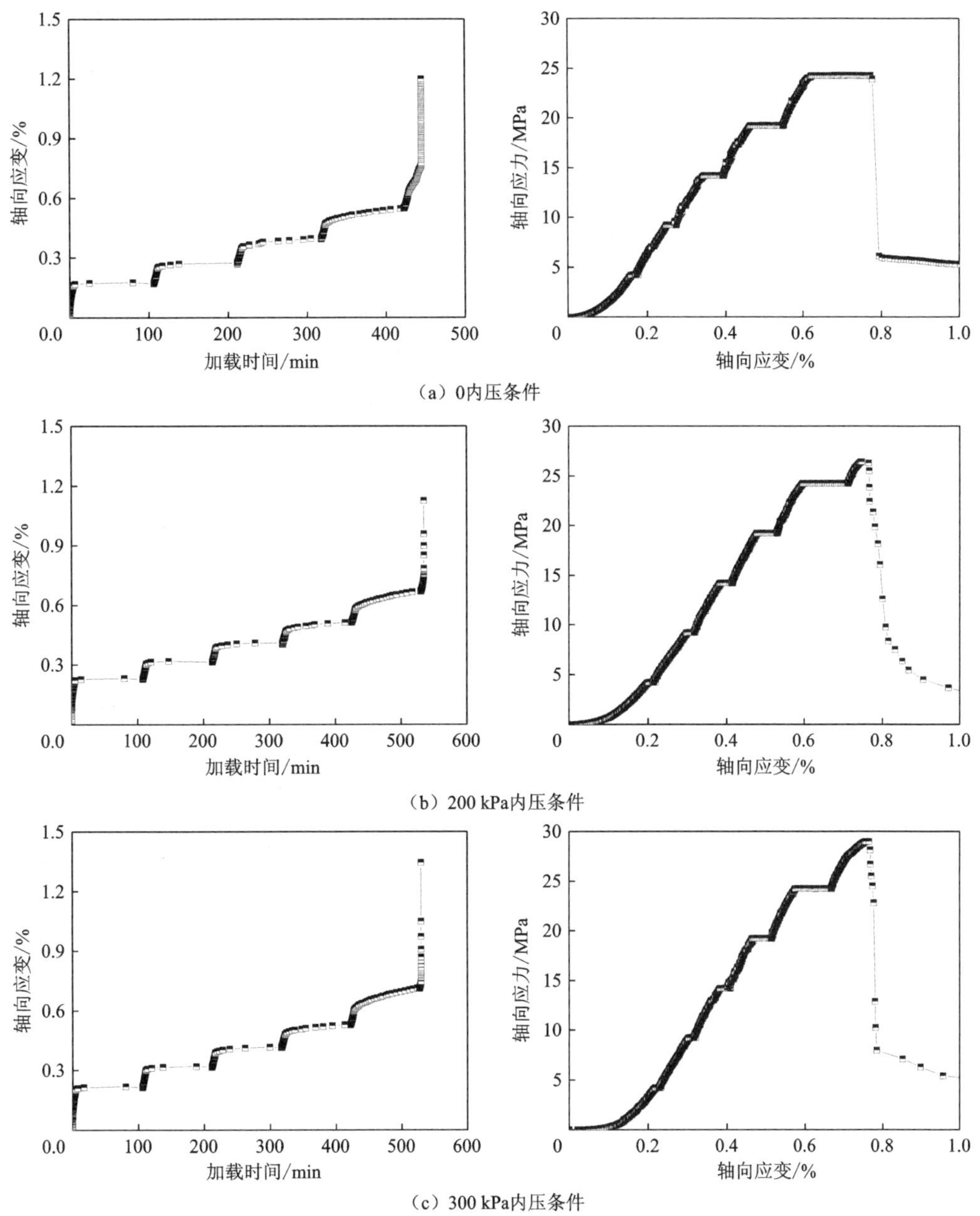

图 4.13　不同内压条件下的应变-时间曲线及应力-应变曲线

当轴向荷载水平较低时，荷载施加过程中组合承载体系会立即产生一定的瞬时变形响应，但加载完成后变形速率会迅速衰减为零，变形量趋于某一恒定值，并未表现出随时间变化的时效行为；随着轴向荷载水平的不断增加，组合承载体系产生瞬时变形以后其变形速率逐渐衰减至某一非零数值，开始表现出初始蠕变和等速蠕变等随时间变化的变形行为，且轴向荷载水平越高，其时效力学特性越明显，这意味着组合承载体系的时效变形响应还具有受应力水平控制的典型非线性特征；轴向荷载水平进一步增加，当超过某一临界荷载后，组合承载体系还表现出明显的加速蠕变行为，同时产生整体性的时效破坏。整体而言，隧洞围岩-支护系统的组合承载体系表现出与单一岩石试件相似的时效变形演化特征，且不同内压条件下的应变-时间曲线均表现出类似的变形演化规律。需要注意的是，不同内压条件下的时效变形行为也存在着一定的差异。例如，随着隧洞内压 P_i 的增加，组合承载体系发生蠕变破坏时的临界荷载逐渐增大。与此同时，组合承载体系最终破坏时所对应的轴向变形量值也有所增加。

2. 空间分布特征

在时效加载过程中，通过 DIC 实时跟踪监测了组合承载体系表面散斑点的全过程应变演化情况。为了进一步研究组合承载体系整体变形响应的空间演化特征，在隧洞左侧拱腰、左侧拱肩及拱顶不同深度处分别布设了 4 个虚拟监测点，各监测点与洞壁的径向距离分别为 0、15 mm、30 mm 及 45 mm。图 4.14 为组合承载体系最终破坏时不同位置及不同深度处的围岩径向应变分布情况（如未特别说明，围岩径向应变均以压缩为正）。为了更加定量地把握围岩变形的空间演化特征，还进一步对相同位置不同深度及相同深

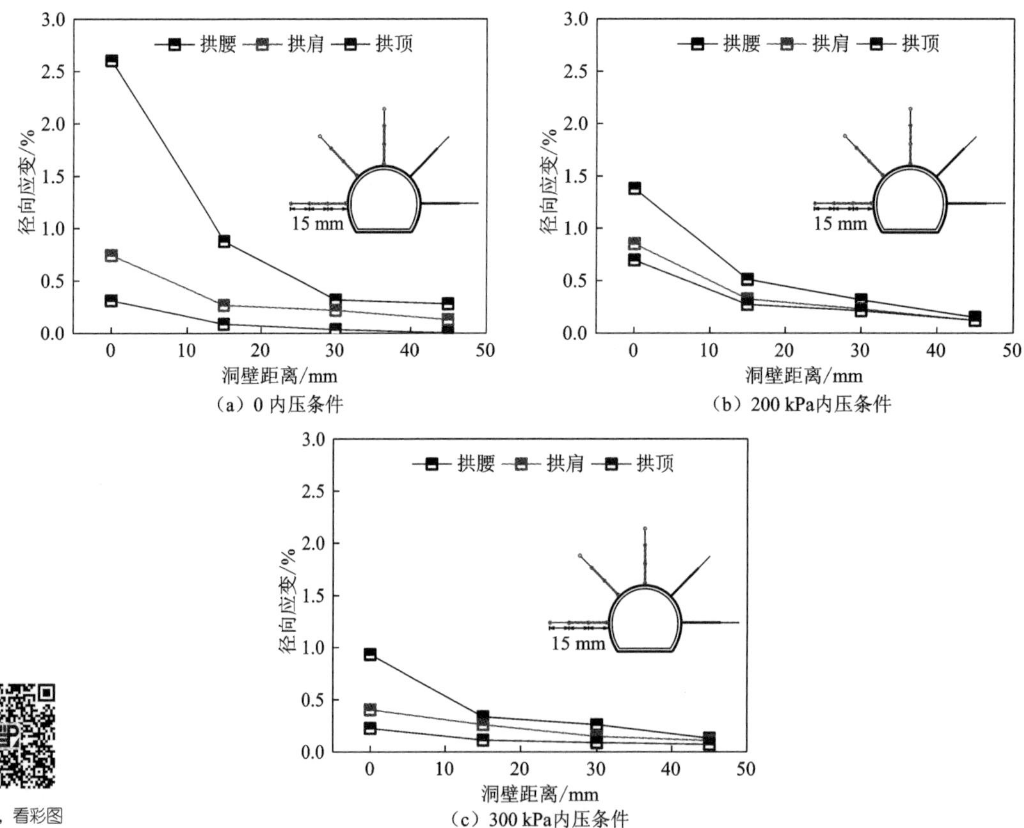

（a）0 内压条件　（b）200 kPa内压条件　（c）300 kPa内压条件

扫一扫，看彩图

图 4.14　不同位置及不同深度处的围岩径向应变分布情况

度不同位置的围岩径向应变占比情况进行了统计，结果如表 4.6 与表 4.7 所示。由图 4.14、表 4.6、表 4.7 可知，在时效性荷载作用下，隧洞围岩-支护系统组合承载体系的变形演化在空间分布方面具有以下规律。

表 4.6　相同深度不同位置处的围岩径向应变占比统计

内压/kPa	监测点位置	不同深度处的径向应变占比/%				平均值/%
		0	15 mm	30 mm	45 mm	
0	左侧拱腰	71.16	71.19	55.59	67.88	66.46
	左侧拱肩	20.31	21.73	38.29	31.39	27.93
	拱顶部位	8.53	7.08	6.12	0.73	5.62
200	左侧拱腰	59.71	47.39	52.41	41.99	50.38
	左侧拱肩	25.88	36.82	29.72	34.93	31.84
	拱顶部位	14.41	15.79	17.87	23.08	17.79
300	左侧拱腰	47.17	46.08	41.66	38.42	43.33
	左侧拱肩	29.09	29.35	30.35	30.53	29.83
	拱顶部位	23.74	24.57	27.99	31.05	26.84

注：各内压下平均值之和不为 100%由四舍五入所致。余同。

表 4.7　相同位置不同深度处的围岩径向应变占比统计

内压/kPa	深度/mm	不同监测点布设位置处的径向应变占比/%			平均值/%
		左侧拱腰	左侧拱肩	拱顶部位	
0	0	63.87	54.71	71.40	63.33
	15	21.47	19.66	19.91	20.35
	30	7.81	16.13	8.01	10.65
	45	6.85	9.50	0.68	5.68
200	0	58.49	55.72	53.34	55.85
	15	21.69	21.32	20.95	21.32
	30	13.42	15.11	16.35	14.96
	45	6.40	7.85	9.36	7.87
300	0	56.14	43.82	45.18	48.38
	15	20.24	28.31	22.49	23.68
	30	15.72	16.05	17.87	16.55
	45	7.90	11.82	14.46	11.39

（1）相同深度不同位置处，变形从拱顶到拱肩再到拱腰呈逐渐增加的趋势。其中，无内压条件下，拱腰、拱肩及拱顶处的径向应变平均占比分别为66.46%、27.93%、5.62%；200 kPa内压条件下，拱腰、拱肩及拱顶处的径向应变平均占比分别为50.38%、31.84%、17.79%；300 kPa内压条件下，拱腰、拱肩及拱顶处径向应变平均占比分别为43.33%、29.83%、26.84%。尽管不同内压条件下的数值不尽相同，但整体规律基本一致。

（2）相同位置不同深度处，变形沿洞壁随着深度增加表现出逐渐减小的趋势。其中，无内压条件下，距离洞壁不同深度处的监测点径向应变平均占比分别为63.33%、20.35%、10.65%、5.68%；200 kPa内压条件下，距离洞壁不同深度处的监测点径向应变平均占比分别为55.85%、21.32%、14.96%、7.87%；300 kPa内压条件下，距离洞壁不同深度处的监测点径向应变平均占比分别为48.38%、23.68%、16.55%及11.39%。

（3）不同隧洞内压条件下，拱腰处的围岩变形随着内压增加呈逐渐减小的趋势。例如，在左侧拱腰靠近洞壁位置处，对比无内压条件，200 kPa和300 kPa内压条件下的围岩径向应变分别减小了46.94%和64.21%；在左侧拱腰距离洞壁15 mm位置处，对比无内压条件，200 kPa和300 kPa内压条件下的围岩径向应变分别减小了41.49%和61.61%。

综上所述，在时效性荷载作用下，隧洞围岩-支护系统的组合承载体系产生时效破坏时以拱腰处的围岩变形最为显著，且从洞壁表面向围岩深处逐渐变小，因此在实际运营过程中应重点关注隧洞拱腰区域的围岩变形情况；此外，试验结果还表明隧洞内压对于控制围岩及衬砌结构的变形具有一定的积极作用。因此，实际运营过程中应尽量减小改变隧洞正常运行工况的事件频次，避免对深埋引水隧洞的安全运行产生不利影响。

4.5.2 损伤破裂过程

声发射和DIC已被广泛用于岩石材料在外部荷载作用下的损伤与变形检测[224-227]。一方面，通过声发射技术监测岩石试件在加载过程中的声发射参数变化，可以有效揭示岩石材料在外力作用下的损伤累积过程；另一方面，通过DIC监测岩石试件在加载过程中的全场变形或应变演化，可以有效捕捉岩石材料在外力作用下的变形破裂过程。因此，本节结合声发射监测装置及数字散斑测量装置的监测结果深入探讨了隧洞围岩-支护系统组合承载体系的渐进损伤与破裂过程。

1. 损伤演化特征

图4.15为不同内压条件下的组合承载体系在时效加载过程中的声发射撞击计数率随应变-时间曲线的演化情况。由图4.15可知，时效加载过程中的声发射撞击计数率可以划分为以下三个演化阶段：初始沉寂期（I）、稳定增长期（II）及加速上升期（III）。

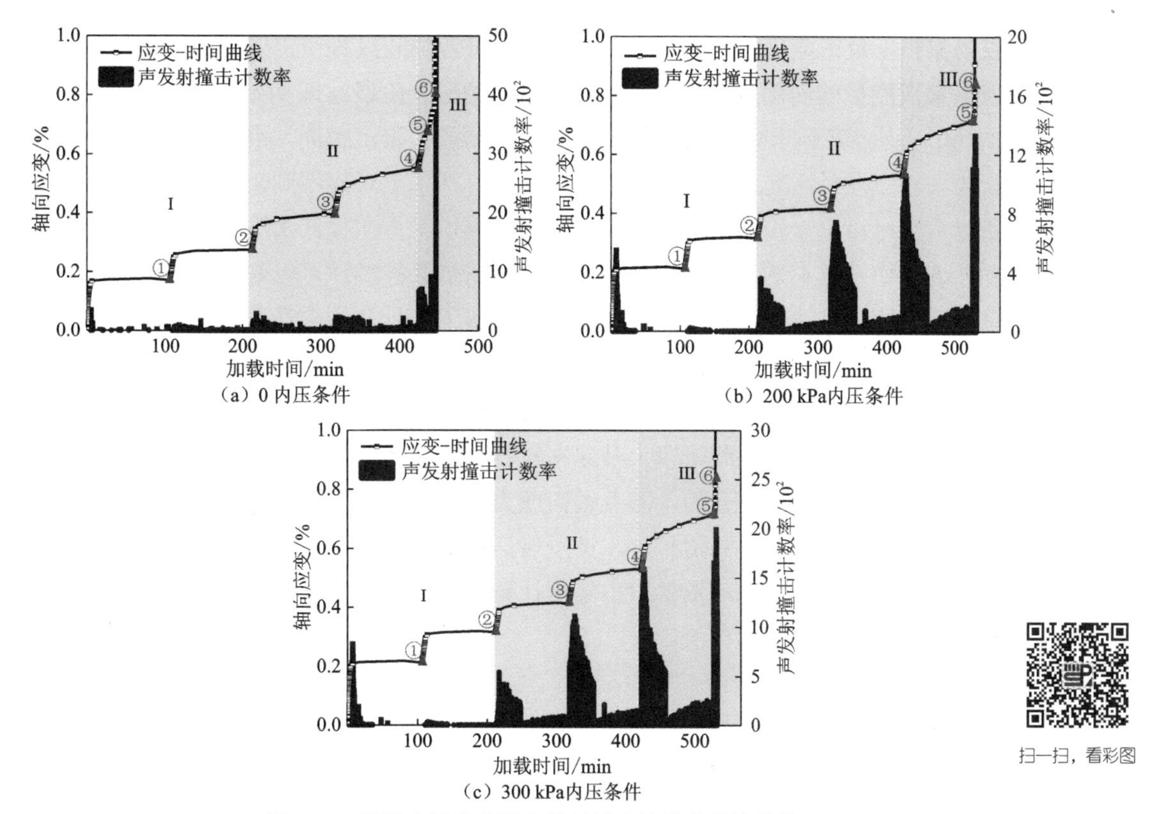

（a）0 内压条件

（b）200 kPa内压条件

（c）300 kPa内压条件

图 4.15　不同内压条件下声发射撞击计数率的演化情况

在轴向应力较小的初期加载阶段，组合承载体系处于声发射活动的初始沉寂期，声发射撞击计数率整体上处于极低水平，除了裂纹闭合阶段可以观察到少量声发射撞击信号外，其余时段的声发射活动不显著，没有观察到连续的声发射撞击信号。随着轴向应力达到第 3 级加载阶段，组合承载体系进入声发射活动的稳定增长期，声发射撞击计数率较第一阶段开始增加，可以观察到连续的声发射撞击信号，且在分布上呈现出明显的多峰现象。随着轴向应力继续增加，达到第 5 级加载阶段，组合承载体系进入声发射活动的加速上升期，此时声发射撞击计数率较前两个阶段显著增加，可以观察到大量的声发射撞击信号，且在产生蠕变破坏时急剧增加并达到最大值。

在声发射撞击信号较活跃的稳定增长期及加速上升期，声发射参数的演化过程还具有以下几个特点：①在相同轴向应力水平作用下，瞬间加载阶段的声发射撞击信号更为活跃，表现出较高的声发射撞击计数率，而时效保载阶段的声发射撞击信号较不活跃，表现出较低的声发射撞击计数率；②在不同轴向应力水平作用下，瞬间加载阶段及时效保载阶段的声发射撞击计数率均随轴向应力的不断增加逐渐上升，但瞬间加载阶段的声发射撞击信号比时效保载阶段更为活跃；③当进入加速蠕变阶段后，声发射撞击计数率出现较大程度的上升，但随着隧洞内压的增加上升幅度有所减小，即无内压条件下上升幅度最大，而 300 kPa 内压条件下上升幅度最小。

图4.16为不同内压条件下的组合承载体系在时效加载过程中声发射撞击累积计数率

和声发射累积能量的变化情况。由图 4.16 可知，时效加载过程中声发射撞击累积计数率和声发射累积能量的演化过程也可以划分为相似的三个阶段，即初始沉寂期（I）、稳定增长期（II）及加速上升期（III）。在轴向应力较小的初始沉寂期，由于此时系统中以裂纹闭合为主，声发射活动尚处于较不活跃的状态，基本上观察不到明显的声发射撞击信号，所以声发射撞击累积计数率和声发射累积能量均维持在极低水平。随着轴向应力逐渐增加并进入稳定增长期，系统中的微裂纹开始萌生并扩展，可以观察到连续的声发射撞击信号，因此声发射撞击累积计数率和声发射累积能量开始上升。与此同时，由于分级荷载瞬间加载阶段的声发射活动明显较时效保载阶段更为活跃，所以声发射撞击累积计数率和声发射累积能量表现出阶梯式的上升趋势，具体表现为瞬间加载阶段上升速率较快、曲线较陡，而时效保载阶段上升速率较慢、曲线较缓，这与声发射撞击计数率所表现出的演化趋势是基本符合的。随着轴向应力继续增加并进入加速上升期，系统中的微裂纹由稳定扩展转变为非稳定扩展，声发射活动处于最为活跃的状态，可以观察到大量的声发射撞击信号，因此声发射撞击累积计数率和声发射累积能量出现激增现象，并在系统发生时效破坏时达到极值。

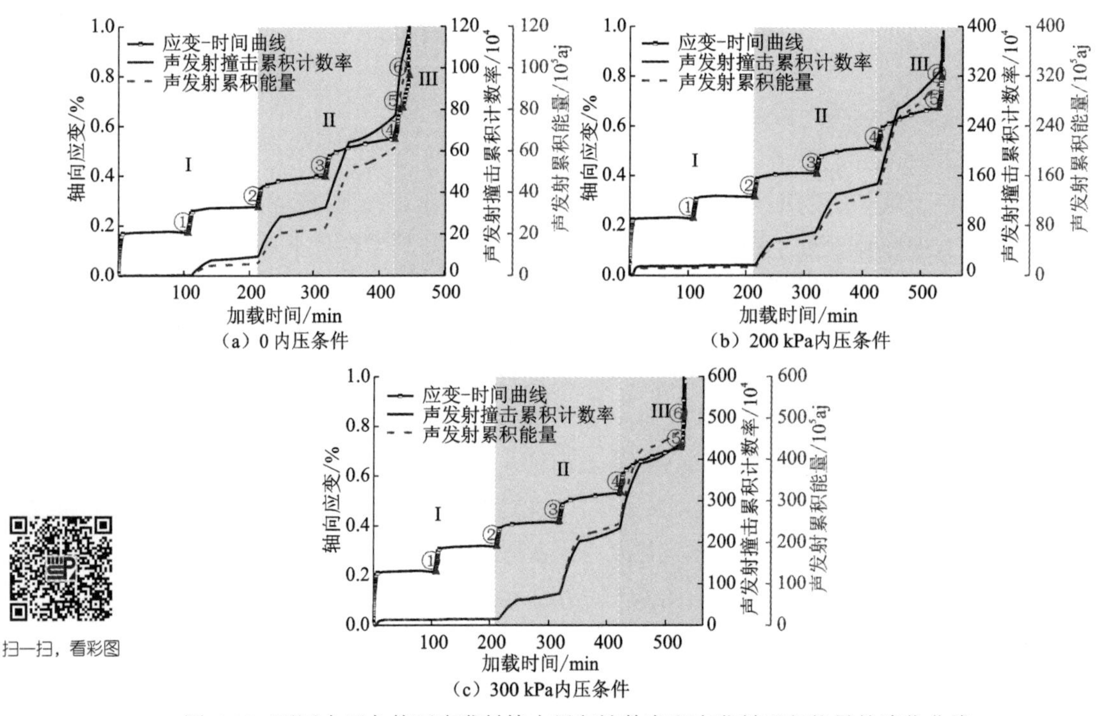

图 4.16　不同内压条件下声发射撞击累积计数率和声发射累积能量的演化曲线

从物理意义角度来看，岩石材料中的声发射活动是内部微破裂或位错运动诱发的局部能量释放并产生应力波的物理现象[228]，这意味着每一个声发射撞击信号都代表一次小能量的微破裂事件。因此，声发射撞击计数率可以用于有效反映岩石材料内部微裂纹萌生及扩展的损伤演化过程[228]：当未观察到连续的或仅观察到极少量的声发射撞击信号时，表明岩石材料仍处于裂纹闭合的弹性变形阶段；当开始观察到连续的声发射撞击信号时，表明岩石材料内部的微裂纹开始萌生，岩石由弹性变形阶段进入微破裂稳定扩展阶段，此时所对应的荷载被定义为岩石的起裂强度；当声发射撞击信号开始出现突增现象时，表明岩石材料内部的微裂纹开始产生非稳定扩展，岩石由微破裂稳定扩展阶段进入微破裂非稳定扩展阶段，此时所对应的荷载被定义为岩石的损伤强度；微破裂的非稳定扩展，岩石材料内部的裂纹密度越来越大，当裂纹密度超过某一临界值时不同裂纹之间会相互聚集从而形成宏观主裂纹，最终将导致岩石材料的宏观破坏，此时所对应的荷载即岩石的峰值强度。

因此，根据上述声发射参数的演化规律可知，隧洞围岩-支护系统的组合承载体系在时效荷载作用下的损伤演化过程具有以下特征：①就不同的荷载作用形式而言，与短期的瞬时加载过程相比，组合承载体系在长期蠕变过程中的损伤发展相对更为平缓，因此时效保载阶段的声发射活动的活跃水平明显较低；②就不同的变形发展阶段而言，与初始蠕变阶段和等速蠕变阶段相比，加速蠕变阶段的声发射活动更为活跃，当组合承载体系从等速蠕变阶段进入加速蠕变阶段时，通常可以观察到声发射撞击累积计数率和声发射累积能量的显著增加，甚至是指数型突增现象。

2. 变形破裂过程

为了进一步揭示时效加载过程中组合承载体系的损伤破裂过程，将声发射参数演化趋势和变形破裂过程有机结合起来，系统分析了组合承载体系在时效荷载作用下的损伤累积与渐进破裂行为。图 4.17 给出了组合承载体系在不同加载阶段的最大主应变云图，图中编号①～⑥分别对应图 4.15 与图 4.16 中声发射参数演化的不同加载阶段。由图 4.17 可知，不同内压条件下的组合承载体系表现出类似的渐进损伤破裂过程。

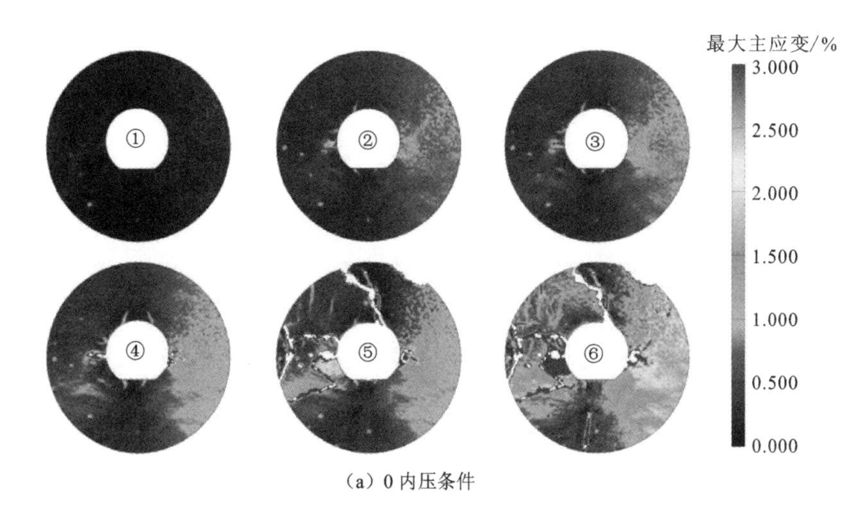

（a）0 内压条件

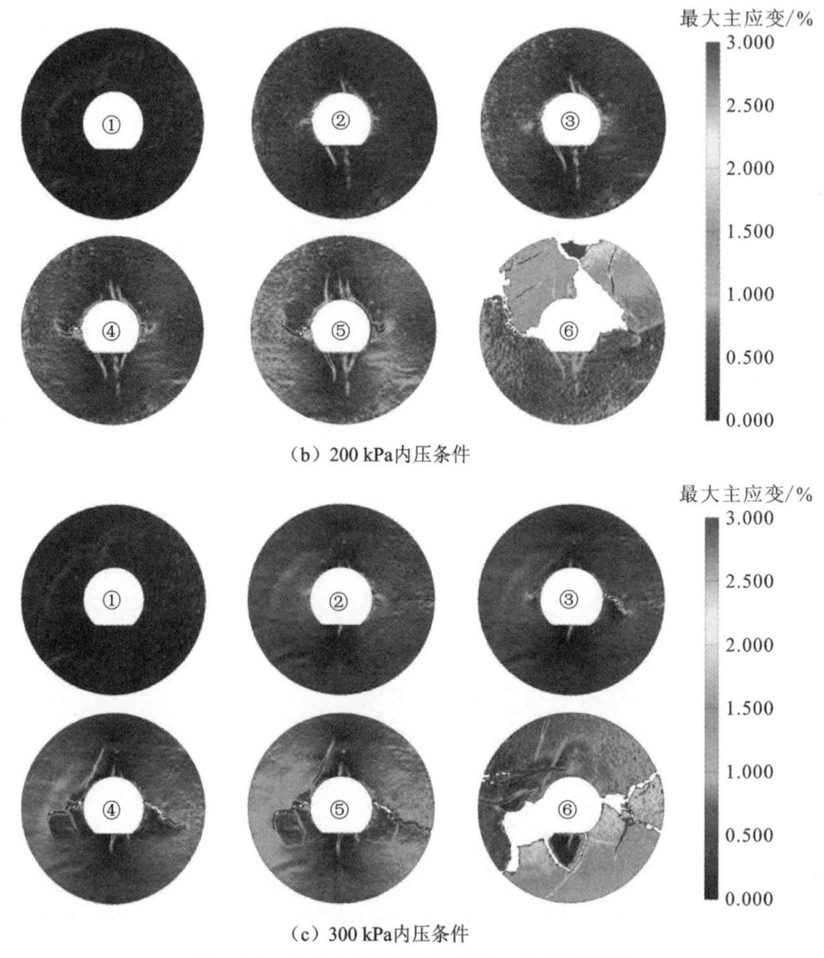

（b）200 kPa内压条件

（c）300 kPa内压条件

扫一扫，看彩图

图 4.17　不同内压条件下的最大主应变云图

在加载初期应变分布较为均匀且应变量值很小，没有观察到明显的应变局部化现象，这对应于组合承载体系声发射活动的初始沉寂期，此时观察不到或仅可观察到少量的声发射撞击信号。随着轴向荷载逐渐增加并达到裂纹萌生的起裂强度，在隧洞浅表层围岩中开始出现应变局部化现象，并逐渐扩展延伸直至整个隧洞周围形成高应变带，这对应于声发射活动的稳定增长期，此时可以观察到连续的声发射撞击信号。轴向荷载继续增加并达到裂纹扩展的损伤强度后，由于组合承载体系内部各种微裂纹的失稳扩展，原本集中在隧洞浅表层的高应变带逐渐向深部扩展延伸，同时可以观察到少量的次生裂纹，这对应于声发射活动的加速上升期，此时可以观察到突然增加的、更为活跃的声发射撞击信号。轴向荷载继续增加并达到蠕变破坏峰值应力后，由于组合承载体系内部各种微裂纹的不断聚集，高应变带进一步扩展并逐渐贯通形成宏观主裂纹，最终组合承载体系产生整体破坏。在产生时效破坏以后的峰后阶段，还可以观察到组合承载体系的整体坍塌现象，此时组合承载体系中的声发射撞击信号最为活跃，因此该时刻的声发射撞击累积计数率和声发射累积能量近乎直线上升。

4.5.3　时效破坏机制

岩石材料在外部荷载作用下的破裂行为主要分为以下三种类型：张拉型破坏、剪切型破坏和拉剪复合型破坏。已有研究表明，通过声发射参数 RA 和 AF 的对比可以判别破坏过程中的微破裂类型[229-230]，通过声发射参数 b 的演化还可以衡量破坏过程中从微破裂到宏观破裂的尺度变化情况[231-232]，从而有效揭示岩石材料宏观破坏行为的内在破裂机制。因此，本节根据声发射参数 b 及 AF-RA 散点图的演化特征，深入分析了隧洞围岩-支护系统组合承载体系的时效破坏机制。

1. 声发射参数 b

通常来说，材料或构件变形破裂过程中不同尺度的破裂事件会产生不同幅值的声发射撞击信号。更确切地说，小尺度破裂所对应的声发射撞击信号具有频率高和幅值低的特点，而大尺度破裂所对应的声发射撞击信号具有频率低和幅值高的特点。对于岩石材料而言，外荷载作用下内部声发射撞击事件的累积频率与幅值的相对关系可以采用式（4.24）[233]进行量化。

$$\lg N = a - b \cdot (\mathrm{AMP}/20) \tag{4.24}$$

式中：AMP 为声发射撞击事件的幅值，dB；N 为幅值超过 AMP 的声发射撞击事件的数量；a 为常数，代表声发射撞击事件的活跃程度；b 为小幅值声发射撞击事件与大幅值声发射撞击事件的相对比值，代表着小尺度破裂与大尺度破裂的相对数量。当观察到较高的 b 时，意味着此时组合承载体系中以小尺度的微破裂事件为主，当 b 开始降低时，则表明由于小尺度微裂纹的扩展和聚集，裂纹尺度逐渐增加，大尺度破裂事件开始发生。因此，通过分析声发射参数 b 的变化可以有效获取组合承载体系破坏过程中从微破裂到宏观破坏的演化规律，从而有助于揭示其宏观破坏行为的内在机制。

图 4.18 为隧洞围岩-支护系统的组合承载体系在不同内压条件下声发射撞击事件的 lg$N$-AMP/20 散点分布图。为了更定量地描述试验过程中声发射撞击事件发生频次与幅值之间的关系，使用线性函数拟合了试验数据并给出了拟合效果最佳的对应曲线。拟合曲线

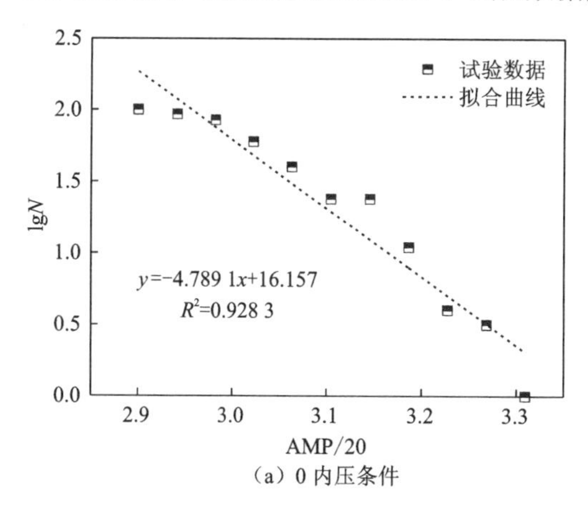

（a）0 内压条件

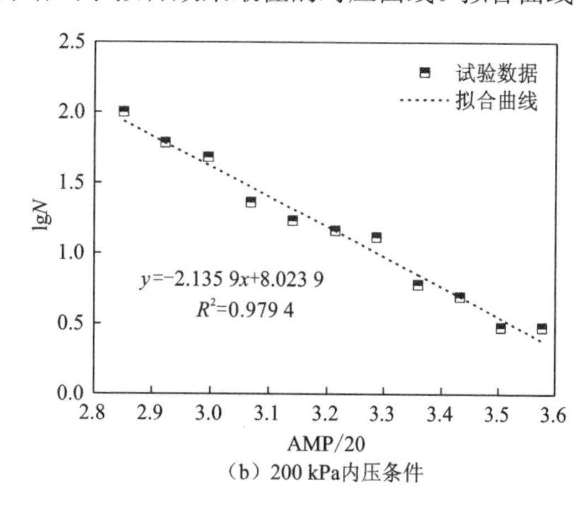

（b）200 kPa内压条件

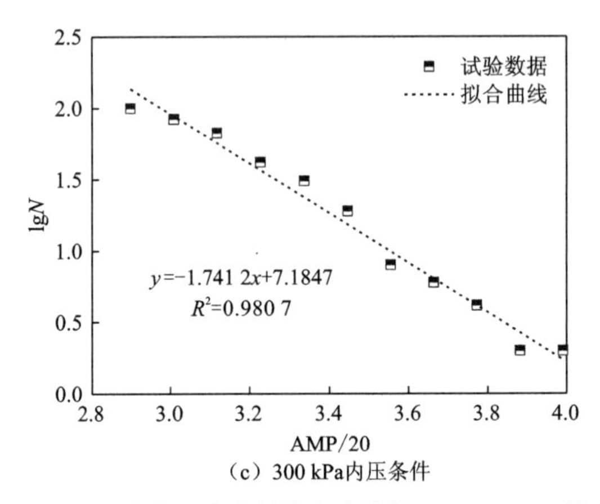

（c）300 kPa内压条件

图 4.18　不同内压条件下声发射撞击事件的 lg$N$-AMP/20 散点分布图

的斜率对应声发射撞击事件的 b，拟合曲线的截距则对应声发射撞击事件的 a。由图 4.18 可知，不同内压条件下的声发射参数 b 分别为 4.789 1、2.135 9 和 1.741 2，a 分别为 16.157、8.023 9 和 7.184 7。为了更定量地揭示组合承载体系在加载过程中从微破裂向宏观破坏转变的演化规律，还分别计算了不同分级荷载加载过程中声发射撞击事件的 b。

图4.19为组合承载体系在不同内压条件下各分级加载阶段所对应的声发射撞击事件的 b 的分布图。其中，在无内压条件下，各分级加载阶段的 b 分别为 15.89、13.49、11.24、11.23 及 1.96；在 200 kPa 内压条件下，各分级加载阶段的 b 分别为 13.57、13.26、8.39、8.18、7.06 及 1.54；在 300 kPa 内压条件下，各分级加载阶段的 b 分别为 11.83、12.30、11.30、10.19、7.84 及 2.43。由此可以看出，在轴向荷载较小的加载初期，b 通常处于较高水平；随着轴向荷载逐渐增加，b 开始出现一定程度的下降；当轴向荷载接近蠕变破坏峰值强度时，b 出现显著下降。这表明在轴向荷载较低的加载初期，组合承载体系中以小尺度的微破裂事件为主，因此 b 始终维持在较高水平；随着轴向荷载的逐渐增加，小尺度的微裂纹不断扩展并向大尺度的亚宏观或宏观裂纹转变，因此 b 开始出现下降现象；轴向荷载继续增加并接近蠕变破坏峰值强度时，裂纹之间相互交叉并形成宏观断裂面，此后发生沿宏观断裂面的整体破坏，因此 b 迅速减小并降至最小值。根据已有研究

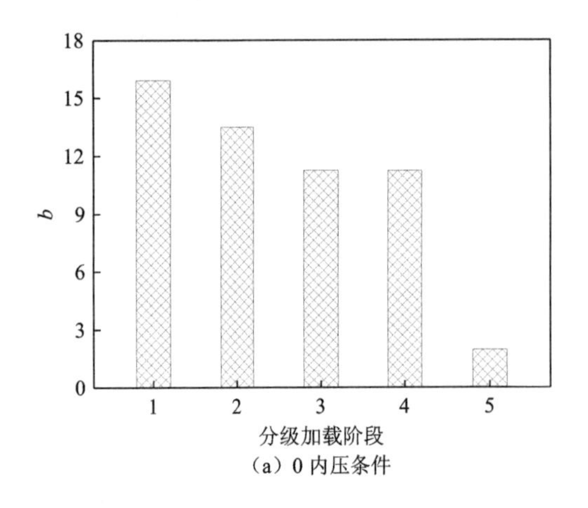

（a）0 内压条件

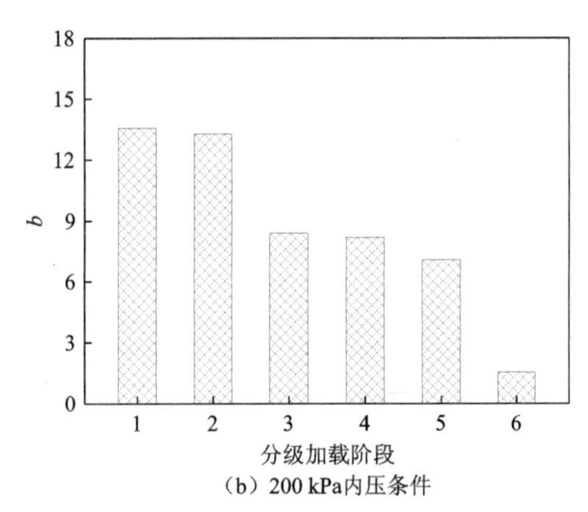

（b）200 kPa内压条件

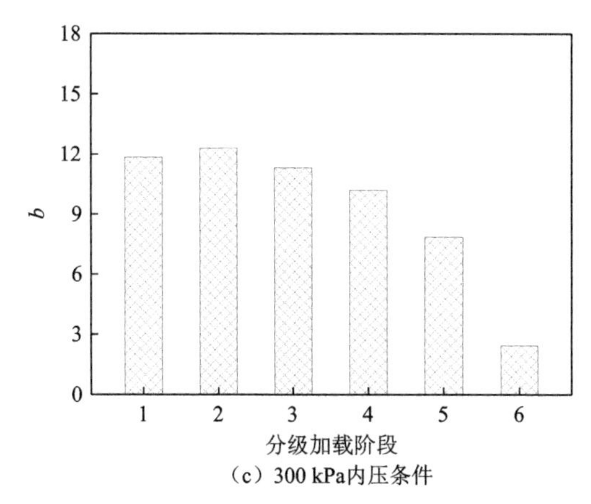

（c）300 kPa内压条件

图 4.19　不同内压条件下的各分级加载阶段声发射撞击事件的 b

可知[234-235]，由于各分级加载阶段所对应的 b 始终大于 1.5 这一水平，所以可以认为在组合承载体系的全加载过程中小尺度的微破裂事件始终占主导地位，然后微裂纹不断扩展、聚集最终形成宏观破坏。

2. AF-RA 散点图

AF 和 RA 是用于表征材料或构件拉剪破坏类型的 2 个重要声发射参数。其中，参数 RA 指的是声发射撞击信号上升时间与其幅值的比值，而参数 AF 指的是声发射撞击计数与其持续时间的比值。对于岩石材料而言，张拉型破坏所释放的弹性波频率高且上升时间短，故其对应的声发射撞击信号具有高 AF 和低 RA 的显著特点[230]；而剪切型破坏所释放的弹性波频率低且上升时间长，故其对应的声发射撞击信号具有低 AF 和高 RA 的典型特征[230]。在实际应用中，通常采用《日本建筑材料标准 混凝土活动裂纹的声发射监测方法》（Japan construction material standards. Monitoring method for active cracks in concrete by acoustic emission）（JCMS-IIIB5706）分类方法[236]来区分岩石渐进断裂过程中的微破裂类型。该方法的核心思想是预先定义一个目标比例（即 AF 与 RA 的比值），当声发射撞击事件的实际 AF-RA 比值高于该目标比值时，认为该撞击事件是由张拉型破坏引起的，而当声发射撞击事件的实际 AF-RA 比值低于该目标比值时，认为该撞击事件是由剪切型破坏引起的。根据已有研究可知，AF-RA 目标比值的取值范围通常为 1～200，但目前仍然未形成统一的选取标准。本试验中，参考已有研究工作将该目标比值设定为 60。

图 4.20 为隧洞围岩-支护系统的组合承载体系在不同内压条件下的 AF-RA 散点图，以及张拉型破坏占比随加载时间的演化情况。由图 4.20 可知，在无内压条件下，AF-RA 散点图表现出高 AF、低 RA 的典型特点，且张拉型破坏占比明显高于 50%。随着隧洞内压的增加，AF-RA 散点图中 AF 有所降低，RA 有所增加，张拉型破坏占比也有所下降。为了更加定量地揭示组合承载体系在时效加载过程中的拉-剪破坏机制，还根据图 4.20

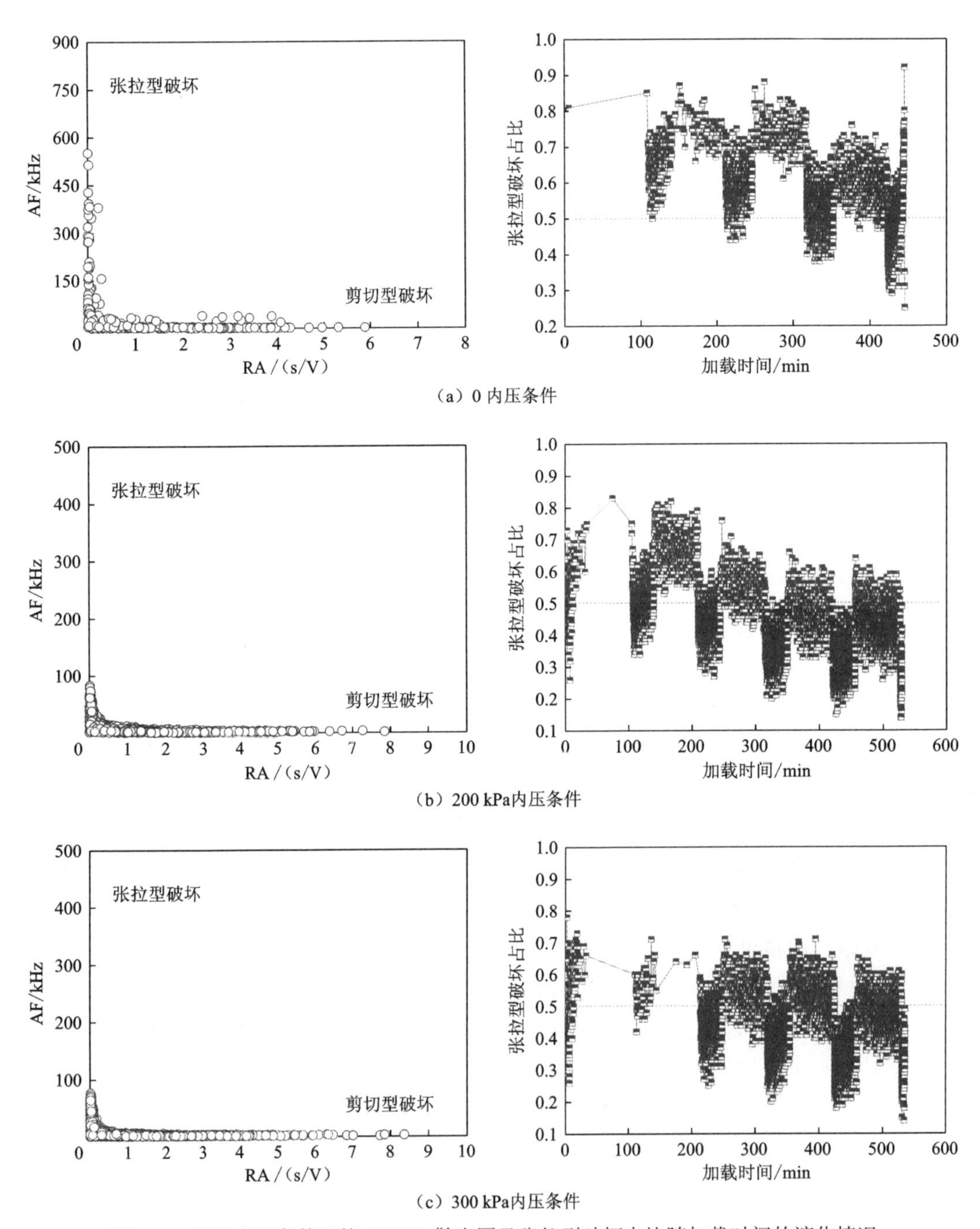

（a）0 内压条件

（b）200 kPa内压条件

（c）300 kPa内压条件

图 4.20　不同内压条件下的 AF-RA 散点图及张拉型破坏占比随加载时间的演化情况

计算了不同分级蠕变荷载作用过程中张拉型破坏的平均占比情况。结果表明，无内压条件下的张拉型破坏平均占比分别为 81.00%、67.87%、61.46%、54.44%及 47.50%；200 kPa 内压条件下的张拉型破坏平均占比分别为 60.01%、55.26%、47.49%、40.27%、38.19%及 29.13%；300 kPa 内压条件下的张拉型破坏平均占比分别为 53.97%、52.00%、43.01%、39.22%、35.77%及 31.19%。由此可知，在轴向荷载较低的加载初期，始终是张拉型破坏占据主导地位；随着轴向荷载的逐渐增加，张拉型破坏所占比例逐渐降低，剪切型破坏所占比例有所增加；轴向荷载继续增加并接近蠕变破坏峰值强度时，张拉型破坏所占比例进一步降低，而剪切型破坏所占比例显著增加。需要注意的是，尽管不同内压条件下的组合承载体系均表现出类似的拉剪转换机制，但相同轴向荷载作用下的张拉型破坏所占比例随着内压增加呈逐渐减小的趋势。例如，在第 1 级蠕变荷载作用下，对比无内压条件，200 kPa 和 300 kPa 内压条件下的张拉型破坏所占比例分别减小了 20.99%和36.54%。考虑到张拉型破坏释放的能量较低，而剪切型破坏释放的能量较高，因此这很好地解释了无内压条件下声发射撞击计数率较高、声发射累积能量较低，而在一定内压条件下声发射撞击计数率较低、声发射累积能量较高的试验现象。

综上所述，在隧洞围岩-支护系统组合承载体系的时效变形破坏过程中始终以张拉型微破裂为主，但当轴向荷载增加至接近蠕变破坏峰值强度时，组合承载体系中的剪切型微破裂数量显著增加。因此，可以将剪切型破坏占比突增现象作为此类组合承载体系的失稳前兆特征。需要注意的是，尽管试验结果表明隧洞内压有助于调动组合承载体系的剪切破坏，但考虑到本次研究工作开展的是超载破坏性试验，试验所施加的轴向应力远高于锦屏二级水电站深埋引水隧洞工程区域的实际应力水平，因此在深埋引水隧洞的实际运营过程中并不存在剪切破坏的可能性。此外，受试验装置限制，采用压力气囊进行隧洞内水压力的等效施加，无法考虑深埋引水隧洞内外水头引起的渗透和孔隙压力作用。因此，如何开展考虑渗透或孔隙压力作用的深埋引水隧洞围岩-支护系统的物理模型试验，是有待进一步研究和改进的方向。

>>> 第 5 章 深埋引水隧洞开挖损伤围岩时效力学模型

5.1 引　言

根据工程岩体的应力、应变随时间的演化规律建立相应的蠕变力学模型，不仅对于模拟工程岩体在复杂应力环境下的长期力学响应至关重要，而且可以用于评估和预测地下工程结构的长期安全性。因此，如何构建合理的工程岩体蠕变力学模型，一直是岩石流变力学领域的重要研究内容。

目前，工程岩体蠕变力学模型主要分为以下三种：①经验蠕变模型；②细观损伤模型；③元件组合模型。其中，经验蠕变模型是通过基本数学函数（对数型、指数型、幂函数型和多项式型）拟合应力、应变与时间的相关性建立的，尽管这类模型仍然是目前最为常用的，但它们仅适用于描述特定岩石类型或特定应力条件的蠕变现象，因此在工程实践中的应用价值极为有限；断裂损伤模型是根据损伤和断裂力学理论考虑岩石内部的不连续性和非均匀性建立的，尽管这类模型能够反映岩石内部的蠕变损伤机理，但由于实际工程中的损伤测定及表征存在较大的困难，所以这类模型的理论价值往往大于应用价值；元件组合模型是通过弹性体、黏性体及塑性体等基本流变元件组合建立的，由于这类模型往往概念直观简单、物理意义明确，所以适用于一般工程中的岩体流变分析，同时也引起了相关学者的广泛关注。

在长期的工程实践中，相关研究者针对不同工程岩体的蠕变行为开展了大量研究工作，致力于建立能准确表征初始蠕变、等速蠕变及加速蠕变全过程的蠕变力学模型。然而，大部分研究工作都集中在完整岩石本身的时效力学行为上，没有考虑深部高应力开挖引起的开挖损伤对围岩时效变形特性的影响。对于深部高应力条件下的锦屏二级水电站深埋引水隧洞工程而言，其开挖损伤围岩的时效力学行为和孔隙压力之间还存在着显著的耦合关系。因此，将孔压效应引入岩石的损伤蠕变过程，能更客观地反映深埋引水隧洞开挖损伤围岩的时效力学特性。鉴于此，本章首先基于蠕变测试结果和蠕变元件组合模型理论，提出了一个考虑应力影响的改进黏弹性元件和一个考虑孔压效应的损伤黏塑性元件，在此基础上构建了一个反映开挖损伤-高孔隙压力耦合效应的非线性黏-弹-塑性损伤（visco-elastic-plastic damage，VEPD）蠕变模型；最后，基于 LM-UGO 算法确定了模型参数，并结合实测数据验证了模型的正确性。

5.2　蠕变元件组合模型理论

5.2.1　基本流变元件

在蠕变元件组合模型理论中，通常将岩石概化为具有弹性、黏性及塑性特征的理想化元件[包括弹性元件（H）、黏性元件（N）及塑性元件（Y）]，根据不同元件的组合构建反映工程岩体蠕变特性的力学模型，最后建立相应的本构方程和蠕变方程，以此来表征目标工程岩体的时效力学响应。现对三种基本流变元件的力学模型、本构方程和基本性质进行分述。

1. 弹性元件

弹性元件的力学模型可以用如图 5.1 所示的弹簧单元进行表示，用于表征外荷载下变形响应严格符合胡克（Hooke）定律的理想弹性体。弹性元件的应力与应变满足简单的线弹性关系，其一维本构方程可以表示为

$$\sigma = E \cdot \varepsilon \tag{5.1}$$

式中：σ、ε 分别为应力和应变；E 为弹性元件的弹性模量。

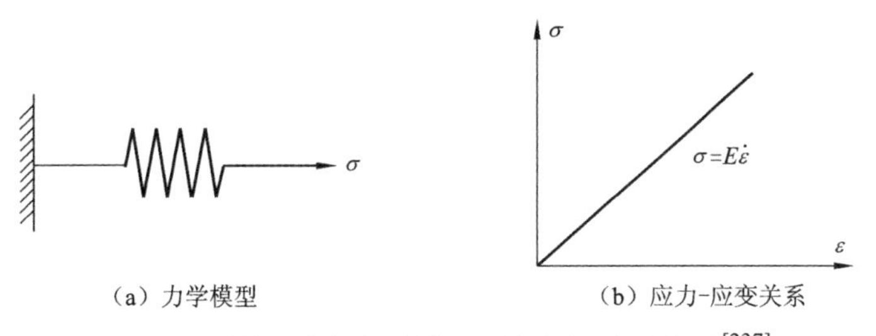

图 5.1　弹性元件的力学模型及其应力-应变关系[237]

由式（5.1）可知，弹性元件主要具有以下力学特性：①当给定任意非零外荷载时元件将立即产生瞬时弹性应变，当外荷载为零或完全卸载时元件所产生的弹性应变将变为零，因此该元件具有与时间无关的瞬时弹性变形特征，不具有弹性后效性质；②当所承受的外荷载保持不变时元件所产生的应变不随时间发生变化，当应变保持不变时所承受的外荷载也不随时间发生变化，因此该元件不具有蠕变和应力松弛性质。

2. 黏性元件

黏性元件的力学模型可以用如图 5.2 所示的带孔活塞组成的阻尼器进行表示，用于

表征外荷载下变形响应严格符合牛顿流体变形特征的理想黏性体。黏性元件的应力与其应变速率成正比，其一维本构方程可以表示为

$$\sigma=\eta\cdot\frac{\mathrm{d}\varepsilon}{\mathrm{d}t}=\eta\cdot\dot{\varepsilon} \tag{5.2}$$

式中：σ 和 ε 分别为应力和应变；η 为黏性元件的黏度系数；$\dot{\varepsilon}$ 为应变速率。

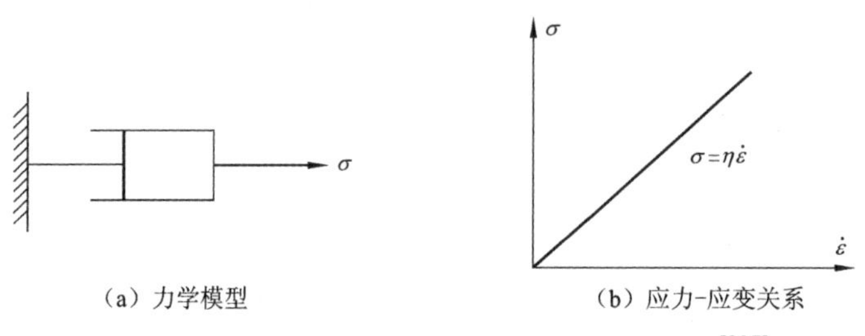

（a）力学模型　（b）应力-应变关系

图 5.2　黏性元件的力学模型及其应力-应变关系[237]

对式（5.2）进行积分，并根据 $t=0$ 时刻的应变等于零，得到该元件的蠕变方程：

$$\varepsilon=\frac{\sigma}{\eta}\cdot t \tag{5.3}$$

由式（5.2）和式（5.3）可知，黏性元件主要具有以下力学特性：①当给定任意非零外荷载时，在 $t=0$ 时刻应变始终等于零，但随着时间的增加应变逐渐增加，因此该元件的应变响应与加载时间相关，不具备瞬时变形特性；②当外荷载等于零时，对 $\eta\dot{\varepsilon}=0$ 积分可知，所产生的应变等于常数，这说明完全卸载后应变等于非零常数，因此该元件存在永久变形；③当所产生的应变等于常数时，由 $\sigma=\eta\dot{\varepsilon}$ 可知，此时元件所承受的外荷载恒等于零，这说明应变保持不变时应力不随时间发生变化，因此该元件不具有应力松弛性质。

3. 塑性元件

塑性元件的力学模型可以用如图 5.3 所示的摩擦片或滑块进行表示，用于表征外荷载达到或超过屈服极限时产生塑性变形，并且变形不断增加的理想塑性体。塑性元件的一维本构方程可以表示为

$$\varepsilon=\begin{cases}0, & \sigma<\sigma_{\mathrm{s}}\\ \infty, & \sigma\geqslant\sigma_{\mathrm{s}}\end{cases} \tag{5.4}$$

式中：σ_s 为屈服极限。

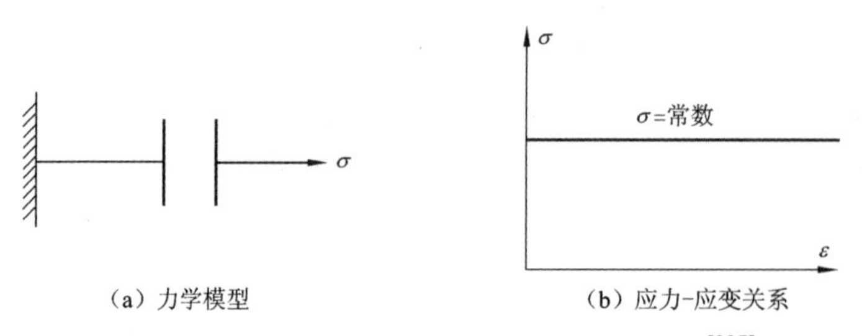

（a）力学模型　（b）应力-应变关系

图 5.3　塑性元件的力学模型及其应力-应变关系[237]

5.2.2　元件组合规则

基本流变元件只能单独描述弹性、黏性或塑性等单一力学特性，无法表征实际工程岩体的复杂力学响应。为了能够正确模拟工程岩体在复杂应力环境下的时效力学响应，需要根据实际工程岩体的变形特性对基本流变元件进行组合（包括串联、并联、串并联、并串联）。现对元件组合模型的串联和并联组合进行分述[23]。

1. 串联组合

在串联（以符号“—”表示）状态下，组合元件的总应力等于任意分量元件的子应力，组合元件的总应变等于所有分量元件的子应变之和。因此，其应力和应变满足以下条件：

$$\begin{cases}\sigma_{\mathrm{Tol}}=\sigma_1=\sigma_2=\cdots=\sigma_N\\ \varepsilon_{\mathrm{Tol}}=\varepsilon_1+\varepsilon_2+\cdots+\varepsilon_N\end{cases} \tag{5.5}$$

式中：σ_{Tol} 和 $\varepsilon_{\mathrm{Tol}}$ 分别为组合元件的总应力和总应变；$\sigma_1 \sim \sigma_N$ 和 $\varepsilon_1 \sim \varepsilon_N$ 分别为各分量元件的子应力和子应变。

2. 并联组合

在并联（以符号“｜”表示）状态下，组合元件的总应力等于所有分量元件的子应力之和，组合元件的总应变等于任意分量元件的子应变。因此，其应力和应变满足以下条件：

$$\begin{cases}\sigma_{\mathrm{Tol}}=\sigma_1+\sigma_2+\cdots+\sigma_N\\ \varepsilon_{\mathrm{Tol}}=\varepsilon_1=\varepsilon_2=\cdots=\varepsilon_N\end{cases} \tag{5.6}$$

式中：σ_{Tol} 和 $\varepsilon_{\mathrm{Tol}}$ 分别为组合元件的总应力和总应变；$\sigma_1 \sim \sigma_N$ 和 $\varepsilon_1 \sim \varepsilon_N$ 分别为各分量元件的子应力和子应变。

5.2.3　经典元件组合模型

已有研究发现，通过上述基本流变元件的串并联组合，可以较好地描述不同工程岩体的特定蠕变行为[20]。因此，元件组合模型获得了相关研究者的广泛关注，并且在工程实践中得到了广泛应用。目前，研究者已经提出了多种元件组合模型，主要包括开尔文模型、伯格斯模型、坡印亭-汤姆孙模型、宾厄姆模型及西原模型。现以麦克斯韦模型和坡印亭-汤姆孙模型为例，对蠕变元件组合模型的具体构建过程进行阐述。

1. 麦克斯韦模型

麦克斯韦模型是一个由弹性元件和黏性元件串联组成的黏弹性体，其基本力学模型如图 5.4 所示。根据元件串联法则可知，该模型的应力和应变满足以下关系：

$$\begin{cases}\sigma=\sigma_1=\sigma_2\\ \varepsilon=\varepsilon_1+\varepsilon_2\end{cases} \tag{5.7}$$

式中：σ 和 ε 分别为该模型的总应力和总应变；σ_1 和 ε_1 分别为弹性元件的子应力和子应变；σ_2 和 ε_2 分别为黏性元件的子应力和子应变。

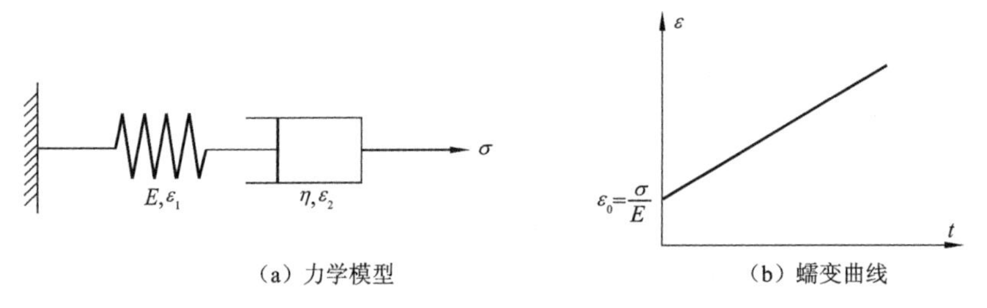

（a）力学模型　　（b）蠕变曲线

图 5.4　麦克斯韦模型及其蠕变曲线

根据弹性元件的本构方程可知，该元件上的子应力 σ_1 和子应变 ε_1 满足以下关系：

$$\dot{\varepsilon}_1=\frac{1}{E}\dot{\sigma} \tag{5.8}$$

根据黏性元件的本构方程可知，该元件上的子应力 σ_2 和子应变 ε_2 满足以下关系：

$$\dot{\varepsilon}_2=\frac{1}{\eta}\sigma \tag{5.9}$$

将式（5.8）和式（5.9）进行联立，可以得到麦克斯韦模型的一维本构方程：

$$\dot{\varepsilon}=\frac{1}{E}\dot{\sigma}+\frac{1}{\eta}\sigma \tag{5.10}$$

在保持荷载恒定（$\sigma=\sigma_0$）条件下，应力对时间的导数始终等于零，此时式（5.10）可以简化为

$$\dot{\varepsilon}=\frac{1}{\eta}\sigma \tag{5.11}$$

求解式（5.11）可得

$$\varepsilon=\frac{\sigma}{\eta}t+A \tag{5.12}$$

式中：A 为积分常数，可以通过初始条件进行确定。

在 $t=0$ 时刻，模型中的总应变等于弹性体的应变（即 $\varepsilon_0=\varepsilon_1=\sigma/E$）。由此可得，积分常数 $A=\sigma/E$。将 A 代入式（5.12），可以得到麦克斯韦模型的一维蠕变方程：

$$\varepsilon=\frac{\sigma}{\eta}t+\frac{\sigma}{E} \tag{5.13}$$

在保持应变恒定（$\varepsilon=\varepsilon_0$）条件下，应变对时间的导数始终等于零，此时式（5.10）还可以简化为

$$\frac{1}{E}\dot{\sigma}+\frac{1}{\eta}\sigma=0 \tag{5.14}$$

求解式（5.14）可得

$$-\frac{E}{\eta}t=\ln\sigma+B \tag{5.15}$$

式中：B 为积分常数，可以通过初始条件进行确定。

在 $t=0$ 时刻，模型中的总应力等于该时刻的瞬时应力（即 $\sigma=\sigma_0$）。由此可得，积分常数 $B=-\ln\sigma_0$。将 B 代入式（5.15），可以得到麦克斯韦模型的一维松弛方程：

$$\sigma=\sigma_0 e^{-(E/\eta)t} \tag{5.16}$$

由式（5.13）可知，当应力保持不变时，模型存在一定的瞬时应变，且应变随着时间推移逐渐增加；由式（5.16）可知，当应变保持不变时，模型的应力随时间呈负指数降低趋势。因此，麦克斯韦模型可以用于表征岩石的瞬时弹性变形、等速蠕变及应力松弛行为。

2. 坡印亭-汤姆孙模型

坡印亭-汤姆孙模型是一个由弹性元件和麦克斯韦体并联组成的黏弹性模型，其基本力学模型如图 5.5 所示。

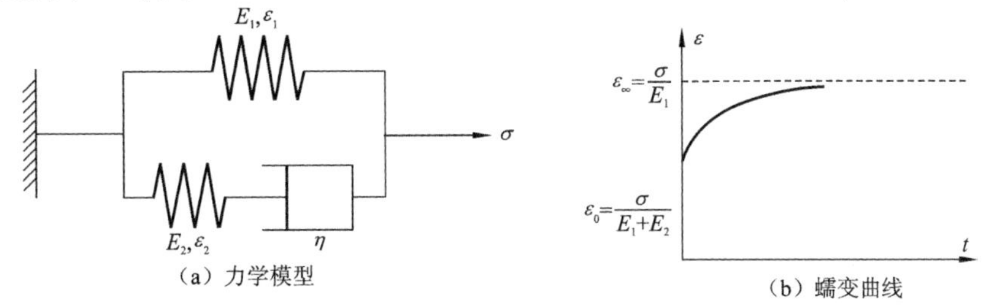

图 5.5　坡印亭-汤姆孙模型及其蠕变曲线

E_1、E_2 为该模型中两个弹性元件的弹性模量

根据元件并联法则可知，该模型的应力和应变满足以下关系：

$$\begin{cases}\sigma=\sigma_1+\sigma_2\\ \varepsilon=\varepsilon_1=\varepsilon_2\end{cases} \tag{5.17}$$

式中：σ 和 ε 分别为该模型的总应力和总应变；σ_1 和 ε_1 分别为弹性元件的子应力和子应变；σ_2 和 ε_2 分别为麦克斯韦体的子应力和子应变。

根据弹性元件的本构方程可知，该元件上的子应力 σ_1 和子应变 ε_1 满足以下关系：

$$\sigma_1=E_1\varepsilon \tag{5.18}$$

由此可得

$$\dot{\sigma}_1=E_1\dot{\varepsilon} \tag{5.19}$$

根据麦克斯韦体的本构方程可知，该元件上的子应力 σ_2 和子应变 ε_2 满足以下关系：

$$\dot{\varepsilon}=\frac{1}{\eta}\sigma_2+\frac{1}{E_2}\dot{\sigma}_2 \tag{5.20}$$

求解式（5.20）可得

$$\sigma_2=\eta\dot{\varepsilon}-\frac{1}{E_2}\eta\dot{\sigma}_2 \tag{5.21}$$

将式（5.19）和式（5.21）联立，可以得到坡印亭-汤姆孙模型的一维本构方程：

$$\dot{\sigma}+\frac{E_2}{\eta}\sigma=(E_1+E_2)\dot{\varepsilon}+\frac{E_1E_2}{\eta}\varepsilon \tag{5.22}$$

在保持荷载恒定（$\sigma=\sigma_0$）条件下，应变对时间的导数始终等于零，此时式（5.22）可以简化为

$$\frac{E_2}{\eta}\sigma=(E_1+E_2)\dot{\varepsilon}+\frac{E_1E_2}{\eta}\varepsilon \tag{5.23}$$

求解式（5.23）可得坡印亭–汤姆孙模型的一维蠕变方程：

$$\varepsilon=\frac{\sigma}{E_1}\left[1-\frac{E_2}{E_1+E_2}\mathrm{e}^{\frac{-E_1E_2}{(E_1+E_2)\eta}t}\right] \tag{5.24}$$

由式（5.24）可知，当应力保持不变时，模型在$t=0$时刻存在一定的瞬时应变[即$\varepsilon=\varepsilon_0=\sigma/(E_1+E_2)$]，随着时间推移应变逐渐增加，并最终稳定在某一极限值（$\varepsilon=\varepsilon_\infty=\sigma/E_1$）。因此，坡印亭–汤姆孙模型可以用于表征具有瞬时弹性变形特性的岩石稳定蠕变行为。

5.3 隧洞围岩蠕变模型

根据 3.3 节蠕变测试结果可知，深埋引水隧洞开挖损伤围岩的蠕变力学行为受应力水平及孔隙压力的共同控制，表现出明显的非线性特征和孔压效应。一方面，当外部恒定荷载小于其长期强度时，主要产生黏弹性蠕变响应；当外部恒定荷载等于或大于其长期强度时，将出现非稳定的加速蠕变现象，整体变形无限增长，最终导致蠕变破坏。另一方面，不同孔隙压力条件下的蠕变力学响应表现出较大的差异，孔隙压力越大，产生失稳破坏的时间历程越短。对于不同应力和孔隙压力作用下的黏–弹–塑性蠕变全过程，其时效力学响应的差异主要体现在黏塑性变形阶段。因此，只要能合理表征深埋引水隧洞开挖损伤围岩在黏塑性变形阶段的蠕变力学行为，就能够正确模拟其蠕变全过程的时效力学响应。然而，现有的经典元件组合模型均属于线性元件构成的线性模型，不仅不能描述非线性加速蠕变行为的变形特性，而且无法合理反映开挖损伤和孔隙压力之间的耦合效应。因此，需要基于线性元件和经典模型的非线性化改进，构建一种适用于锦屏二级水电站深埋引水隧洞开挖损伤围岩的新型蠕变力学模型。为此，本节介绍一种考虑应力影响的改进黏弹性元件和一种考虑孔压效应的损伤黏塑性元件，然后将这些元件与基本弹性元件进行串联组合，构建一个新型非线性 VEPD 蠕变模型。

5.3.1 考虑应力影响的改进黏弹性元件

对于较低应力水平（外部恒定荷载小于长期强度）下的黏弹性变形，需要采用一个黏弹性元件来表征这一蠕变过程中的力学响应特性。考虑到用于描述黏弹性变形的开尔文模型属于线性模型，无法表征深埋引水隧洞开挖损伤围岩蠕变过程中的复杂非线性特

征，因此，根据试验中所观察到的实际力学现象对经典开尔文模型进行了相应改进，构造了可以考虑应力影响的改进黏弹性元件。

经典开尔文模型（图 5.6）由弹性元件和理想黏性元件（恒黏度黏性元件）并联组成，根据元件并联法则，其一维本构方程可以表示为

$$\sigma = \eta\dot{\varepsilon} + E^{K}\varepsilon \tag{5.25}$$

式中：σ 和 ε 分别为开尔文模型的总应力和总应变；η 为恒黏度黏性元件的黏度系数；E^{K} 为弹性元件的弹性参数。

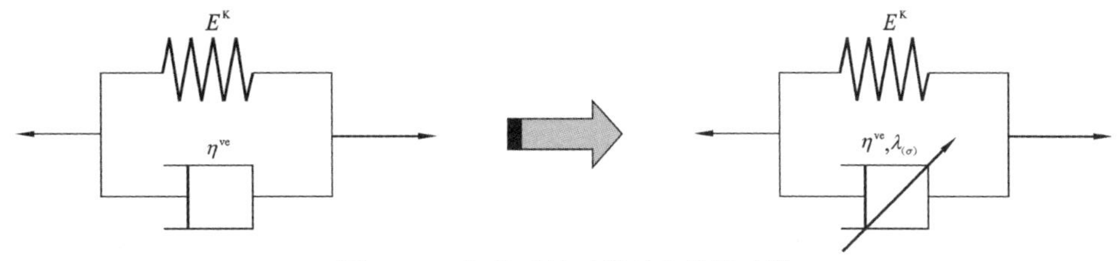

图 5.6　理想黏弹性元件的非线性改进

由式（5.25）可知，开尔文模型中表征岩石抵抗变形能力的黏度系数是不随应力水平变化的定值。然而，根据锦屏二级水电站深埋引水隧洞开挖损伤围岩蠕变特性测试结果可知，此类岩体在黏弹性阶段的蠕变速率与其应力水平密切相关，具有非常明显的非线性特征。这意味着黏度系数是随着应力水平变化而不断改变的，而不是始终保持某一个恒定的数值。鉴于此，通过引入侯荣彬[238]提出的非线性黏性体，对经典开尔文模型进行了如图 5.6 所示的非线性改进，构造了一个考虑应力影响的改进黏弹性元件。该非线性黏性体的一维本构方程为[238]

$$\sigma = \eta_0 e^{-\lambda_{(\sigma)}}\dot{\varepsilon} \tag{5.26}$$

式中：η_0 为初始黏度系数；$\lambda_{(\sigma)}$ 为随应力水平变化的调节参数。由式（5.26）可知，该非线性黏性体可以在不增加元件数量的前提下实现黏度系数随应力水平的变化，以此来表征不同应力影响下的岩石黏弹性变形。

结合式（5.25）与式（5.26）可知，考虑应力影响的改进黏弹性元件的一维本构方程可以表示为

$$\sigma = \eta_0 e^{-\lambda_{(\sigma)}}\dot{\varepsilon} + E^{K}\varepsilon \tag{5.27}$$

假设岩石的黏性特征主要取决于其剪切变形，则通过拉普拉斯（Laplace）变换与逆变换可以获得用剪切模量表示的一维蠕变方程：

$$\varepsilon(t) = \frac{\sigma}{3G^{K}}\left\{1 - \exp\left[-\frac{G^{K}e^{\lambda_{(\sigma)}}}{\eta^{ve}}t\right]\right\} \tag{5.28}$$

式中：G^{K} 为该改进元件中弹性体的剪切模量；η^{ve} 为该改进元件的剪切黏度系数。进一步，根据三维转换原理还可以获得其三维蠕变方程：

$$\varepsilon(t) = \frac{S_{ij}}{2G^{K}}\left\{1 - \exp\left[-\frac{G^{K}e^{\lambda_{(\sigma)}}}{\eta^{ve}}t\right]\right\} \tag{5.29}$$

式中：S_{ij} 为偏应力张量。

5.3.2 考虑孔压效应的损伤黏塑性元件

对于较高应力水平（外部恒定荷载超过长期强度）下的黏塑性变形，需要采用一个黏塑性元件来表征这一蠕变过程中的力学响应特性。然而，用于描述黏塑性变形的理想黏塑性元件属于线性模型，无法表征深埋引水隧洞开挖损伤围岩加速蠕变过程中的非线性特征和显著孔压效应，因此，根据蠕变试验测试结果对理想黏塑性元件进行了相应改进，构造了可以反映孔压效应的损伤黏塑性元件。

理想黏塑性元件（图 5.7）由理想黏性元件和塑性元件并联组成，根据元件并联法则，其本构方程可以表示为

$$\dot{\varepsilon}=\frac{H^{*}(\sigma-\sigma_{\mathrm{s}})}{\eta^{\mathrm{vp}}} \tag{5.30}$$

式中：σ_{s} 为屈服极限（通常用长期强度进行表示）；η^{vp} 为该元件的黏度系数。H^{*} 为由式（5.31）所定义的赫维赛德（Heaviside）函数。

$$H^{*}(\sigma-\sigma_{\mathrm{s}})=\begin{cases}0, & \sigma<\sigma_{\mathrm{s}}\\ \sigma-\sigma_{\mathrm{s}}, & \sigma\geqslant\sigma_{\mathrm{s}}\end{cases} \tag{5.31}$$

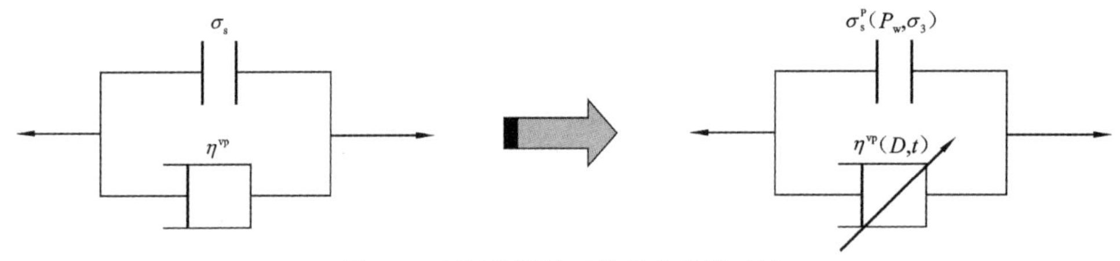

图 5.7 理想黏塑性元件的非线性改进

由式（5.30）和式（5.31）可知，理想黏塑性元件只能描述线性塑性流动现象，无法表征非线性加速蠕变行为及其孔压效应。根据现有研究可知，岩石材料的加速蠕变行为是内部损伤累积引起的，可以通过引入随时间变化的蠕变损伤因子来模拟其加速阶段的非线性力学行为[239-241]。为此，根据蠕变试验中所观察到的孔压效应，在理想黏塑性元件的黏性分量中引入了一个与孔隙压力相耦合的蠕变损伤因子，对理想黏塑性元件进行了如图 5.7 所示的非线性改进，构造了一个可以反映孔压效应的损伤黏塑性元件，用于表征深埋引水隧洞开挖损伤围岩在特定孔隙压力条件下的加速蠕变行为。

已有研究表明，岩石材料的蠕变损伤与时间密切相关，在具体形式上可以表现为负指数形式的显式时间依赖函数[241-242]。因此，如果只考虑蠕变损伤的时效性，则岩石的蠕变损伤演化可以采用式（5.32）[99]进行表示。

$$D=\begin{cases}0, & \sigma<\sigma_{\mathrm{s}}\\ 1-\exp(-\varpi t), & \sigma\geqslant\sigma_{\mathrm{s}}\end{cases} \tag{5.32}$$

式中：D 为在 0 和 1 之间变化的蠕变损伤因子；ϖ 为反映损伤发展水平的材料常数；t 为加载时间。如果进一步考虑孔隙压力对蠕变损伤的影响，那么可以合理地假设蠕变损

伤因子依赖于孔隙压力。因此，在考虑孔隙压力作用的情况下，蠕变损伤因子可以用式（5.33）表示：

$$D=\begin{cases}0, & \sigma<\sigma_{\mathrm{s}}\\ 1-\exp[-(\alpha P_{\mathrm{w}}+\beta)t], & \sigma\geqslant\sigma_{\mathrm{s}}\end{cases} \tag{5.33}$$

式中：α 和 β 为与岩石性质有关的材料常数；P_{w} 为孔隙压力。此时，由蠕变损伤因子描述的非恒定黏度系数可以表示为

$$\eta^{\mathrm{vp}}(1-D)=\eta^{\mathrm{vp}}\mathrm{e}^{-(\alpha P_{\mathrm{w}}+\beta)t} \tag{5.34}$$

在此基础上，进一步考虑深部高孔隙压力对深埋引水隧洞开挖损伤围岩长期承载能力的削弱作用，对理想黏塑性元件中塑性分量的应力阈值进行了相关改进，以合理反映孔隙压力对蠕变屈服强度的影响。根据 3.4 节蠕变测试结果可知，特定孔隙压力条件下的加速蠕变触发阈值可以采用式（5.35）进行表示：

$$\sigma_{\mathrm{s}}^{\mathrm{P}}=m_1\sigma_3+m_2P_{\mathrm{w}}+m_3 \tag{5.35}$$

式中：$\sigma_{\mathrm{s}}^{\mathrm{P}}$ 为特定孔隙压力和应力状态下岩石发生加速蠕变的触发阈值；σ_3 为最小主应力表征隧洞围岩所处的围压水平；m_1、m_2 和 m_3 均为经验材料常数，可以通过拟合试验数据获得。

将式（5.30）、式（5.34）、式（5.35）进行联立，可以得到该损伤黏塑性元件的一维本构方程：

$$\dot{\varepsilon}=\frac{H^*(\sigma-\sigma_{\mathrm{s}}^{\mathrm{P}})}{\eta^{\mathrm{vp}}(1-D)} \tag{5.36}$$

式中：$\eta^{\mathrm{vp}}(1-D)$ 为与时间和孔隙压力相关的非线性黏度系数。由式（5.36）可知，当外部荷载小于 $\sigma_{\mathrm{s}}^{\mathrm{P}}$ 时该元件处于未激活状态，不会产生任何变形；当外部荷载大于 $\sigma_{\mathrm{s}}^{\mathrm{P}}$ 时该元件进入激活状态，开始产生非线性变化的黏塑性变形。

对式（5.36）进行积分，可以进一步获得该损伤黏塑性元件的一维蠕变方程：

$$\varepsilon(t)=\frac{H^*(\sigma-\sigma_{\mathrm{s}}^{\mathrm{P}})}{\eta^{\mathrm{vp}}(1-D)}t \tag{5.37}$$

5.3.3　非线性 VEPD 蠕变模型构建

将上述两个改进元件与基本弹性元件串联组合，构造了一个如图 5.8 所示的新型非线性 VEPD 蠕变模型，用于描述深埋引水隧洞开挖损伤围岩在不同孔隙压力条件下的时效力学行为。更具体地说，非线性 VEPD 蠕变模型通过弹性元件表征瞬时弹性变形，通过改进黏弹性元件表征初始蠕变和等速蠕变，通过损伤黏塑性元件表征受孔隙压力影响的加速蠕变。因此，非线性 VEPD 蠕变模型可以用于全面反映特定水头压力条件下深埋引水隧洞开挖损伤围岩的蠕变全过程。考虑到工程岩体通常处于三向应力状态，因此下面分别推导了其在一维及三维应力-孔隙压力耦合作用状态下的蠕变方程。

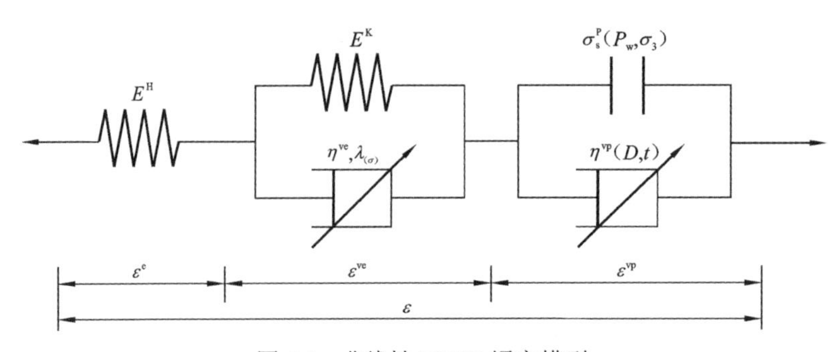

图 5.8　非线性 VEPD 蠕变模型

E^H 和 E^K 为该模型中两个弹性元件的弹性参数

1. 一维蠕变方程

当外荷载小于岩石长期强度（即，$\tilde{\sigma}<\sigma_s^P$）时，非线性 VEPD 蠕变模型中的损伤黏塑性元件处于未激活状态，模型退化为仅产生黏弹性变形的类广义开尔文体。此时，非线性 VEPD 蠕变模型中各组成元件的状态方程可以表示为

$$\begin{cases}\tilde{\sigma}=\sigma-b_{iot}P_w\\ \tilde{\sigma}=\tilde{\sigma}^{e}=\tilde{\sigma}^{ve}\\ \varepsilon=\varepsilon^{e}+\varepsilon^{ve}\\ \tilde{\sigma}^{e}=E^{H}\varepsilon^{e}\\ \tilde{\sigma}^{ve}=E^{K}\varepsilon^{ve}+\eta^{ve}e^{-\lambda_{(\sigma)}}\dot{\varepsilon}^{ve}\end{cases} \tag{5.38}$$

当外荷载超过岩石长期强度（即 $\tilde{\sigma}\geqslant\sigma_s^P$）时，非线性 VEPD 蠕变模型中的损伤黏塑性元件处于激活状态，模型进入可以产生非线性黏塑性变形的塑性损伤状态。此时，非线性 VEPD 蠕变模型中各组成元件的状态方程可以表示为

$$\begin{cases}\tilde{\sigma}=\sigma-b_{iot}P_w\\ \tilde{\sigma}=\tilde{\sigma}^{e}=\tilde{\sigma}^{ve}=\tilde{\sigma}^{vp}\\ \varepsilon=\varepsilon^{e}+\varepsilon^{ve}+\varepsilon^{vp}\\ \tilde{\sigma}^{e}=E^{H}\varepsilon^{e}\\ \tilde{\sigma}^{ve}=E^{K}\varepsilon^{ve}+\eta^{ve}e^{-\lambda_{(\sigma)}}\dot{\varepsilon}^{ve}\\ \tilde{\sigma}^{vp}=\eta^{vp}(1-D)\dot{\varepsilon}^{vp}+\sigma_s^P\end{cases} \tag{5.39}$$

式中：$\tilde{\sigma}$、$\tilde{\sigma}^{e}$、$\tilde{\sigma}^{ve}$、$\tilde{\sigma}^{vp}$ 分别为基于有效应力形式的模型总应力及弹性元件、改进黏弹性元件和损伤黏塑性元件所承担的应力分量；ε、ε^{e}、ε^{ve}、ε^{vp} 分别为模型的总应变及弹性元件、改进黏弹性元件和损伤黏塑性元件所产生的应变分量；b_{iot} 为取值范围为 0～1 的比奥（Biot）系数，其具体取值可以根据式（5.40）进行确定。

$$b_{iot}=1-K_r/K_s \tag{5.40}$$

其中：K_r 和 K_s 分别为岩石颗粒及其骨架的体积模量。考虑到岩石骨架的压缩性远小于岩石颗粒的压缩性[243]，因此将比奥系数设定为常量 1。

根据式（5.38）和式（5.39）可知，非线性 VEPD 蠕变模型在一维应力状态下的本

构方程为

$$\begin{cases}\dfrac{\eta^{\mathrm{ve}}\mathrm{e}^{-\lambda(\sigma)}}{E^{\mathrm{H}}}\dot{\tilde{\sigma}}+\left(1+\dfrac{E^{\mathrm{K}}}{E^{\mathrm{H}}}\right)\tilde{\sigma}=\eta^{\mathrm{ve}}\mathrm{e}^{-\lambda(\sigma)}\dot{\varepsilon}+E^{\mathrm{K}}\varepsilon, & \tilde{\sigma}<\sigma_{\mathrm{s}}^{\mathrm{P}}\\ \ddot{\tilde{\sigma}}+\left[\dfrac{(E^{\mathrm{H}}+E^{\mathrm{K}})\mathrm{e}^{\lambda(\sigma)}}{\eta^{\mathrm{ve}}}+\dfrac{E^{\mathrm{K}}}{\eta^{\mathrm{vp}}(1-D)}\right]\dot{\tilde{\sigma}}+\dfrac{E^{\mathrm{H}}E^{\mathrm{K}}(\tilde{\sigma}-\sigma_{\mathrm{s}}^{\mathrm{P}})}{\eta^{\mathrm{ve}}\eta^{\mathrm{vp}}(1-D)}\mathrm{e}^{\lambda(\sigma)} & \\ =E^{\mathrm{K}}\ddot{\varepsilon}+\dfrac{E^{\mathrm{H}}E^{\mathrm{K}}}{\eta^{\mathrm{ve}}}\mathrm{e}^{\lambda(\sigma)}\dot{\varepsilon}, & \tilde{\sigma}\geqslant\sigma_{\mathrm{s}}^{\mathrm{P}}\end{cases}\tag{5.41}$$

根据拉普拉斯变换与逆变换原理，可以进一步得到非线性 VEPD 蠕变模型在一维应力状态下的蠕变方程：

$$\varepsilon(t)=\begin{cases}\dfrac{\tilde{\sigma}}{E^{\mathrm{H}}}+\dfrac{\tilde{\sigma}}{E^{\mathrm{K}}}\left\{1-\exp\left[-\dfrac{E^{\mathrm{K}}\mathrm{e}^{\lambda(\sigma)}}{\eta^{\mathrm{ve}}}t\right]\right\}, & \tilde{\sigma}<\sigma_{\mathrm{s}}^{\mathrm{P}}\\ \dfrac{\tilde{\sigma}}{E^{\mathrm{H}}}+\dfrac{\tilde{\sigma}}{E^{\mathrm{K}}}\left\{1-\exp\left[-\dfrac{E^{\mathrm{K}}\mathrm{e}^{\lambda(\sigma)}}{\eta^{\mathrm{ve}}}t\right]\right\}+\dfrac{\tilde{\sigma}-\sigma_{\mathrm{s}}^{\mathrm{P}}(P_{\mathrm{w}})}{\eta^{\mathrm{vp}}(1-D)}t, & \tilde{\sigma}\geqslant\sigma_{\mathrm{s}}^{\mathrm{P}}\end{cases}\tag{5.42}$$

2. 三维蠕变方程

为了便于实际工程应用，下面根据弹塑性理论进一步将非线性 VEPD 蠕变模型的一维蠕变方程推广为三维形式。在三向应力作用下，岩石内部任意点的应力状态可由球应力张量（σ_{m}）和偏应力张量（S_{ij}）组成的应力张量进行表示：

$$\begin{cases}\sigma_{\mathrm{m}}=\dfrac{1}{3}(\sigma_1+\sigma_2+\sigma_3)\\ S_{ij}=\sigma_{ij}-\delta_{ij}\sigma_{\mathrm{m}}\end{cases}\tag{5.43}$$

式中：σ_1、σ_2、σ_3 分别为三个方向上的主应力水平；σ_{ij} 为总应力张量；δ_{ij} 为克罗内克（Kronecker）函数，具体可定义为

$$\delta_{ij}=\begin{cases}1, & i=j\\ 0, & i\neq j\end{cases}\tag{5.44}$$

类似地，岩石内部任意点在三向应力作用下的应变状态也可以由球应变张量（ε_{m}）和偏应变张量（e_{ij}）组成的应变张量进行表示：

$$\begin{cases}\varepsilon_{\mathrm{m}}=\dfrac{1}{3}(\varepsilon_1+\varepsilon_2+\varepsilon_3)\\ e_{ij}=\varepsilon_{ij}-\delta_{ij}\varepsilon_{\mathrm{m}}\end{cases}\tag{5.45}$$

式中：ε_1、ε_2、ε_3 分别为三个方向上的主应变；ε_{ij} 为考虑有效应力的总应变张量。根据元件组合法则和有效应力原理可知，非线性 VEPD 蠕变模型在三向应力-孔隙压力耦合条件下的应力和应变满足以下关系：

$$\begin{cases}\tilde{\sigma}_{ij}=\tilde{\sigma}_{ij}^{\mathrm{e}}=\tilde{\sigma}_{ij}^{\mathrm{ve}}=\tilde{\sigma}_{ij}^{\mathrm{vp}}\\ \varepsilon_{ij}=\varepsilon_{ij}^{\mathrm{e}}+\varepsilon_{ij}^{\mathrm{ve}}+\varepsilon_{ij}^{\mathrm{vp}}\end{cases}\tag{5.46}$$

式中：$\tilde{\sigma}_{ij}$ 为基于有效应力的总应力张量；$\tilde{\sigma}_{ij}^{\mathrm{e}}$、$\tilde{\sigma}_{ij}^{\mathrm{ve}}$、$\tilde{\sigma}_{ij}^{\mathrm{vp}}$ 分别为弹性元件、改进黏弹性元件和损伤黏塑性元件的应力张量分量；$\varepsilon_{ij}^{\mathrm{e}}$、$\varepsilon_{ij}^{\mathrm{ve}}$、$\varepsilon_{ij}^{\mathrm{vp}}$ 分别为弹性元件、改进黏弹性元件和损伤黏塑性元件的应变张量分量。

对于弹性元件而言，基于广义胡克定律的张量形式的三维应力–应变关系可以表示为

$$\varepsilon_{ij}^{\mathrm{e}}=\frac{1}{2G^{\mathrm{H}}}\tilde{S}_{ij}+\frac{1}{3K^{\mathrm{H}}}\tilde{\sigma}_{\mathrm{m}}\delta_{ij} \tag{5.47}$$

式中：G^{H} 和 K^{H} 分别为弹性元件的剪切模量和体积模量，可以根据其弹性模量和泊松比进行确定；$\tilde{\sigma}_{\mathrm{m}}$ 为有效球应力张量。

对于考虑应力影响的改进黏弹性元件而言，通常认为其蠕变变形与球应力张量无关，主要受偏应力张量的影响，因此其张量形式的三维应力–应变关系可以表示为

$$\varepsilon_{ij}^{\mathrm{ve}}=\frac{1}{2G^{\mathrm{K}}}\left\{1-\exp\left[-\frac{G^{\mathrm{K}}\mathrm{e}^{\lambda_{(\sigma)}}}{\eta^{\mathrm{ve}}}t\right]\right\}\tilde{S}_{ij} \tag{5.48}$$

式中：G^{K} 为该元件中弹性体的剪切模量。

对于考虑孔压效应的损伤黏塑性元件而言，从一维状态向三维状态进行转换时，需要给定具体的屈服函数和塑性势函数。如果元件的应力状态超过黏塑性屈服面，则会在元件中产生黏塑性应变。本书采用 Perzyna[244]的超应力理论描述岩石材料的黏塑性流动规律，因此其张量形式的三维应力–应变关系可以表示为

$$\dot{\varepsilon}_{ij}^{\mathrm{vp}}=\frac{1}{\eta^{\mathrm{vp}}(t)}\langle\psi(F)\rangle\frac{\partial g}{\partial\tilde{\sigma}_{ij}} \tag{5.49}$$

式中：g 为塑性势函数；F 为屈服函数；$\langle\,\rangle$ 为式（5.50）所定义的判断函数。

$$\langle\psi(F)\rangle=\begin{cases}0, & F<0\\ \psi(F), & F\geqslant 0\end{cases} \tag{5.50}$$

式中：ψ 为一个幂指数为 1 的幂函数。因此，当 $F\geqslant 0$ 时，式（5.49）还可以进一步表示为

$$\dot{\varepsilon}_{ij}^{\mathrm{vp}}=\frac{\psi(F)}{\eta^{\mathrm{vp}}(t)}\frac{\partial g}{\partial\tilde{\sigma}_{ij}} \tag{5.51}$$

由于目前没有直接适用于岩石蠕变的屈服（破坏）准则，所以本书仍然采用莫尔–库仑屈服准则来表征岩石在三向应力–孔隙压力耦合状态下的屈服特征。因此，主应力空间中剪切及拉伸状态下的屈服函数可以表示为

$$\begin{cases}F_{\mathrm{s}}=\tilde{\sigma}_1-\tilde{\sigma}_3\dfrac{1+\sin\tilde{\varphi}}{1-\sin\tilde{\varphi}}+2\tilde{c}\sqrt{\dfrac{1+\sin\tilde{\varphi}}{1-\sin\tilde{\varphi}}}\\ F_{\mathrm{t}}=\tilde{\sigma}_{\mathrm{t}}-\tilde{\sigma}_3\end{cases} \tag{5.52}$$

式中：F_{s} 和 F_{t} 分别为剪切和拉伸状态下的屈服函数；$\tilde{\sigma}_1$ 和 $\tilde{\sigma}_3$ 分别为最大有效主应力和最小有效主应力；$\tilde{c}$、$\tilde{\varphi}$、$\tilde{\sigma}_{\mathrm{t}}$ 分别为岩石的有效黏聚强度、内摩擦角和抗拉强度。对应的剪切及拉伸状态下的塑性势函数可以表示为

$$\begin{cases}g_{\mathrm{s}}=\sigma_1-\sigma_3[(1+\sin\psi_{\mathrm{d}})/1-\sin\psi_{\mathrm{d}})]\\ g_{\mathrm{t}}=-\sigma_3\end{cases} \tag{5.53}$$

式中：ψ_d 为岩石材料的剪胀角；g_s 和 g_t 为剪切和拉伸状态下的塑性势函数，分别对应非关联和关联流动法则。

根据塑性变形与球应力张量无关的基本假定，非线性 VEPD 蠕变模型在三向应力及孔隙压力联合作用下的三维蠕变方程可以表示为

$$\varepsilon_{ij}(t)=\begin{cases}\dfrac{1}{2G^{\mathrm{H}}}\tilde{S}_{ij}+\dfrac{1}{3K^{\mathrm{H}}}\tilde{\sigma}_{\mathrm{m}}\delta_{ij}+\dfrac{\tilde{S}_{ij}}{2G^{\mathrm{K}}}\left\{1-\exp\left[-\dfrac{G^{\mathrm{K}}\mathrm{e}^{\lambda(\sigma)}}{\eta^{\mathrm{ve}}}t\right]\right\}, & F<0\\ \dfrac{1}{2G^{\mathrm{H}}}\tilde{S}_{ij}+\dfrac{1}{3K^{\mathrm{H}}}\tilde{\sigma}_{\mathrm{m}}\delta_{ij}+\dfrac{\tilde{S}_{ij}}{2G^{\mathrm{K}}}\left\{1-\exp\left[-\dfrac{G^{\mathrm{K}}\mathrm{e}^{\lambda(\sigma)}}{\eta^{\mathrm{ve}}}t\right]\right\} \\ \quad +\dfrac{\tilde{S}_{ij}-S_{\mathrm{s}}^{\mathrm{P}}}{\eta^{\mathrm{vp}}(1-D)}t, & F\geqslant 0\end{cases} \tag{5.54}$$

S_s^P 为 VEPD 模型中损伤黏塑性元件在三维应力状态下的屈服极限。

对于 $\sigma_2=\sigma_3$ 的常规三轴压缩蠕变试验条件，最大主应力方向上的蠕变方程可以表示为

$$\varepsilon_1(t)=\begin{cases}\dfrac{\sigma_3}{3K^{\mathrm{H}}}+\dfrac{\sigma_1-\sigma_3}{3G^{\mathrm{H}}}+\dfrac{\sigma_1-\sigma_3}{3G^{\mathrm{K}}}\left\{1-\exp\left[-\dfrac{G^{\mathrm{K}}\mathrm{e}^{\lambda(\sigma)}}{\eta^{\mathrm{ve}}}t\right]\right\}, & F<0\\ \dfrac{\sigma_3}{3K^{\mathrm{H}}}+\dfrac{\sigma_1-\sigma_3}{3G^{\mathrm{H}}}+\dfrac{\sigma_1-\sigma_3}{3G^{\mathrm{K}}}\left\{1-\exp\left[-\dfrac{G^{\mathrm{K}}\mathrm{e}^{\lambda(\sigma)}}{\eta^{\mathrm{ve}}}t\right]\right\} \\ \quad +\dfrac{\sigma_1-\sigma_3-\sigma_{\mathrm{s}}^{\mathrm{P}}}{\eta^{\mathrm{vp}}(1-D)}t, & F\geqslant 0\end{cases} \tag{5.55}$$

对于 $\sigma_2\neq\sigma_3$ 的真三轴压缩蠕变试验条件，最大主应力方向上的蠕变方程可以表示为

$$\varepsilon_1(t)=\begin{cases}\dfrac{\sigma_3}{3K^{\mathrm{H}}}+\dfrac{2\sigma_1-\sigma_2-\sigma_3}{6G^{\mathrm{H}}}+\dfrac{2\sigma_1-\sigma_2-\sigma_3}{6G^{\mathrm{K}}}\left\{1-\exp\left[-\dfrac{G^{\mathrm{K}}\mathrm{e}^{\lambda(\sigma)}}{\eta^{\mathrm{ve}}}t\right]\right\}, & F<0\\ \dfrac{\sigma_3}{3K^{\mathrm{H}}}+\dfrac{2\sigma_1-\sigma_2-\sigma_3}{6G^{\mathrm{H}}}+\dfrac{2\sigma_1-\sigma_2-\sigma_3}{6G^{\mathrm{K}}}\left\{1-\exp\left[-\dfrac{G^{\mathrm{K}}\mathrm{e}^{\lambda(\sigma)}}{\eta^{\mathrm{ve}}}t\right]\right\} \\ \quad +\dfrac{\sigma_1-\sigma_3-\sigma_{\mathrm{s}}^{\mathrm{P}}}{\eta^{\mathrm{vp}}(1-D)}t, & F\geqslant 0\end{cases} \tag{5.56}$$

5.4　蠕变模型数值实现

为了实现非线性 VEPD 蠕变模型的程序化，基于大型有限差分软件 FLAC3D 进行了开发工作，实现了非线性 VEPD 蠕变模型在 FLAC3D 中的应用。下面对非线性 VEPD 蠕变模型在三维应力-孔隙压力耦合作用下的渗流控制方程、应力控制方程进行分述。

5.4.1 渗流控制方程

在非线性 VEPD 蠕变模型中，采用 FLAC3D 内置的渗流控制方程开展渗流计算[245]。在 FLAC3D 中，通常假定流体密度为恒常量，并认为孔隙压力为线性变化的节点变量。因此，作用在任意离散单元上的孔隙压力可以表示为

$$(P_{\mathrm{w}}-\rho_{\mathrm{f}}x_i g_i)_{,j}=-\frac{1}{3V}\sum_{n=1}^{4}(P_{\mathrm{w}}^n-\rho_{\mathrm{f}}x_i^n g_i)n_j^{(n)}S^{(n)} \tag{5.57}$$

式中：P_{w}、P_{w}^n 分别为作用在单元及其节点 n 上的孔隙压力；x_i、x_i^n 分别为单元及其节点 n 的坐标；ρ_{f} 为流体密度；$g_i\,(i=1, 2, 3)$ 为重力向量的三个分量；V 为单元体积；$S^{(n)}$ 为面 n 表面积；$n_j^{(n)}$ 为与面 n 垂直的外部单位向量的 j 分量。

对于任意离散单元的流体响应，认为其主要受孔隙压力、饱和度、体积应变的影响，因此应力渗流耦合控制方程可以表示为

$$\frac{1}{B_{\mathrm{iot}}}\frac{\partial P_{\mathrm{w}}}{\partial t}+\frac{\psi_{\mathrm{d}}}{s}\frac{\partial s}{\partial t}=\frac{1}{s}\frac{\partial \nu_{\mathrm{f}}}{\partial t}-b_{\mathrm{iot}}\frac{\partial \varepsilon_{\mathrm{v}}}{\partial t}+t_{\mathrm{c}}\frac{\partial T}{\partial t} \tag{5.58}$$

式中：b_{iot} 和 B_{iot} 分别为比奥系数与比奥模量；ψ_{d} 和 s 分别为孔隙率与饱和度；ε_{v} 和 ν_{f} 分别为体积应变与流体含量或流体体积变化；T、t_{c} 分别为温度和不排水热系数。对于任意离散单元的流量变化，可以通过式（5.59）进行计算：

$$\frac{\partial \nu_{\mathrm{f}}}{\partial t}=-Q_{i,i}+Q_{\mathrm{v}} \tag{5.59}$$

式中：$Q_{i,i}$ 为比流量向量的 i 分量关于 x_i 的偏导数；Q_{v} 为体积流体源强度。在 $s=1$ 的完全饱和状态下，式（5.58）又可以表示为

$$\frac{1}{B_{\mathrm{iot}}}\frac{\partial P_{\mathrm{w}}}{\partial t}+b_{\mathrm{iot}}\frac{\partial \varepsilon_{\mathrm{v}}}{\partial t}+Q_{i,i}-Q_{\mathrm{v}}-t_{\mathrm{c}}\frac{\partial T}{\partial t}=0 \tag{5.60}$$

由式（5.60）可知，对于离散化后的任意四面体单元而言，通过其任意节点上的节点流量可以表示为

$$Q^n=\frac{Q_i n_i^{(n)}S^{(n)}}{3}-\frac{V}{4}\left(Q_{\mathrm{v}}-b_{\mathrm{iot}}\frac{\partial \varepsilon_{\mathrm{v}}}{\partial t}+t_{\mathrm{c}}\frac{\partial T}{\partial t}\right)+\frac{V}{4B_{\mathrm{iot}}^n}\frac{\mathrm{d}P_{\mathrm{w}}^n}{\mathrm{d}t} \tag{5.61}$$

其中，上标“n”表示单元节点编号；Q_i 为比流量向量的 i 分量。根据流体平衡可知，任意节点上的孔隙压力变化率可以表示为

$$\frac{\mathrm{d}P_{\mathrm{w}}^n}{\mathrm{d}t}=-\frac{B_{\mathrm{iot}}^n}{\sum(V/4)^n}\left[\frac{Q_i n_i^{(n)}S^{(n)}}{3}-\sum\left(\frac{VQ_{\mathrm{v}}}{4}+Q_{\mathrm{w}}\right)^n\right] \tag{5.62}$$

式中：Q_{w} 为边界通量。因此，式（5.62）的有限差分形式可以表示为

$$\begin{cases}P_{\mathrm{w}}^n(t+\Delta t)=P_{\mathrm{w}}^n(t)+\Delta P_{\mathrm{w}}^n(t)\\ \Delta P_{\mathrm{w}}^n(t)=-\dfrac{B_{\mathrm{iot}}^n}{\sum(V/4)^n}\left[\sum\dfrac{1}{3}Q_i n_i^{(n)}S^{(n)}-\sum\left(\dfrac{VQ_{\mathrm{v}}}{4}+Q_{\mathrm{w}}\right)^n\right]\end{cases} \tag{5.63}$$

式中：$P_{\mathrm{w}}^n(t)$ 和 $P_{\mathrm{w}}^n(t+\Delta t)$ 分别为作用在节点 n 上的 t 和 $t+\Delta t$ 时刻的孔隙压力。由此可知，

孔隙压力关于时间的增量方程为

$$\Delta P_{\mathrm{w}} = -\frac{B_{\mathrm{iot}}}{V}[Q(0)+Q(t)]\Delta t \tag{5.64}$$

式中：$Q(0)$ 和 $Q(t)$ 分别为 0 时刻和 t 时刻的节点流量。

5.4.2　应力控制方程

在 FLAC3D 中，需要采用本构方程的有限差分形式进行应力场的计算与更新。因此，下面将基于非线性 VEPD 蠕变模型的三维蠕变方程推导其有限差分形式。由修正的有效应力原理[246]可知，三维应力-孔隙压力耦合作用下的应力控制方程可以表示为

$$\tilde{\sigma}_{ij} = \sigma_{ij} - b_{\mathrm{iot}} P_{\mathrm{w}} \delta_{ij} \tag{5.65}$$

式中：σ_{ij} 和 $\tilde{\sigma}_{ij}$ 分别为模型的总应力张量和有效应力张量。根据式（5.65）进一步可得

$$\frac{\partial \tilde{\sigma}_{ij}}{\partial t} = \frac{\partial(\sigma_{ij} - b_{\mathrm{iot}} P_{\mathrm{w}} \delta_{ij})}{\partial t} = f(\sigma_{ij}, P_{\mathrm{w}}, \dot{\varepsilon}_{ij}) \tag{5.66}$$

式中：$\dot{\varepsilon}_{ij}$ 为总应变率张量。根据非线性 VEPD 蠕变模型的元件组成情况可知，其总应变率张量可以表示为

$$\dot{\varepsilon}_{ij} = \dot{\varepsilon}_{ij}^{\mathrm{e}} + \dot{\varepsilon}_{ij}^{\mathrm{ve}} + \dot{\varepsilon}_{ij}^{\mathrm{vp}} \tag{5.67}$$

式中：$\dot{\varepsilon}_{ij}^{\mathrm{e}}$、$\dot{\varepsilon}_{ij}^{\mathrm{ve}}$、$\dot{\varepsilon}_{ij}^{\mathrm{vp}}$ 分别为非线性 VEPD 蠕变模型中弹性元件、改进黏弹性元件及损伤黏塑性元件的应变率张量分量。由式（5.67）可知，偏应变率张量可以表示为

$$\dot{e}_{ij} = \dot{e}_{ij}^{\mathrm{e}} + \dot{e}_{ij}^{\mathrm{ve}} + \dot{e}_{ij}^{\mathrm{vp}} \tag{5.68}$$

式中：$\dot{e}_{ij}$ 为总偏应变率张量；$\dot{e}_{ij}^{\mathrm{e}}$、$\dot{e}_{ij}^{\mathrm{ve}}$、$\dot{e}_{ij}^{\mathrm{vp}}$ 分别为非线性 VEPD 蠕变模型中弹性元件、改进黏弹性元件及损伤黏塑性元件的偏应变率张量分量。由式（5.68）可知，增量形式的偏应变率张量可以表示为

$$\Delta e_{ij} = \Delta e_{ij}^{\mathrm{e}} + \Delta e_{ij}^{\mathrm{ve}} + \Delta e_{ij}^{\mathrm{vp}} \tag{5.69}$$

对于弹性元件而言，根据式（5.47）可知，其基于有效偏应力和偏应变的三维本构关系可以表示为

$$\tilde{S}_{ij} = 2G^{\mathrm{H}} e_{ij}^{\mathrm{e}} \tag{5.70}$$

由此可得，弹性元件的偏应变增量可以表示为

$$\Delta e_{ij}^{\mathrm{e}} = \Delta \tilde{S}_{ij} / (2G^{\mathrm{H}}) \tag{5.71}$$

对于考虑应力影响的改进黏弹性元件而言，根据式（5.48）可知，其基于有效偏应力和偏应变的三维本构关系可以表示为

$$\tilde{S}_{ij} = 2G^{\mathrm{K}} e_{ij}^{\mathrm{ve}} + 2\eta^{\mathrm{ve}} \mathrm{e}^{-\lambda(\sigma)} \dot{e}_{ij}^{\mathrm{ve}} \tag{5.72}$$

采用中心差分方法，将式（5.72）改写成关于时间的增量形式，具体可以表示为

$$[\tilde{S}_{ij}]\Delta t = 2\eta^{\mathrm{ve}} \mathrm{e}^{-\lambda(\sigma)} \Delta e_{ij}^{\mathrm{ve}} + 2G^{\mathrm{K}} [e_{ij}^{\mathrm{ve}}]\Delta t \tag{5.73}$$

式中：$[\tilde{S}_{ij}]$ 和 $[e_{ij}^{\mathrm{ve}}]$ 分别为单位时间步长内的平均有效偏应力及偏应变，其具体形式可以

表示为

$$\begin{cases}[\tilde{S}_{ij}]=(\tilde{S}_{ij}^{\mathrm{N}}+\tilde{S}_{ij}^{\mathrm{O}})/2\\ [e_{ij}^{\mathrm{ve}}]=(e_{ij}^{\mathrm{N,ve}}+e_{ij}^{\mathrm{O,ve}})/2\end{cases} \tag{5.74}$$

其中，上标“O”“ N ”分别对应单位时间步长更新前后的两种状态。

将式（5.74）代入式（5.73），可以得到改进黏弹性元件更新后的偏应变分量：

$$e_{ij}^{\mathrm{N,ve}}=\frac{1}{K_1}\left[K_2e_{ij}^{\mathrm{O,ve}}+\frac{\Delta t}{4\eta^{\mathrm{ve}}\mathrm{e}^{-\lambda_{(\sigma)}}}(\tilde{S}_{ij}^{\mathrm{N}}+\tilde{S}_{ij}^{\mathrm{O}})\right] \tag{5.75}$$

其中，参数 K_1 和 K_2 可以通过式（5.76）进行确定：

$$\begin{cases}K_1=1+G^{\mathrm{K}}\mathrm{e}^{\lambda_{(\sigma)}}\Delta t/2\eta^{\mathrm{ve}}\\ K_2=1-G^{\mathrm{K}}\mathrm{e}^{\lambda_{(\sigma)}}\Delta t/2\eta^{\mathrm{ve}}\end{cases} \tag{5.76}$$

对于考虑孔压效应的损伤黏塑性元件而言，根据式（5.49）可知，其基于有效偏应力和偏应变的三维本构关系可以表示为

$$\dot{e}_{ij}^{\mathrm{vp}}=\frac{\langle\psi(F)\rangle}{\eta^{\mathrm{vp}}(1-D)}\frac{\partial g}{\partial\tilde{\sigma}_{ij}}-\frac{1}{3}\dot{e}_{\mathrm{m}}^{\mathrm{vp}}\delta_{ij} \tag{5.77}$$

式中：$\dot{e}_{\mathrm{m}}^{\mathrm{vp}}$ 为与时间无关的体积应变率偏量。采用中心差分方法，将式（5.77）转换成关于时间的增量形式，具体可以表示为

$$\Delta e_{ij}^{\mathrm{vp}}=\frac{\langle\psi(F)\rangle}{\eta^{\mathrm{vp}}(1-D)}\frac{\partial g}{\partial\tilde{\sigma}_{ij}}\Delta t \tag{5.78}$$

根据式（5.69）、式（5.71）、式（5.75）、式（5.78）可知，非线性 VEPD 蠕变模型在单位时间步长更新后的有效偏应力张量的差分形式为

$$\tilde{S}_{ij}^{\mathrm{N}}=\frac{1}{N_1}[\Delta e_{ij}+N_2\tilde{S}_{ij}^{\mathrm{O}}-(K_2/K_1-1)e_{ij}^{\mathrm{O,ve}}-\Delta e_{ij}^{\mathrm{vp}}] \tag{5.79}$$

其中，参数 N_1 和 N_2 可以通过式（5.80）进行确定：

$$\begin{cases}N_1=1/2G^{\mathrm{H}}+\mathrm{e}^{\lambda_{(\sigma)}}\Delta t/4\eta^{\mathrm{ve}}\\ N_2=1/2G^{\mathrm{H}}-\mathrm{e}^{\lambda_{(\sigma)}}\Delta t/4\eta^{\mathrm{ve}}\end{cases} \tag{5.80}$$

基于球应力与塑性变形无关的基本假定可知，非线性 VEPD 蠕变模型在单位时间步长更新后的有效球应力张量的差分形式为

$$\tilde{\sigma}_{\mathrm{m}}^{\mathrm{N}}=\tilde{\sigma}_{\mathrm{m}}^{\mathrm{O}}+K(1-D)(\Delta\varepsilon_{\mathrm{m}}-\Delta\varepsilon_{\mathrm{m}}^{\mathrm{vp}}) \tag{5.81}$$

式中：$\tilde{\sigma}_{\mathrm{m}}^{\mathrm{O}}$、$\tilde{\sigma}_{\mathrm{m}}^{\mathrm{N}}$ 分别为更新前后的有效球应力张量；K 为体积模型；$\Delta\varepsilon_{\mathrm{m}}$ 为总体积应变率张量；$\Delta\varepsilon_{\mathrm{m}}^{\mathrm{vp}}$ 为损伤黏塑性元件的体积应变率张量。

由式（5.79）和式（5.81）可知，差分形式的非线性 VEPD 蠕变模型的三维蠕变方程可以表示为

$$\begin{cases}\tilde{S}_{ij}^{\mathrm{N}}=\dfrac{1}{N_1}[\Delta e_{ij}+N_2\tilde{S}_{ij}^{\mathrm{O}}-(K_2/K_1-1)e_{ij}^{\mathrm{O,ve}}-\Delta e_{ij}^{\mathrm{vp}}]\\ \tilde{\sigma}_{\mathrm{m}}^{\mathrm{N}}=\tilde{\sigma}_{\mathrm{m}}^{\mathrm{O}}+K(1-D)(\Delta\varepsilon_{\mathrm{m}}-\Delta\varepsilon_{\mathrm{m}}^{\mathrm{vp}})\end{cases} \tag{5.82}$$

式（5.82）为 FLAC3D 计算过程中的增量迭代格式，是本构模型二次开发工作中的核心内容与关键问题。

5.4.3　二次开发流程

基于 5.4.2 小节推导的增量迭代格式，采用 Visual C++进行程序语言编译，实现了非线性 VEPD 蠕变模型在 FLAC3D 软件中的程序开发。图 5.9 为数值计算程序开发的具体流程。具体计算过程如下：

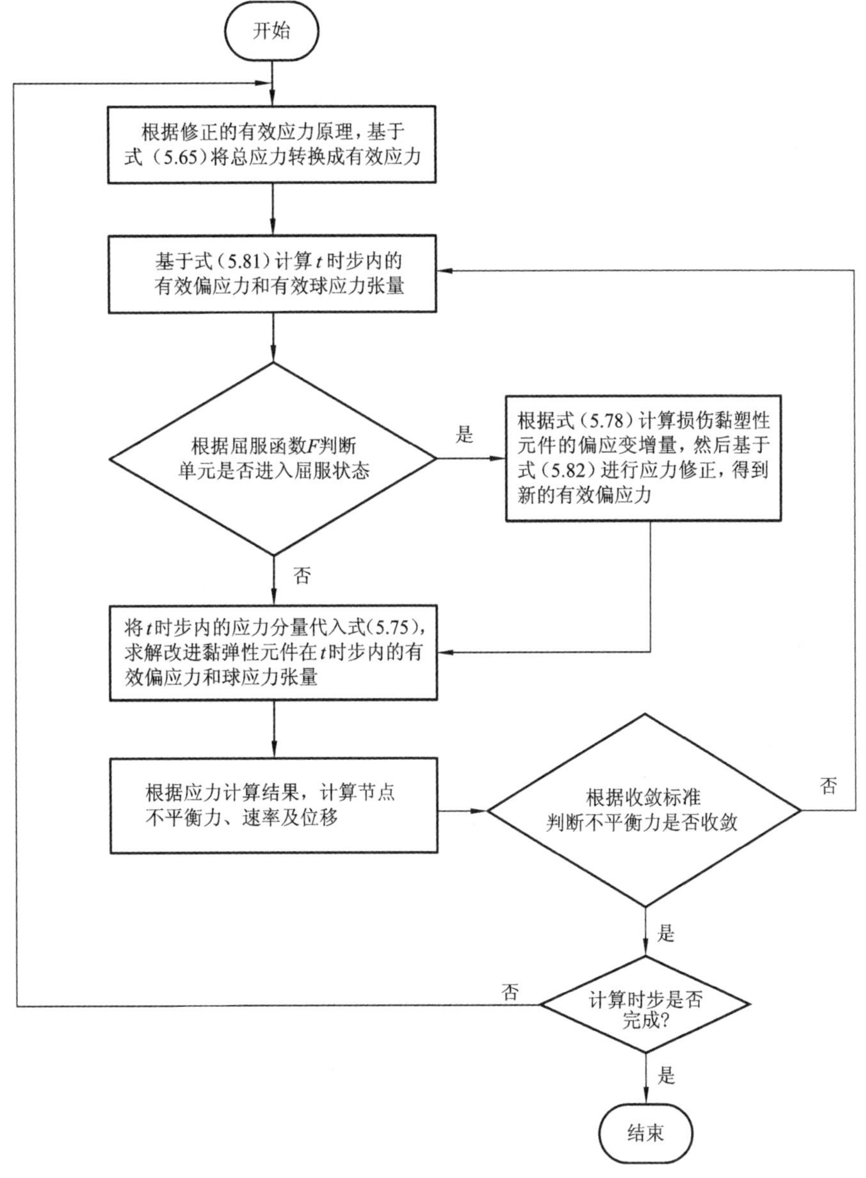

图 5.9　非线性 VEPD 蠕变模型二次开发流程

（1）首先根据应力边界条件和水头边界条件，计算得到应力-孔隙压力耦合作用下的初始有效应力场；

（2）根据式（5.82）计算 t 时步内的试探性应力，包括单元的有效偏应力和有效球应力张量；

（3）根据试探性应力获取单元主应力，并根据屈服函数（F）判断单元是否进入屈服状态；

（4）如果屈服函数 $F<0$，则认为单元处于弹性状态（未发生屈服），此时根据式（5.75）计算黏弹性部分的有效偏应力和球应力张量；

（5）如果屈服函数 $F\geqslant 0$，则认为单元处于塑性状态（即发生屈服），此时根据式（5.78）计算黏塑性部分的偏应变增量，并根据非关联的莫尔-库仑流动法则进行应力修正，并根据修正后的应力计算黏弹性部分的有效偏应力和球应力张量；

（6）计算节点位移、速率及不平衡力，并根据是否满足收敛条件进行迭代计算，直到完成设定的计算时步。

5.5 模型参数辨识与验证

在本节中，首先使用孔隙压力为 0、4 MPa、8 MPa 和 16 MPa 时的试验结果评估了非线性 VEPD 蠕变模型的参数。然后，根据参数识别结果分析了蠕变参数随孔隙压力的演化规律。最后，根据蠕变参数与孔隙压力之间的函数关系估计了 12 MPa 孔隙压力条件下的蠕变参数，并基于数值模型对相应孔隙压力条件下的蠕变曲线进行了预测和验证。

5.5.1 模型参数辨识

非线性 VEPD 蠕变模型中的参数取值是采用 1stOpt 软件中的 LM-UGO 算法[247]进行确定的。该算法的一个显著优点在于，它不需要用户指定参数初始值。与其他经典优化方法相比，LM-UGO 算法在涉及复杂非线性模型的参数问题时，尤其是在涉及大量参数的情况下，具有更强的容错性[247-248]。

非线性 VEPD 蠕变模型中需确定的参数包括 m_1、m_2、m_3、K^{H}、G^{H}、G^{K}、η^{ve}、$\lambda_{(\sigma)}$、η^{vp}、α、和 β。其中，参数 b、m、d 属于常量参数，可以从孔隙压力和蠕变屈服强度间的关系直接获得；其余参数属于蠕变参数，可以利用试验结果拟合确定。当 $F<0$ 时，非线性 VEPD 蠕变模型将退化为黏弹性形式。此时，只需要确定相应的黏弹性参数 K^{H}、G^{H}、G^{K}、η^{ve} 和 λ。当 $F\geqslant 0$ 时，非线性 VEPD 蠕变模型将从黏弹性形式转变为塑性屈服状态。此时，除了黏弹性参数以外还必须确定相应的黏塑性参数，包括 η^{vp}、α 和 β。表 5.1 与表 5.2 分别列出了基于 LM-UGO 算法确定的非线性 VEPD 蠕变模型的参数。

表 5.1　非线性 VEPD 蠕变模型在不同孔隙压力状态下的黏弹性参数

试样编号	孔隙压力/MPa	围压/MPa	偏应力/MPa	模型参数				
				K^{H}/GPa	G^{H}/GPa	G^{K}/GPa	η^{ve}/（GPa·h）	λ
JP-01	0	19.5	163.8	143.69	422.33	15 297.97	387.66	−6.31
			176.4	139.24	410.09	14 585.76	336.24	−6.88
			189.0	134.41	398.84	13 289.89	107.47	−7.15
			201.6	128.78	379.83	7 636.75	43.39	−7.32
			214.2	120.93	355.13	4 805.74	35.32	−7.92
			226.8	114.25	330.11	2 683.81	7.79	−8.04
			239.4	105.35	288.34	1 598.77	3.12	−8.23
			252.0	99.72	238.01	613.38	1.08	−8.41
JP-02	4	19.5	163.8	117.38	372.23	7 247.66	144.53	−6.32
			176.4	107.05	344.21	6 351.13	89.58	−6.46
			189.0	97.28	326.67	3 698.11	50.32	−6.61
			201.6	87.35	305.08	3 006.13	37.44	−6.96
			214.2	75.68	288.53	2 614.92	25.33	−7.26
			226.8	70.37	268.19	1 536.23	6.67	−7.87
			239.4	60.67	238.96	642.56	2.04	−8.54
JP-03	8	19.5	163.8	103.53	333.15	5 766.83	47.45	−6.48
			176.4	97.69	312.92	4 735.48	24.73	−7.27
			189.0	78.36	306.79	2 700.28	6.72	−7.93
JP-05	16	19.5	163.8	90.11	273.88	1 635.36	12.48	−7.13

表 5.2　非线性 VEPD 蠕变模型在不同孔隙压力状态下的黏塑性参数

试样编号	孔隙压力/MPa	围压/MPa	偏应力/MPa	模型参数					
				η^{vp}/（GPa·h）	α	β	m_1	m_2	m_3
JP-01	0	19.5	264.6	61.59	0.62	0.19	2.85	−4.65	161.09
JP-02	4	19.5	252.0	75.61					
JP-03	8	19.5	201.6	97.64					
JP-05	16	19.5	176.4	126.74					

为了检验模型参数识别结果的可靠性，将表 5.1 与表 5.2 中的参数代入非线性 VEPD 蠕变模型，绘制了锦屏二级水电站开挖损伤大理岩试件在特定孔隙压力条件下的理论蠕变曲线，具体如图 5.10 所示。试验数据与理论蠕变曲线的比较结果表明，基于非线性 VEPD 蠕变模型获得的理论结果很好地解释了试验数据，因此基于 LM-UGO 算法确定的模型参数是可靠的。然而，需要说明的是，上述参数是基于室内三轴蠕变试验获得的，因此这些参数只能作为工程岩体蠕变参数反演的参考取值，并不能直接用于工程岩体长期蠕变的分析计算。

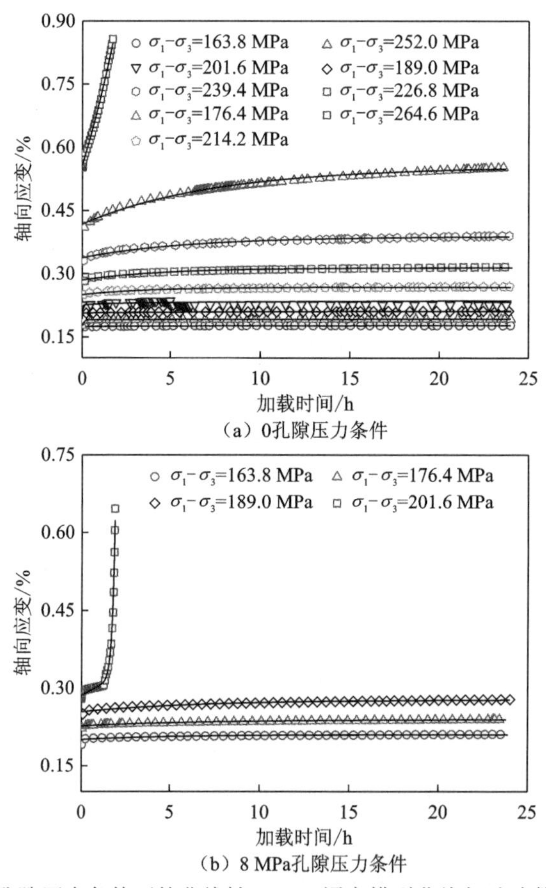

（a）0孔隙压力条件

（b）8 MPa孔隙压力条件

扫一扫，看彩图

图 5.10　不同孔隙压力条件下的非线性 VEPD 蠕变模型曲线与试验数据的对比结果

5.5.2　孔隙压力对蠕变参数的影响规律

由于非线性 VEPD 蠕变模型中考虑了孔隙压力对蠕变行为的影响，所以表 5.1 与表 5.2 中的蠕变参数随孔隙压力的变化存在较大差异。为了便于为特定孔隙压力条件选择合适的参数取值，进一步基于参数识别结果分析了蠕变参数随孔隙压力的演化规律。

图 5.11 给出了非线性 VEPD 蠕变模型中蠕变参数 K^{H}、G^{H}、G^{K} 和 η^{ve} 随孔隙压力的演化情况。为了便于更定量地描述蠕变参数与孔隙压力之间的关系，图 5.11 还给出了

与试验数据的最佳拟合曲线（使用指数函数）。由图 5.11 可以看出，这些蠕变参数都对孔隙压力的变化高度敏感，并且都在高孔隙压力状态下出现大幅减小。更加准确地说，参数 K^{H}、G^{H}、G^{K} 和 η^{ve} 都随孔隙压力的增加呈指数下降趋势。因此，建议在使用非线性 VEPD 蠕变模型时合理考虑孔隙压力对蠕变参数的影响，否则可能会得到不准确的结果。

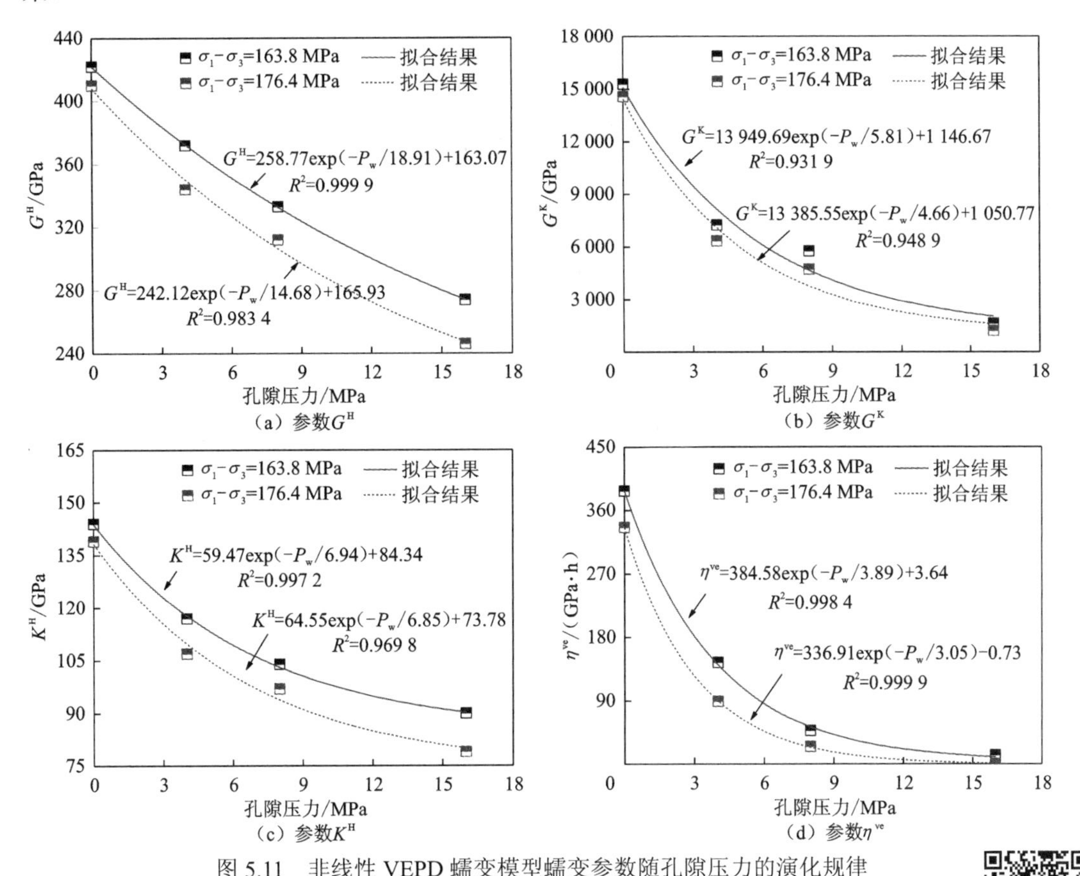

图 5.11　非线性 VEPD 蠕变模型蠕变参数随孔隙压力的演化规律

扫一扫，看彩图

5.5.3　模型的标定与验证

为了进一步验证非线性 VEPD 蠕变模型及其数值计算程序的正确性，基于 FLAC3D 软件开展了三轴压缩蠕变数值试验。在数值试验中，采用了如图 5.12 所示的 100 mm×50 mm（高度×直径）的圆柱形数值模型，数值模型中共划分了 2 000 个单元，有 2 090 个节点。数值试验过程中，根据第 3 章所描述的室内三轴蠕变试验的加载条件，设置围压水平为 19.5 MPa，孔隙压力为 12 MPa，然后根据分级加载方案逐级施加轴向荷载，每级荷载持续加载 24 h 直至试样发生破坏。数值试验过程中，对数值模型上端面中心点（即 *M* 点）的轴向位移进行了持续监测。需要说明的是，本次数值试验所采用的蠕变参数是根据 5.5.2 小节中蠕变参数与孔隙压力之间的函数关系估计的，具体的参数取值如表 5.3 与表 5.4 所示。

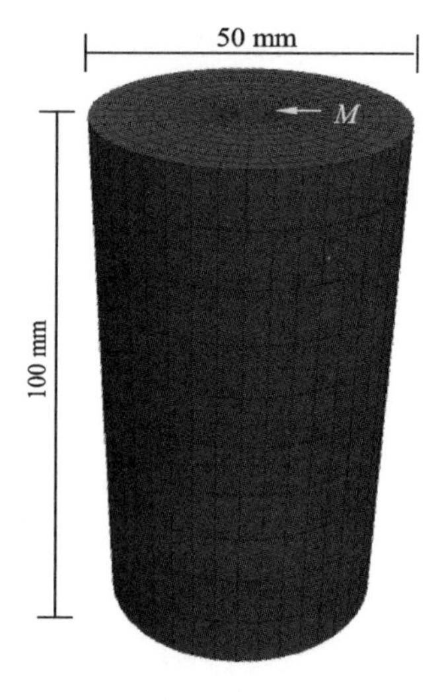

图 5.12　数值模型

表 5.3　12 MPa 孔隙压力状态下的黏弹性参数预测结果

试样编号	孔隙压力/MPa	围压/MPa	偏应力/MPa	模型参数				
				K^{H}/GPa	G^{H}/GPa	G^{K}/GPa	η^{ve}/（GPa·h）	$\lambda_{(\sigma)}$
JP-04	12	19.5	163.8	94.89	300.26	2 915.03	21.23	−6.69
			176.4	84.98	272.84	2 070.02	5.86	−7.51

表 5.4　12 MPa 孔隙压力状态下的黏塑性参数预测结果

试样编号	孔隙压力/MPa	围压/MPa	偏应力/MPa	模型参数					
				η^{vp}/（GPa·h）	α	β	m_1	m_2	m_3
JP-04	12	19.5	176.4	112.19	0.62	0.19	2.85	−4.65	161.09

图 5.13 为数值试验的预测蠕变曲线，可以看出数值模型预测的蠕变行为与试验数据具有相似的力学响应，两者所表现出来的试样变形特征也基本保持一致。计算结果表明，所建立的非线性 VEPD 蠕变模型及其数值计算程序是合理、正确的，其不仅可以准确模拟和预测深部开挖损伤围岩的完整蠕变过程，还可以合理反映孔隙压力对蠕变过程的影响。

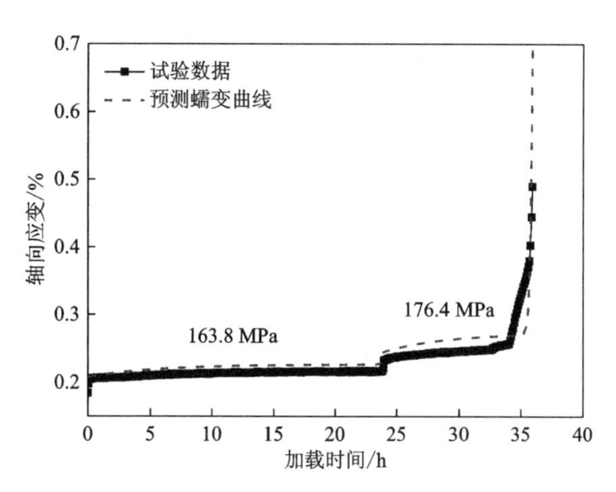

图 5.13　12 MPa 孔隙压力条件下的试验数据与预测曲线的对比结果

>>> 第 6 章

深埋引水隧洞围岩-支护系统长期安全评价方法

6.1 引　　言

前期测试研究表明，锦屏二级水电站深埋引水隧洞围岩（大理岩）表现出了岩体破裂随时间推移不断扩展的显著时效特性，同时这种时效破裂现象还表现出破坏程度大、持续时间长、空间不对称、分布不均匀等诸多特征。在长期运行过程中，除围岩内部应力场发生变化外，最显著的和最具决定性意义的便是围岩 EDZ 裂隙的时效扩展，其不仅会引起围岩力学参数的时效劣化，而且影响围岩应力的分布特征，导致围岩破坏机制的不断变化，进而决定着隧洞围岩-支护系统的变形和破坏特征。在支护不适宜或支护失效的情况下，这种变化将引起更为严重的变形和破坏，使得隧洞围岩-支护系统的变形破坏机制变得异常复杂且难以预测，从而给工程长期安全和灾害预警防控带来前所未有的全新挑战。因此，发展此类深埋引水隧洞工程的可靠度分析方法并应用于工程尺度的长期安全评价，成为广大科研工作者与工程建设者共同面临的一项关键科学技术问题。

目前开展深部复杂赋存环境下深埋引水隧洞工程的长期安全评价和灾害预警防控主要面临以下三大问题：一是由于高地应力与内外水压联合作用下硬岩时效劣化的特殊性，需要发展针对深埋硬岩隧洞围岩损伤程度和损伤范围的定量评价方法；二是由于隧洞运营期存在围岩-支护系统的联合变形破坏问题，需要发展能够反映深部岩体支护锚固机理的精确模拟方法；三是由于现有安全评价指标尚未考虑高地应力与内外水压的联合作用，需要发展新的更为有效的评价指标和可靠度分析方法。本章针对锦屏二级水电站深埋引水隧洞运营过程中可能出现的围岩损伤扩展及衬砌结构破坏问题，深入研究了深埋引水隧洞和洞室群 EDZ 的形成、演化及支护锚固机理，提出了用于深埋硬岩隧洞的围岩开挖损伤综合预测方法、用于锚固体安全性定量评价的锚杆/锚索三段式强度模型与整体破坏度指标、用于模拟地下洞室全黏结型砂浆锚杆加固效果的局部均一化方法，以及用于评估隧洞围岩-支护系统组合承载体系长期安全性的多因素综合评价指标与可靠度分析方法。

6.2　隧洞围岩开挖损伤的综合预测方法

EDZ 是指地下工程开挖引起的岩体中力学属性和水力性质发生可测量的且不可逆变化的区域[249]。大量高应力条件下的深部硬岩工程实践表明[165-167]，开挖卸荷和应力重分布会使围岩内部产生一定的损伤破裂，且损伤区会随着时间推移不断向岩体深部扩展，表现出显著的时效特性。对于高应力条件下的深埋引水隧洞工程而言，这种时效损伤行为可能会使隧洞围岩及衬砌结构出现局部开裂和脆性破坏等影响长期运营的灾害性问题。因此，准确评估围岩损伤程度和损伤范围，成为此类深埋引水隧洞工程长期稳定性分析的重要前提[249]。

目前，EDZ 范围的确定方法主要包括原位测量技术（如钻孔声波测试、钻孔摄像观测、钻孔弹性模量测试）和基于强度退化或参数劣化指标（如塑性区、FAI[193]、RFD[194]及 EDI[195]）的数值分析方法。然而，在高边墙、大跨度的大型复杂深部地下工程中，原位测量技术只能用于测量局部测点或有限洞段中的 EDZ 范围，从而导致测量数据不完整、不具有代表性和说服力；而基于上述评价指标的数值分析方法又存在对岩体力学参数（尤其是初始强度参数）异常敏感的问题，如何获得可靠的岩体力学参数成为制约深部工程围岩损伤数值预测和长期稳定性分析的关键问题[201]。

本节介绍了一种用于评估围岩损伤程度与损伤范围的深埋硬岩隧洞围岩开挖损伤综合评价方法（comprehensive EDZ scope prediction approach，CESPA）。这一方法的基本理念是在现场工程岩体开挖响应原位测试的前提下，将钻孔图像分析和声波测试结果直接集成到数值模拟中，从而建立起数值分析结果与现场实测数据的严格对应关系，进而实现基于局部实测信息的围岩损伤全局评估。CESPA 的核心内容主要集中在以下三个方面：①基于 Q 系统的高应力硬脆性岩体力学参数的修正估计；②基于钻孔壁图像和声波测试结果分析的 Q-参数评级与调整；③考虑岩体力学参数劣化的围岩损伤定量评价。

6.2.1　基于 Q 系统的高应力硬脆性岩体力学参数的修正估计

在 CESPA 中，为了实现岩体钻孔壁图像、声波测试结果分析与岩体力学参数定量估计的有效耦合，对现有 Q 系统的经验估计公式进行了修正。

1. Q 系统概述

六参数 Q 系统是一种基于节理评级的岩体分类系统，旨在辅助隧道或洞室进行加固和支护方面的经验设计[250]，同时也被广泛用于估计岩体的主要力学参数（包括弹性模量 E、黏聚力 c 和内摩擦角 φ）[251]，其用于估计岩体力学参数的经验公式可以表示为[252]

$$
\begin{cases}
Q = \dfrac{\text{RQD}}{J_\text{n}} \dfrac{J_\text{r}}{J_\text{a}} \dfrac{J_\text{w}}{\text{SRF}} \\
Q_\text{c} = Q \dfrac{\sigma_\text{c}}{100} \\
E \approx 10(Q\sigma_\text{c}/100)^{\frac{1}{3}} \\
c \approx \dfrac{\text{RQD}}{J_\text{n}} \dfrac{1}{\text{SRF}} \dfrac{\sigma_\text{c}}{100} \\
\varphi \approx \tan^{-1}\left(\dfrac{J_\text{r} J_\text{w}}{J_\text{a}}\right)
\end{cases}
\tag{6.1}
$$

式中： RQD 为岩石质量指标，定义为长度大于 100 mm 的合格岩心百分比； J_n、J_r、J_a、J_w 分别为节理组数、节理粗糙度系数、节理蚀变系数及节理减水系数； SRF 为研究区域内的应力折减系数； σ_c 为完整岩石的单轴抗压强度。

由于 Q 系统是一种基于节理评级的岩体分类系统，所以采用式（6.1）来估计深部高应力硬脆性岩体的残余强度参数是合理的。然而，当使用式（6.1）估计深部高应力硬脆性岩体的初始力学参数时，可能存在初始黏聚力（c^0）被严重低估，而初始内摩擦角（φ^0）被严重高估的问题。例如，对于最大主应力 σ_1 = 35 MPa 应力条件下的单轴抗压强度 σ_c 为 100 MPa 的普通高应力硬脆性岩体，假定其基于 Q 系统的开挖前岩体力学参数的评级如下：RQD^0=90（岩石质量非常好）、J_n^0=1.0（少量随机节理）、J_r^0=2.0（节理壁光滑平坦）、J_a^0=0.75（节理壁紧密结合）、J_w^0=1.0（节理壁干燥）、SRF^0=50（处于高应力条件），通过式（6.1）估计的 c^0 和 φ^0 分别为 1.8 MPa 和 53.1°。对于深部高应力条件下的硬脆性岩体而言，上述参数估计值是极不合理的：① φ^0 的估计值远大于高应力硬脆性岩体初始内摩擦角的取值范围（0°～22°）[223, 253]；②使用莫尔–库仑屈服准则获得的岩体单轴抗压强度 $\sigma_\text{c}^\text{RM}$（10.8 MPa）远小于使用经验公式 $\sigma_\text{c}^\text{RM} = (0.4\sim0.6)\sigma_\text{c}$ [254]估计的岩体单轴抗压强度（40～60 MPa），这表明 c^0 的估计值远小于岩体的初始黏聚力。

产生上述差异的根本原因在于，Q 系统根据最不利的情况来考虑地下隧洞或洞室的加固和支护设计。因此，现有 Q 系统中的经验公式更适合用于估计高应力开挖损伤岩体的力学参数（或剩余强度参数）：①岩体的黏聚力随 SRF 的增大而减小，随地应力水平的增大而增大；②当不考虑地下水时，岩体摩擦分量仅取决于岩体内部的节理粗糙度和蚀变程度。然而，岩体初始强度对应的初始力学参数是不受开挖损伤和应力重分布影响的固有参数，而且由于高应力硬脆性岩体破裂之前内部几乎没有节理，所以摩擦分量对高应力硬脆性岩体的初始强度几乎没有贡献，而黏聚强度才是岩体强度的主要贡献者[233,255]。在这种情况下，使用式（6.1）估算高应力硬脆性岩体的初始内摩擦角 φ^0 是不合适的。因此，为了合理估计高应力条件下硬脆性岩体的初始力学参数，从而为后续围岩损伤程度和损伤深度的定量预测提供准确的输入参数，需要对现有基于 Q 系统的经验估计公式进行修正。

2. 基于 Q 系统的岩体力学参数修正估计公式

基于上述分析，对现有基于 Q 系统的深部高应力硬脆性岩体初始力学参数的估计公式进行了以下修正：①对于 Q^0 和 c^0 的估计公式，将 SRF^0 视为一个微调因子，同时根据 Barton 和 Pandey[251]的建议，将 SRF^0 的上限设定为 5.0。②对于 φ^0 的估计公式，采用基于无侧限条件下的莫尔-库仑屈服准则推导出的表达式对其进行替换，即

$$\varphi^0 = 2\tan^{-1}[\sigma_c^{\mathrm{RM}} / (2c^0)] - 90 \tag{6.2}$$

式中：σ_c^{RM} 为岩体的单轴抗压强度，可以通过 Singh[256]给出的经验表达式来估计，即

$$\sigma_c^{\mathrm{RM}} = 7\rho(Q^0)^{1/3} \tag{6.3}$$

其中：ρ 为岩石密度。将式（6.3）代入式（6.2），可以获得用于估计 φ^0 的最终修正公式：

$$\varphi^0 \approx 2\tan^{-1}[3.5\rho(Q^0)^{1/3} / c^0] - 90 \tag{6.4}$$

因此，高应力条件下硬脆性岩体的初始力学参数（E^0、c^0、φ^0）可以通过式（6.5）来有效估计。

$$\begin{cases} Q^0 = \dfrac{\mathrm{RQD}^0}{J_n^0}\dfrac{J_r^0}{J_a^0}\dfrac{J_w^0}{\mathrm{SRF}^0}, \quad \mathrm{SRF}^0 \leqslant 5.0 \\ Q_c^0 = Q^0\dfrac{\sigma_c}{100} \\ E^0 \approx 10(Q^0\sigma_c / 100)^{\frac{1}{3}} \\ c^0 \approx \dfrac{\mathrm{RQD}^0}{J_n^0}\dfrac{1}{\mathrm{SRF}^0}\dfrac{\sigma_c}{100} \\ \varphi^0 \approx 2\tan^{-1}[3.5\rho(Q^0)^{1/3} / c^0] - 90 \end{cases} \tag{6.5}$$

其中，标有上标“0”的相应 Q-参数表示开挖前的岩体参数。

基于前述 Q-参数评级，通过式（6.5）估计的 c^0 和 φ^0 分别为 18 MPa 和 22.1°。该 φ^0 估计值非常接近高应力硬脆性岩体的初始摩擦角取值范围（0°～22°），而且通过莫尔-库仑屈服准则计算的 σ_c^{RM}（53.5 MPa）在 $(0.4\sim0.6)\sigma_c$ 范围内，这说明上述修正是合理、可靠的。

由于当前的 Q 系统是一种基于节理评级的岩体分类系统，所以它可以应用于高应力开挖损伤后的节理类岩体。因此，高应力条件下硬脆性岩体的残余力学参数（E^f、c^f、φ^f）仍可以通过式（6.6）有效估计。

$$\begin{cases} Q^f = \dfrac{\mathrm{RQD}^f}{J_n^f}\dfrac{J_r^f}{J_a^f}\dfrac{J_w^f}{\mathrm{SRF}^f} \\ Q_c^f = Q^f\dfrac{\sigma_c}{100} \\ E^f \approx 10(Q^f\sigma_c / 100)^{\frac{1}{3}} \\ c^f \approx \dfrac{\mathrm{RQD}^f}{J_n^f}\dfrac{1}{\mathrm{SRF}^f}\dfrac{\sigma_c}{100} \\ \varphi^f \approx \tan^{-1}\left(\dfrac{J_r^f J_w^f}{J_a^f}\right) \end{cases} \tag{6.6}$$

其中，标有上标“f”的相应 Q-参数表示开挖后的岩体参数。

6.2.2 基于钻孔壁图像和声波测试结果分析的 Q-参数评级与调整

在 CESPA 中，如何根据钻孔揭露的节理信息与波速变化确定岩体节理参数评级，并在此基础上对岩体的 Q-参数进行初始评级与校核调整，是实现岩体力学参数准确估计的两个关键环节，现分述如下。

1. V_p-参数确定和节理参数评级

（1）根据开挖前后的 V_p-H 曲线（其中 V_p 为纵波速度，H 为深度）确定围岩的 V_p^0、V_p^I 和 V_p^f（其中，V_p^0、V_p^I 和 V_p^f 分别为未损伤、初始损伤和完全损伤岩体的纵波速度），并确定测试断面的实测损伤区边界。

（2）当开挖前的 V_p-H 曲线不可用时，可将 V_p^0 和 V_p^f 设置为未损伤区和损伤区的平均波速（图 6.1 开挖后的 V_p-H 曲线中阶段 I 和阶段 II 的平均值），并将 V_p^I 设置为损伤区中 V_p-H 曲线爬升段（图 6.1 中 AD 段）结束点前一测点（C 点）处的波速值。

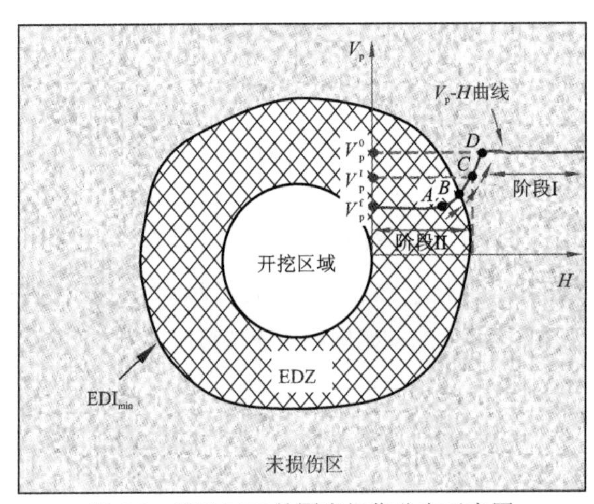

图 6.1　基于 EDI 的围岩损伤分布示意图

（3）当通过 V_p-H 曲线不能确定 V_p^I 时，可以根据《水工建筑物岩石地基开挖施工技术规范》（SL 47—2020）将 V_p^I 设为 $0.9V_p^0$ [257]。

（4）根据 Deere[258]提出的钻孔统计方法确定岩体开挖前后的 RQD^0 和 RQD^f，如果由于高应力条件下的岩心饼化现象很难确定 RQD^0 和 RQD^f，那么可以使用基于钻孔壁图像的统计方法[259]确定 RQD^0 和 RQD^f 的取值。

$$RQD = \frac{100}{L}\sum_{i=1}^{5} a_i l_i^* \tag{6.7}$$

式中：L 为钻孔总长度，m；l_1^*、l_2^*、l_3^*、l_4^* 和 l_5^* 分别为在 0.1～0.3 m、0.3～0.5 m、0.5～0.75 m、0.75～1.0 m 和>1.0 m 范围内无宏观裂缝的层段长度；a_i 为第 i 个层段的层段系数，其中 $a_1 = 0.19$，$a_2 = 0.41$，$a_3 = 0.63$，$a_4 = 0.77$，$a_5 = 1.0$。

（5）根据 Barton[252]提供的附录数据表格，以及基于岩体开挖前后的钻孔壁图像获得的节理组数、节理粗糙度、节理蚀变程度，对节理参数（J_n^0、J_r^0、J_a^0及J_n^f、J_r^f、J_a^f）进行初步评级。

（6）根据 Barton[252]提供的附录数据表格，以及岩体开挖前后的钻孔壁涌水量观测和σ_1/σ_c或σ_θ/σ_c（σ_θ是根据弹性理论估计的岩体中的最大切向应力，$\sigma_\theta=3\sigma_1-\sigma_3$），对参数$J_w^0$、$J_w^f$、$SRF^0$及$SRF^f$进行初步评级。

2. Q-参数初始评级和校核调整

（1）将步骤 1. V_p-参数确定和节理参数评级中获得的Q-参数初始评级代入式（6.5）和式（6.6），获得一组岩体开挖前后的Q_c^0和Q_c^f。

（2）将步骤 1. V_p-参数确定和节理参数评级中获得的V_p^0和V_p^f代入 Barton[252]提出的经验公式式（6.8），获得另一组岩体开挖前后的Q_c^0和Q_c^f。

$$\begin{cases} V_p^0 = 5.0 + 0.5\lg Q_c^0 \\ V_p^f = 3.5 + \lg Q_c^f \end{cases} \tag{6.8}$$

（3）当两组岩体开挖前后的Q值之间的差异较大时，精细调整Q-参数的初始评级，直到基于Q-参数获得的Q值与基于 V_p-参数获得的Q值相差较小为止。

3. 注意事项说明

当根据钻孔壁图像估计岩体开挖前后的Q-参数评级时，岩体开挖前的所有不连续面和节理均当作初始节理处理，所有工程开挖引起的岩体损伤开裂被视为新生节理。此外，还应考虑以下相关建议。

（1）在评估参数J_n^0和J_n^f时，穿过岩心的平行且连续的节理应视为一个完整的节理组；如果可以观察到新发育的随机节理，建议也将其作为一个完整的节理组来考虑[250]。

（2）在评估参数J_r^0和J_r^f时，应根据钻孔壁上节理痕迹的形状识别节理壁的起伏情况；对于开挖损伤诱发节理的节理壁粗糙度，可以根据钻孔岩心的形态来确定。

（3）在评估参数J_a^0和J_a^f时，开挖损伤所诱发的节理应视为无风化或仅有轻微风化和蚀变的新生节理，即$J_a^f=1.0$。

（4）在对高应力硬脆性岩体进行SRF^f评级时，高应力条件下的开挖损伤会导致较低的残余黏聚力，因此导致低残余黏聚力估计值的极端SRF^f评级被认为是合理的。

（5）当现场岩性或应力条件变化较大时，应在不同位置分别进行Q-参数的评级分析。

（6）当使用 V_p估算Q_c^f时，即使岩体埋深大于 500 m，也不应考虑埋藏深度或应力对 V_p的影响，因为开挖引起的高围压释放可能导致节理和裂缝张开，从而导致岩体的V_p减小。因此，式（6.8）仅推荐用于估算深部高应力硬脆性岩体在开挖损伤前的Q值。

6.2.3 考虑岩体力学参数劣化的围岩损伤定量评价

在 CESPA 中，通过考虑岩体力学参数劣化的弹塑性数值模拟，实现围岩损伤程度与损伤范围的定量评估。现从损伤评价指标、岩体本构模型、通用实施流程三个方面进行如下分述。

1. 损伤评价指标

在 CESPA 中，通过表征岩体参数劣化的 EDI[195]来定量评价围岩的损伤程度和损伤范围。EDI 是基于岩体纵波速度（V_{p}）与弹性模量（E）之间的经验关系，从岩体开挖损伤后弹性模量劣化角度建立的损伤评价指标，可以综合考虑工程开挖引起的围岩力学参数劣化、体积变化、应力重分布等多种因素对围岩损伤的影响。EDI 的计算公式可以表示为[195]

$$\mathrm{EDI}=1-k_0\sqrt{(E^{\mathrm{f}}/E^0)^{1/b}\cdot(\sigma_{\mathrm{m}}^{\mathrm{f}}/\sigma_{\mathrm{m}}^0)^d\cdot V_{\mathrm{ol}}^{\mathrm{f}}/V_{\mathrm{ol}}^0} \tag{6.9}$$

式中：σ_{m}^0 和 $\sigma_{\mathrm{m}}^{\mathrm{f}}$、$V_{\mathrm{ol}}^0$ 和 $V_{\mathrm{ol}}^{\mathrm{f}}$ 分别为岩体开挖前后的平均应力（最大主应力 σ_1、中间主应力 σ_2 和最小主应力 σ_3 的平均值）和体积；b 和 d 为材料常数，可以通过拟合试验数据确定。根据式（6.10）可知，当岩体开挖前后的动泊松比（μ_{d0} 和 μ_{df}）为 0.2～0.25 和 0.25～0.30 时，k_0 为介于 1.0～1.1 的常数。

$$k_0=\frac{\sqrt{(1-\mu_{\mathrm{df}})/[(1+\mu_{\mathrm{df}})(1-2\mu_{\mathrm{df}})]}}{\sqrt{(1-\mu_{\mathrm{d0}})/[(1+\mu_{\mathrm{d0}})(1-2\mu_{\mathrm{d0}})]}} \tag{6.10}$$

在使用 EDI 评价围岩损伤程度和损伤范围时，需要确定一个与损伤区边界相对应的阈值（$\mathrm{EDI}_{\min}$）。如图 6.1 所示，数值模拟结果中 $\mathrm{EDI}_{\min}$ 等值线内的区域被视为损伤区，其余区域则被认为是未损伤区。在实际应用时，$\mathrm{EDI}_{\min}$ 可以通过式（6.11）进行确定。

$$\mathrm{EDI}_{\min}=(V_{\mathrm{p}}^0-V_{\mathrm{p}}^{\mathrm{I}})/V_{\mathrm{p}}^0 \tag{6.11}$$

式中：V_{p}^0、$V_{\mathrm{p}}^{\mathrm{I}}$ 和 $V_{\mathrm{p}}^{\mathrm{f}}$ 分别为未损伤、初始损伤和完全损伤岩体的纵波速度，可以根据现场钻孔声波测试结果进行确定。

2. 岩体本构模型

由于所采用的损伤评价指标是从岩体参数劣化角度建立的，所以在开展模拟分析时需要选择可以反映岩体参数劣化的力学模型。因此，在进行开挖过程的静力分析计算时，可以选择参数动态变化的岩体劣化模型（rock mass deterioration model，RDM）[260]，而在进行运营过程的蠕变分析计算时，可以选择参数随时间弱化的损伤类蠕变模型。

在 RDM 中，假设岩体力学参数 E、c、φ 都是等效塑性应变的函数（图 6.2），以实现对岩体开挖损伤引起的参数动态变化的描述：

$$\begin{cases}E=E^0(\overline{\varepsilon}_E^{\mathrm{p}})\\ c=c^0(\overline{\varepsilon}_c^{\mathrm{p}})\\ \varphi=\varphi^0(\overline{\varepsilon}_\varphi^{\mathrm{p}})\end{cases} \tag{6.12}$$

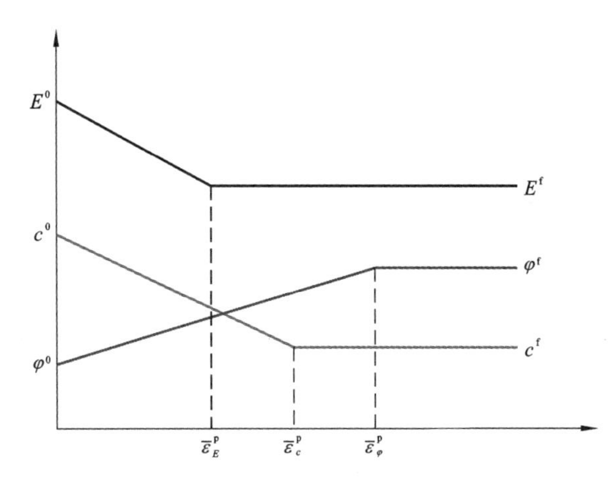

图 6.2　岩体力学参数随等效塑性应变的变化

E^0、c^0、φ^0 和 E^f、c^f、φ^f 分别为岩体的初始和残余弹性模量、黏聚力和内摩擦角

式中：$\bar{\varepsilon}_E^p$、$\bar{\varepsilon}_c^p$、$\bar{\varepsilon}_\varphi^p$ 分别对应于残余弹性模量、黏聚力和内摩擦角的等效塑性应变阈值。式（6.12）既可以采用线性函数进行表示，又可以采用非线性函数进行表达。为了简单起见，可以将这些函数视作如图 6.2 所示的线性函数，岩体力学参数随着等效塑性应变线性变化。

3. 通用实施流程

CESPA 通过如图 6.3 所示的通用实施流程来实现，具体包括以下几个步骤：①岩体 Q-参数的评级与校核调整；②数值输入参数计算及损伤阈值 EDI_{min} 的确定；③开挖期围岩开挖损伤分布评估；④运营期围岩损伤时效演化预测。现对各个步骤分述如下。

（1）岩体 Q-参数的评级与校核调整：①根据钻孔揭露的节理信息、波速变化，确定岩体的 V_p-参数和节理参数评级，并对岩体的 Q-参数进行初始评级；②将步骤①中获得的 Q-参数初始评级代入式（6.5）与式（6.6），获得一组岩体开挖前后的 Q_c^0 和 Q_c^f；③将步骤①中获得的 V_p^0 和 V_p^f 代入式（6.8），获得另一组岩体开挖前后的 Q_c^0 和 Q_c^f；④当两组岩体开挖前后的 Q 值之间的差异较大时，对 Q-参数初始评级进行精细调整，直到基于 Q-参数获得的 Q 值与基于 V_p-参数获得的 Q 值相差较小为止。

（2）数值输入参数及损伤阈值 EDI_{min} 的确定：①根据校核调整后的 Q-参数评级，通过式（6.5）和式（6.6）估计岩体开挖前后的初始与残余力学参数；②根据式（6.11）及从 V_p-H 曲线中获得的 V_p^0 和 V_p^I，计算损伤区边界相对应的阈值 EDI_{min}。

（3）开挖期围岩开挖损伤分布评估：①根据估计的岩体力学参数，基于 EDI 开展考虑岩体参数劣化的开挖过程短期力学响应模拟分析；②根据开挖过程的模拟结果，确定用 EDI_{min} 等值线表示的围岩开挖损伤分布；③将数值计算结果与实测损伤分布进行比较，检验开挖期数值计算结果的准确性，并确定是否需要重新进行钻孔声波测试与钻孔摄像观测。

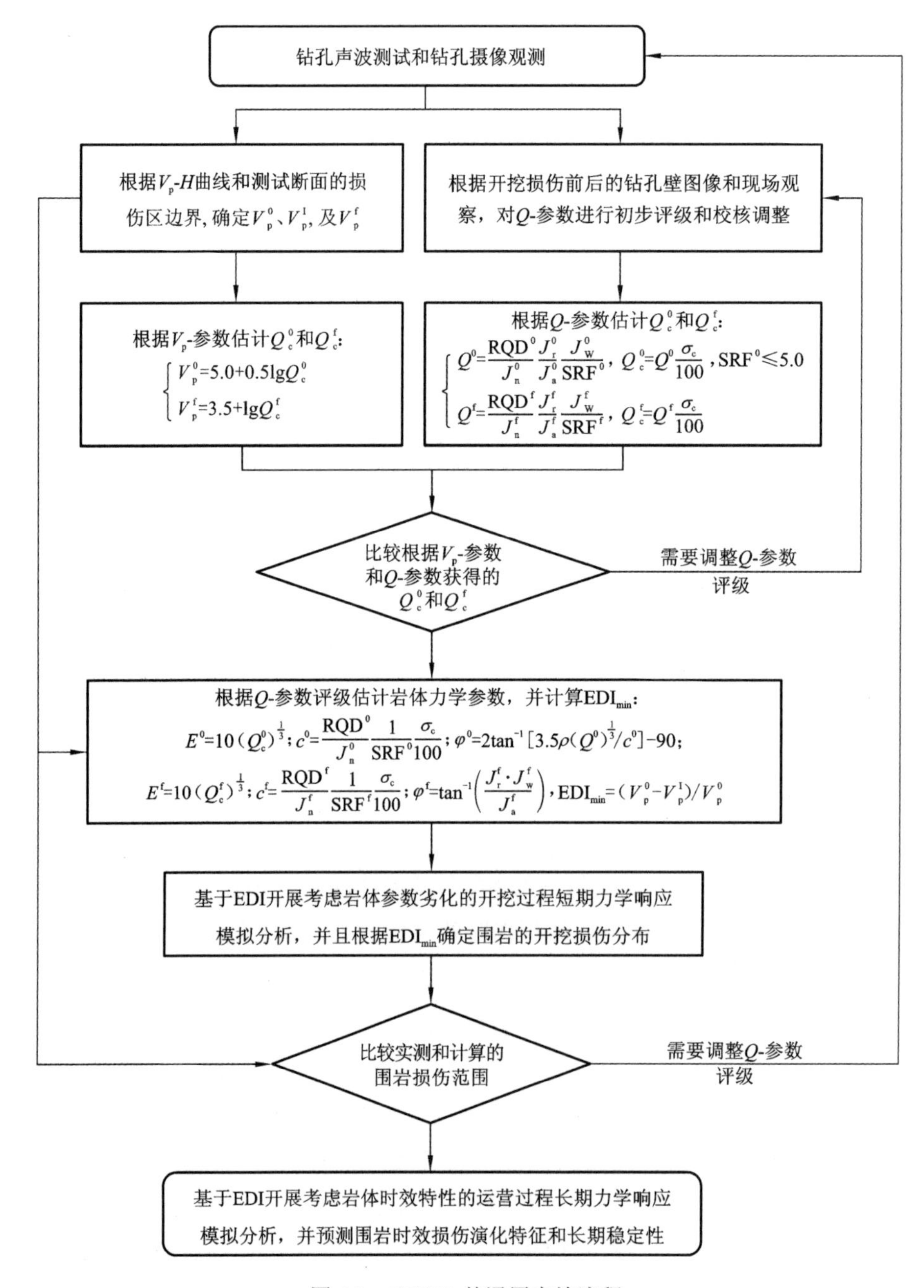

图 6.3　CESPA 的通用实施流程

（4）运营期围岩损伤时效演化预测：①以开挖初期的应力场为初始输入条件，基于 EDI 开展考虑岩体时效特性的运营过程长期力学响应模拟分析；②根据运营过程的模拟结果，预测围岩时效损伤演化特征；③根据重点关注区域的位移场、应力场、损伤范围与支护设计参数，对隧洞结构长期稳定性进行评价。如果围岩收敛变形趋于稳定且损伤深度小于锚杆加固长度，则可以认为其具有良好的长期稳定性。

6.2.4　工程适用性验证

1. CJPL-II 工程背景

CJPL-II 工程位于四川锦屏山长 17.9 km 的交通隧道中，是目前世界上最深的地下实验室工程，其最大埋藏深度超过 2 400 m。CJPL-II 工程共有 5 条隧洞，分为 10 个实验室[图 6.4（a）]。实验室 A1、A2、B1、B2、C1、C2、D1 和 D2 用于暗物质观测，其尺寸为 14 m×14 m×65 m[图 6.4（b）]。每个实验室分为一个上台阶和两个下台阶，通过钻爆法挖掘，高度分别为 8 m、5 m 和 1 m。B3 和 B4 实验室用作深部岩石力学实验室，其尺寸为 5 m×30 m（圆形截面，直径×长度）。CJPL-II 工程位于背斜区域内，其中 A1、A2、B1 实验室位于背斜的西北侧，其余实验室位于背斜的东南侧。两条最大宽度为 1.0 m 的断层位于实验室 A2 和 B2 之间。

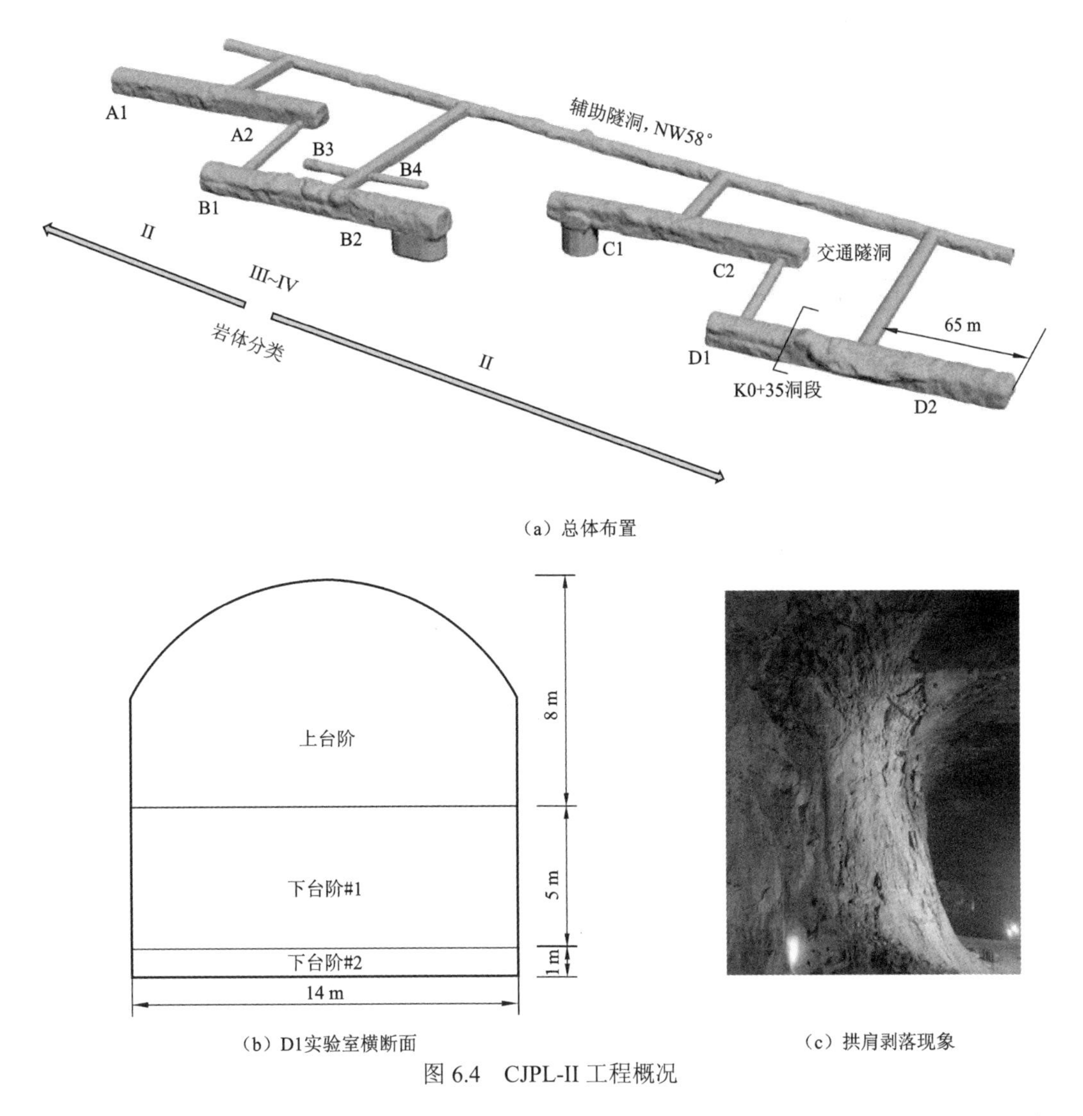

（a）总体布置

（b）D1实验室横断面

（c）拱肩剥落现象

图 6.4　CJPL-II 工程概况

CJPL-II 工程围岩以大理岩为主，属于中三叠统白山组（T_2b）。这种以深灰色、灰白色和深紫色为主的大理岩属于 II 类岩体，背斜中心带的大理岩可划分为 III～IV 类。现场长探洞观测表明，该区域内地下水较不发育，以滴水入渗为主。由 C2 与 D1 实验室之间交通隧洞的地应力测量结果（表 6.1）可知，该区域内的主应力 σ_1、σ_2 和 σ_3 分别约为 69 MPa、67 MPa 和 26 MPa[261]。在 CJPL-II 工程的初期开挖过程中，由于超高的应力环境，发生了许多应力引起的局部剥落破坏［图 6.4（c）］，对地下实验室的安全施工和后期运行构成了较大威胁。因此，有必要对其围岩损伤分布范围进行预测，并基于预测的损伤分布进行支护设计。

表 6.1 CJPL-II 工程现场应力测量结果（单位：MPa）

σ_x	σ_y	σ_z	τ_{xy}	τ_{xz}	τ_{yz}
−51.78	−42.86	−67.42	20.14	5.21	5.25

2. 实测开挖响应

为了掌握开挖引起的围岩力学响应，在 D1 实验室开挖完成后，在 K0+35 洞段及其周围开展了两次现场测量活动：①在 K0+35 洞段的 EW-1～EW-6 钻孔中采用超声波检测设备测量了围岩中的波速变化（图 6.5）；②在 K0+40 洞段的 DB-1 和 DB-2 钻孔中采用精度为 0.2 mm 的数字钻孔相机观察了围岩中的节理发育情况。DB-1 和 DB-2 钻孔孔壁上的节理分布（图 6.6）表明，几乎所有近似平行的开挖损伤诱发节理都分布在 BD-1 钻孔中从孔口到 3.3 m 深度的区域，以及 BD-2 钻孔中从孔口到 1.4 m 深度的区域。根据国际岩石力学与岩石工程学会（International Society for Rock Mechanics and Rock Engineering，ISRM）建议的方法[187]，可以确定 BD-1 和 BD-2 钻孔的实测损伤区深度，分别为 3.3 m 和 1.4 m，这与 K0+35 洞段中 EW-5 和 EW-6 钻孔声波测试得到的损伤区深度基本一致（分别为 3.3 m 和 1.7 m，见图 6.5）。根据钻孔壁上节理痕迹的新鲜程度可知，几乎所有节理均为开挖引起的新生节理，这表明岩体开挖前质量良好。根据如图 6.5 所示的 V_p-H 曲线可以确定 V_p^0、V_p^I 和 V_p^f 分别约为 5.78 km/s、5.22 km/s 和 4.41 km/s。

3. 输入参数估计

根据开挖前后的围岩钻孔壁图像和现场应力测量中获得的相关特征，对岩体 Q-参数进行了初始评级（表 6.2）。结果表明，基于 Q-参数和基于 V_p-参数所估计的 Q_c 值差异较大（表 6.3），这说明 Q-参数的初始评级需要进行调整。在 Q-参数初始评级的基础上，将 SRF^0 和 SRF^f 的取值调整为 5，使得基于 Q-参数的 Q_c^0 和 Q_c^f 估计值与基于 V_p-参数的 Q_c^0 和 Q_c^f 估计值更为接近。然后，根据调整后的 Q-参数评级及式（6.5）和式（6.6）估计了岩体的 E^0、c^0、φ^0、E^f、c^f 及 φ^f（表 6.4）。除上述力学参数以外，CESPA 中还需要确定以下输入参数：①其他常规力学参数（包括抗拉强度 σ_t^{RM}、剪胀角 ψ_d、泊松比 μ，以及 $\bar{\varepsilon}_E^p$、$\bar{\varepsilon}_c^p$ 和 $\bar{\varepsilon}_\varphi^p$）；②$b$、$d$、$k_0$ 和 $\mathrm{EDI_{min}}$ 等常量参数。其中，通过式（6.11）计算可知 $\mathrm{EDI_{min}}$ 等于 0.1，而其他输入参数则根据 CJPL-II 工程大理岩的参数建议值[195]进行确定。

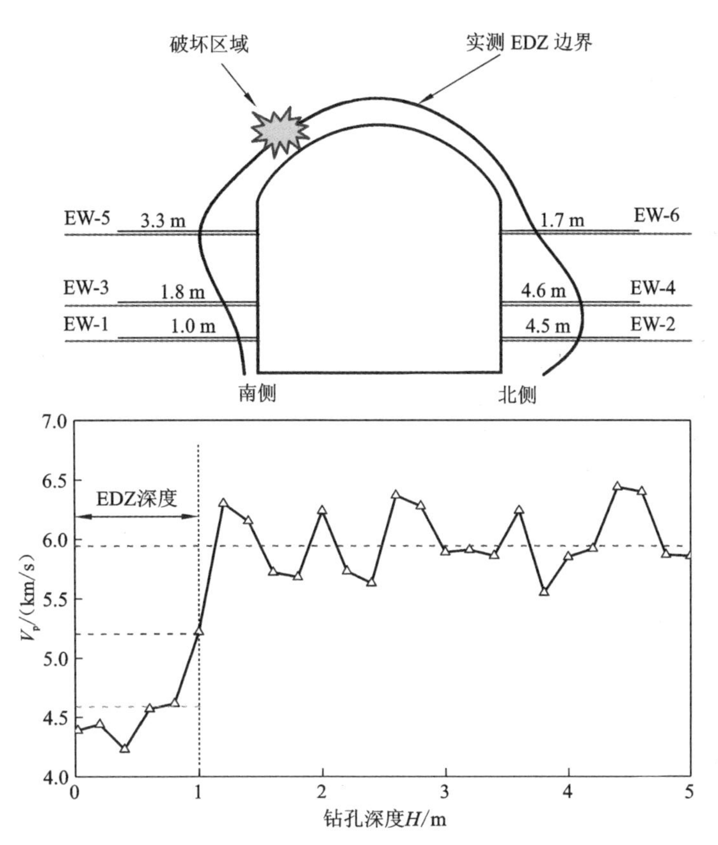

图 6.5　钻孔声波测试和典型 V_p-H 曲线（EW-1 钻孔）

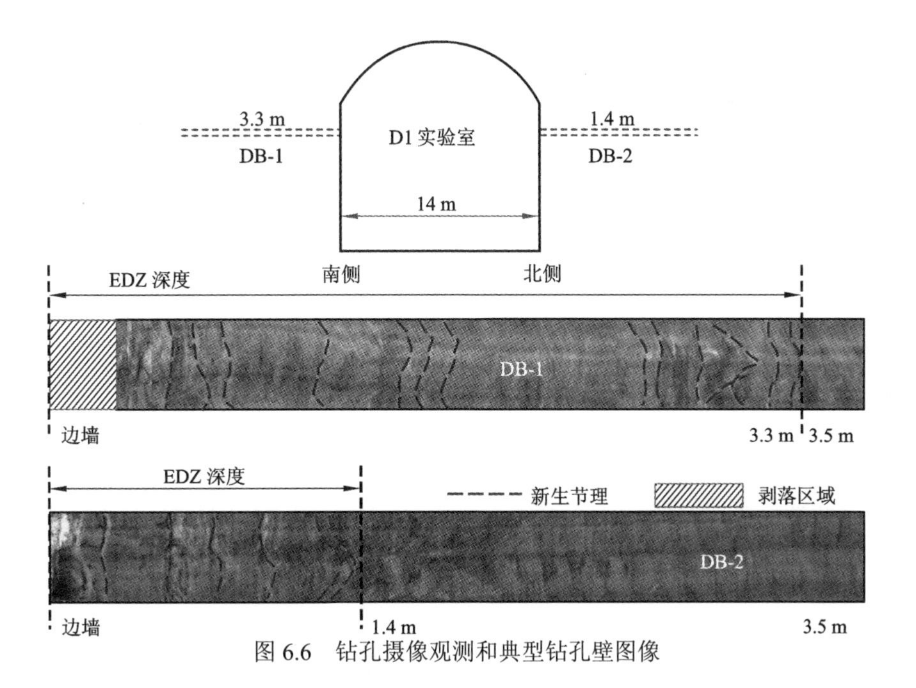

图 6.6　钻孔摄像观测和典型钻孔壁图像

表 6.2 D1 实验室围岩 Q-参数评级和调整

参数	评级	特征描述	参数	评级	特征描述
RQD^0	95	完整	RQD^f	80	大部分完整
J_n^0	0.85	没有或有少量节理	J_n^f	3	一组连续节理
J_r^0	1	节理面平滑	J_r^f	2	节理面光滑起伏
J_a^0	0.75	节理面坚硬紧密	J_a^f	1	开挖诱发的新鲜节理
J_w^0	1	钻孔壁干燥	J_w^f	1	钻孔壁干燥
SRF^0	5（10）	高应力，$\sigma_c/\sigma_1=1.54$	SRF^f	5（15）	高应力，$\sigma_c/\sigma_1=1.45$

注：括号内的 SRF^0 和 SRF^f 评级是根据特征描述确定的初始值；括号外的 SRF^0 和 SRF^f 评级是 Q-参数评级调整后的最终值。

表 6.3 D1 实验室围岩 Q_c 值计算

计算方法	Q_c^0	Q_c^f
基于 Q-参数[式（6.5）和式（6.6）]	30（13）	11（4）
基于 V_p-参数[式（6.8）]	36	8

注：括号内是根据 Q-参数初始评级估计的 Q_c 值；括号外是根据调整后的 Q-参数评级估计的 Q_c 值。

表 6.4 D1 实验室围岩 CESPA 输入参数

参数	取值	参数	取值
E^0/GPa	31.0	$\bar{\varepsilon}_\varphi^p/10^{-3}$	5.5
E^f/GPa	22.0	μ	0.23
c^0/MPa	22.4	σ_t^{RM}/MPa	1.5
c^f/MPa	5.3	ψ_d/(°)	0
φ^0/(°)	14.28	k_0	1.05
φ^f/(°)	63	b	2.0
$\bar{\varepsilon}_E^p/10^{-3}$	2.0	d	0.33
$\bar{\varepsilon}_c^p/10^{-3}$	2.0	EDI_{min}	0.1

4. 围岩损伤预测

基于表 6.4 中所列出的输入参数，通过 RDM 和 EDI 对 CJPL-II 工程 D1 实验室的开挖过程进行了弹塑性数值模拟，评估了每一个开挖步完成后的围岩损伤分布范围。数值模型包括如图 6.7 所示的 D1 实验室主体开挖区域和围岩，模型在 x 方向上的长度为 154 m，在 y 方向上的宽度为 65 m，在 z 方向上的高度为 154 m。将表 6.1 中列出的地应力分量作为数值计算的初始应力条件，并且在数值计算中限制所有垂直于模型边界的法向位移。

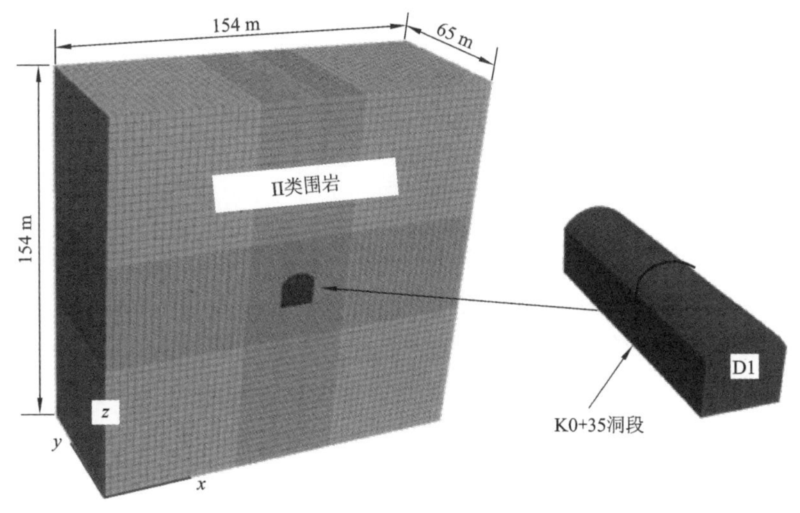

图 6.7　D1 实验室数值模型

图 6.8（a）所示的基于 $EDI_{min}=0.1$ 等值线确定的上台阶开挖完成后的围岩损伤分布范围表明：①围岩最大损伤深度为 1.4～2.1 m；②南、北侧墙中部的损伤深度计算值非常接近实测损伤深度（0.7 m 和 1.0 m）；③计算获得的围岩损伤较严重的区域主要位于拱顶，这与实际剥落位置基本一致。图 6.8（b）所示的基于 $EDI_{min}=0.1$ 等值线确定的下台阶开挖完成后的围岩损伤分布范围表明：①计算获得的围岩损伤较严重的区域与拱顶和侧壁上的实际剥落位置基本一致；②计算结果和实测围岩损伤在深度和位置上都是较为一致的。上述计算结果表明，CESPA 可以为深部硬岩工程围岩开挖损伤的定量评价提

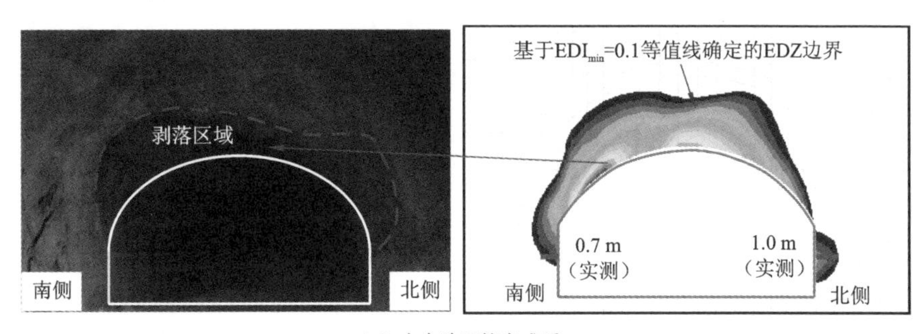

（a）上台阶开挖完成后

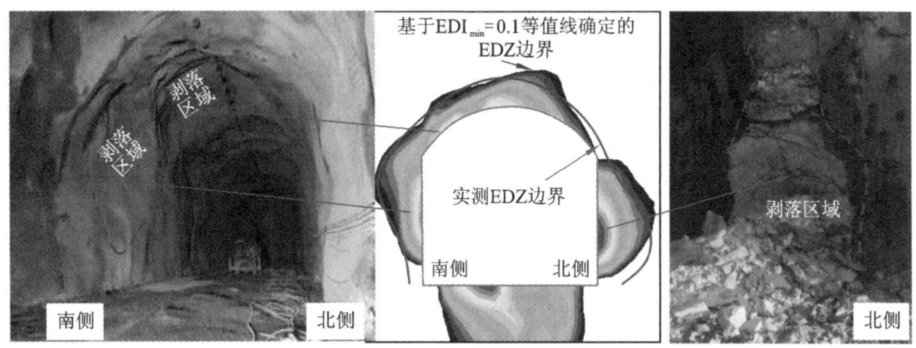

（b）下台阶开挖完成后

图 6.8　D1 实验室 K0+35 洞段实测和计算损伤区对比

供一个可靠且可操作的数值解决方案。值得注意的是，本案例中仅给出了 CESPA 在施工期围岩开挖损伤评估中的应用实践，对于 CESPA 在运营期围岩损伤时效演化预测方面的分析研究，将在第 7 章的工程应用研究部分进行阐述。

5. 参数敏感性及应用范围

在现有的 Q 系统中，所有岩体的 RQD 评级、无节理或节理很少的大块岩体的 J_n 评级、高应力硬脆性岩体的 SRF 评级都是按区间给出的。因此，根据前述数值模型评估了 RQD^0、J_n^0、SRF^0 等参数的评级偏差对深部硬岩工程围岩损伤分布评估结果的影响。由于 RQD^0/J_n^0 通常用于表征岩体的相对块体尺寸大小，所以在本节中 RQD^0 和 J_n^0 的评级偏差对围岩损伤分布的影响被 RQD^0/J_n^0 的评级偏差所代替。

设置 RQD^0 评级的变化范围为 80～100（当取 $J_n^0=0.85$ 时，RQD^0/J_n^0 介于 94.1～117.6），同时保持表 6.2 中的其他 Q-参数不变，绘制了如图 6.9 所示的岩体初始力学参数 E^0、c^0、φ^0 与 RQD^0/J_n^0 之间的关系曲线。结果表明，岩体初始力学参数 E^0、c^0、φ^0 的估计值对 RQD^0/J_n^0 的评级变化非常敏感。然而，对应于 $RQD^0/J_n^0=94.1$ 和 $RQD^0/J_n^0=117.6$ 的不同输入参数条件下的弹塑性模拟结果[图 6.9（d）]表明，两者所估计的 EDZ 深度与范围都很接近现场实测结果。由此可知，尽管基于围岩钻孔节理分布所获得的非精确的 RQD^0/J_n^0 取值可能导致岩体力学参数估计的显著偏差，但是当其他 Q-参数的评级比较可靠时，CESPA 所估计的 EDZ 分布与实际结果基本一致。

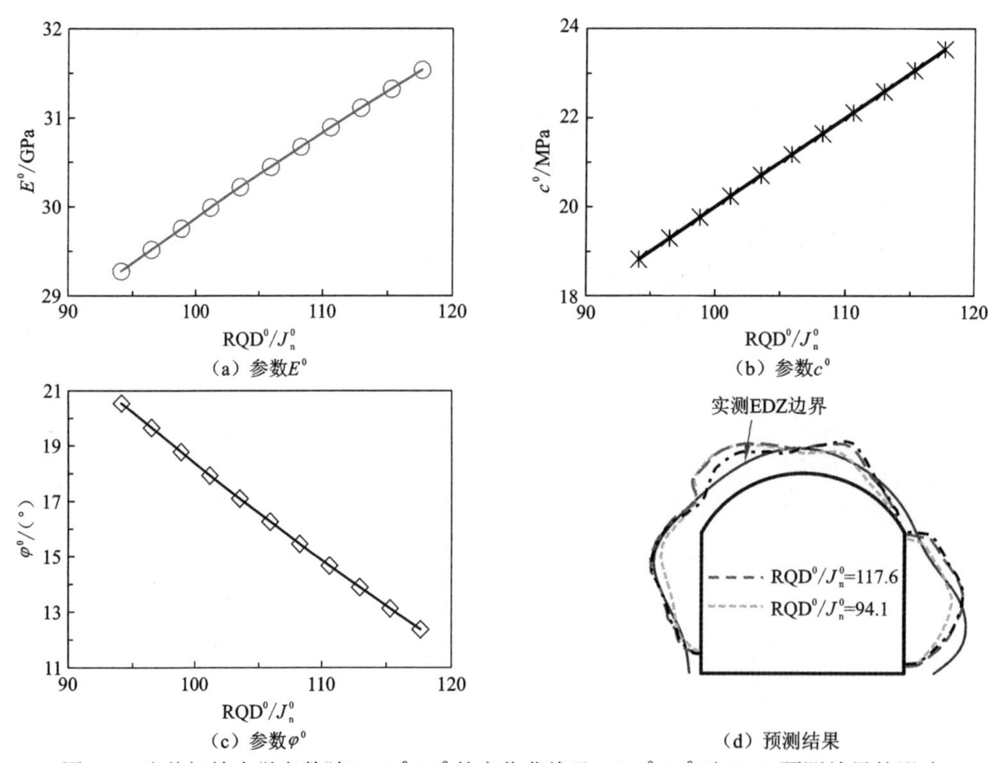

（a）参数E^0　（b）参数c^0　（c）参数φ^0　（d）预测结果

图 6.9　岩体初始力学参数随 RQD^0/J_n^0 的变化曲线及 RQD^0/J_n^0 对 EDZ 预测结果的影响

设置 SRF^0 评级的变化范围为 4.0～5.0，同时保持表 6.2 中的其他 Q-参数不变，绘制了如图 6.10 所示的岩体初始力学参数 E^0、c^0、φ^0 与 SRF^0 之间的关系曲线。结果表明，岩体初始力学参数 E^0、c^0、φ^0 的估计值对 SRF^0 的评级变化非常敏感。然而，对应于 $SRF^0=4.0$ 和 $SRF^0=5.0$ 的不同输入参数条件下的弹塑性模拟结果[图 6.10（d）]表明，两者所估计的 EDZ 深度及范围都很接近现场实测结果。由此可知，对于高应力硬脆性岩体而言，尽管 SRF^0 的评级变化可能会导致岩石力学参数估计的显著差异，但当 SRF^0 限制在 CESPA 中小于 5.0 的合理范围内时，SRF^0 对 EDZ 范围预测的影响很小。

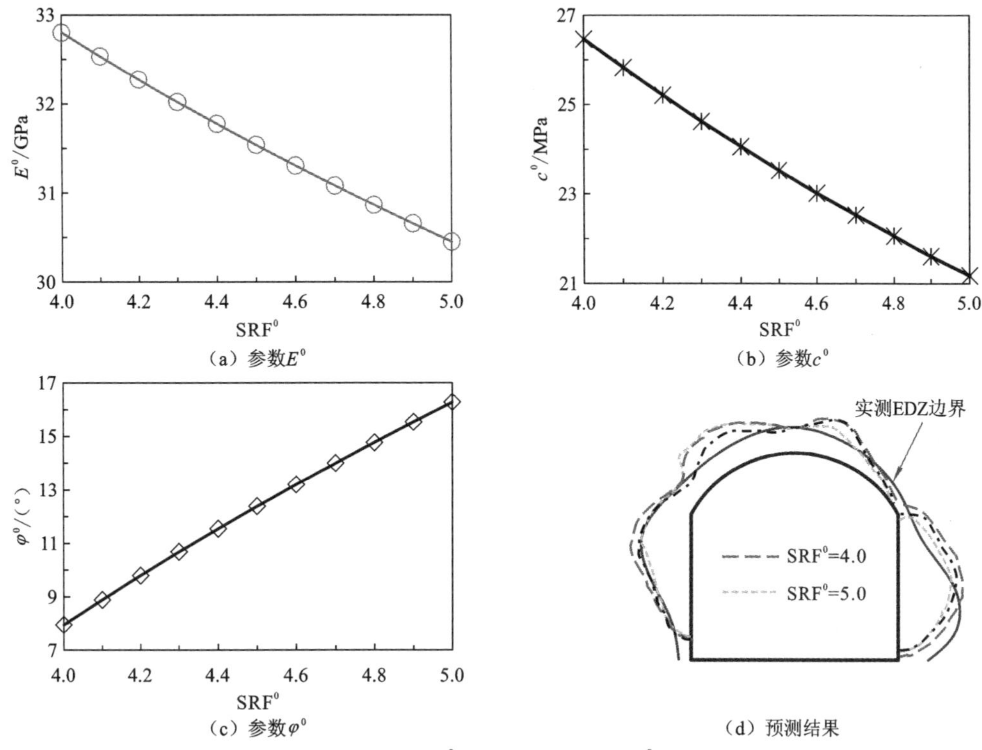

图 6.10　岩体初始力学参数随 SRF^0 的变化曲线及 SRF^0 对 EDZ 预测结果的影响

由于 CESPA 要求从钻孔壁图像中确定节理参数，所以该方法对于不同类别的岩体具有明确的应用范围。表 6.5 所示的不同类别岩体的典型钻孔壁图像和特征描述表明：①当岩体为坚硬或较坚硬的 I～III 类岩体，且具有完整的宏观层状、块状或厚层状结构时，可以从开挖前后的围岩钻孔壁图像中轻松识别和统计初始节理与新生节理；②相反，由于 IV～V 类岩体通常较为破碎，钻孔容易坍塌，所以很难从钻孔壁图像或岩心中识别和统计围岩内部初始节理与新生节理特征。因此，CESPA 通常仅适用于具有整体的宏观层状、块状或厚层状结构的坚硬或较坚硬的 I～III 类岩体损伤区范围的定量评价。

表 6.5 基于钻孔壁图像和特征描述的 CESPA 应用范围

典型钻孔壁图像	围岩类别	特征描述	适用性
	I	完整或不太完整的硬岩；宏观层状、块状或厚层状结构；可以从钻孔壁图像或岩心观察到可识别的节理或裂缝	是
	II		
	III		
	IV	部分破碎、破碎或非常破碎的岩体；从钻孔壁图像或岩心难以观察到可识别的节理或裂缝；钻孔容易坍塌	否
	V		

6.3 锚杆/锚索三段式强度模型与整体破坏度指标

在锚杆/锚索的安全性评价中，研究者已经提出了一些评价杆体及杆体-砂浆界面破坏的指标。然而，尽管这些指标可以用于锚固体安全性评价，但并不能反映杆体破坏程度，也不能标识破坏顺序。以三线性模型为例，尽管杆体破坏顺序可以通过杆体受力随时间变化的曲线上的突变来确定，但这一方法仅在杆体单元数较少的情形下可行，在杆体单元数较多的情形下难以监测每一个单元的轴力变化。因此，需要提出一种在数值模拟中切实可行的锚固体安全性评价指标及计算方法。本节围绕一般锚固体，如以砂浆为黏结剂的锚杆/锚索，介绍了一种可用于锚固体安全性定量评价的精确模拟方法。该方法的核心内容主要集中在以下三个方面：①利用杆体三线性模型表征杆体受拉变形与破坏，以及杆体-砂浆界面的剪切滑移破坏；②基于破坏接近度概念提出锚杆/锚索量纲为一的安全性评价指标，用于锚固体安全性评价；③锚固体安全性评价指标与锚杆/锚索三线性模型相结合，并在 FLAC3D 软件中实现。

6.3.1 锚杆/锚索三线性模型

1. 锚杆单元法

锚杆/锚索可以分为两类：全长黏结型和非黏结预应力型。全长黏结型锚杆/锚索的终极拉伸强度同时取决于杆体抗拉强度及界面（杆体-砂浆界面或砂浆-围岩界面）抗剪强度，因为杆体与界面同时分担外部轴向拉伸荷载[图 6.11（a）]。杆体-砂浆界面或砂浆-围岩界面的破坏机制相同，且砂浆层厚度较小，因此可以将两种界面合并在一处，即杆体-砂浆界面及砂浆-围岩界面的力学行为等同于杆体-砂浆界面行为。非黏结预应力型锚杆/锚索的极限拉伸强度取决于杆体自身强度，因为在自由段不存在杆体-砂浆界面，外部荷载全部由杆体自身承担[图 6.11（b）]。总地来讲，为了更好地模拟锚杆/锚索行为，需要同时考虑杆体自身拉伸和杆体-砂浆界面剪切行为。

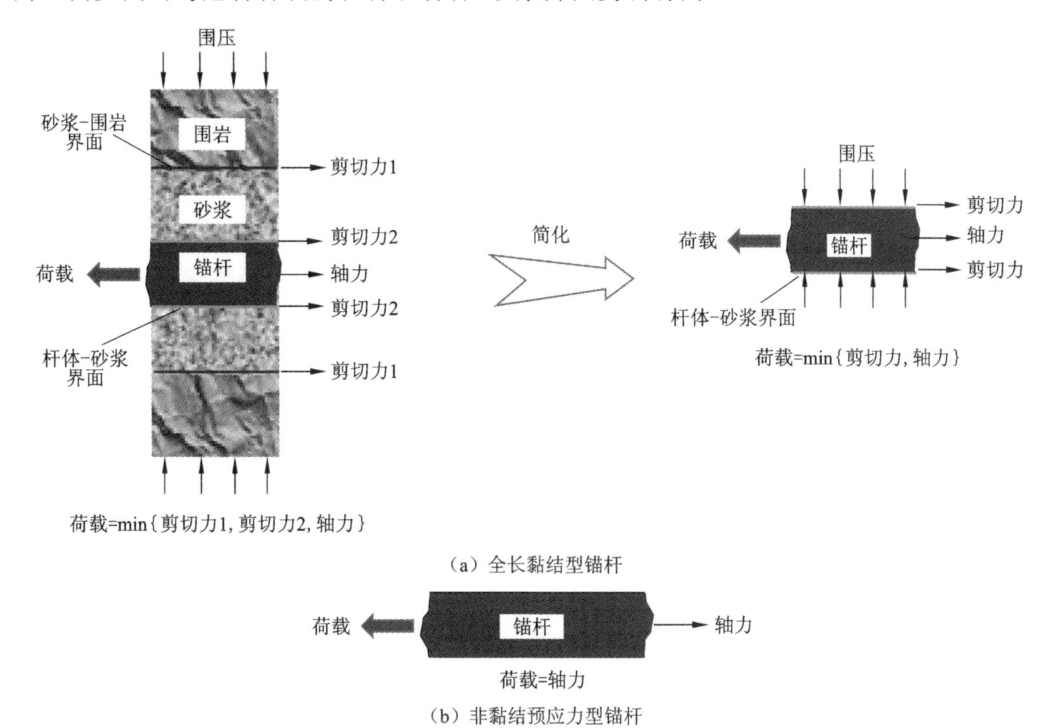

（a）全长黏结型锚杆

（b）非黏结预应力型锚杆

图 6.11　锚杆/锚索力学分析系统

锚杆单元法是目前应用最广的模拟锚杆受拉行为的方法。锚杆单元法既能模拟杆体与周围材料通过界面发生相互作用，又能反映杆体受预应力作用后的拉伸行为。锚杆单元法中，杆体分为若干等长单元，每一个单元都有长度 L_s、截面积 A_s、材料力学参数（如锚杆单元的弹性模量 E_{st}）。单元两端为节点。锚杆单元的力学行为是通过模拟弹簧拉伸实现的，弹簧的拉伸刚度为 $E_{st}A_s/L_s$，而杆体-砂浆界面行为是通过模拟弹簧剪切实现的，弹簧剪切刚度为 k_{gr}（图 6.12）。目前，岩土工程数值模拟软件（FLAC、FLAC3D、3DEC 等）均采用结构单元法模拟锚杆单元，即定义杆体和界面行为均为理想弹塑性，从而杆体轴向拉伸曲线及界面剪切曲线均为理想弹塑性特征曲线，见图 6.12。换言之，锚杆单元法无法表征杆体发生大变形后的破断行为，以及界面剪切滑移软化行为。因此，为了更好地模拟锚杆/锚索的力学行为，需要对当前模型中的杆体与界面行为进行修正。通过分别定义杆体和界面的三线性模型，提出了一种基于锚杆单元法的三线性模型。

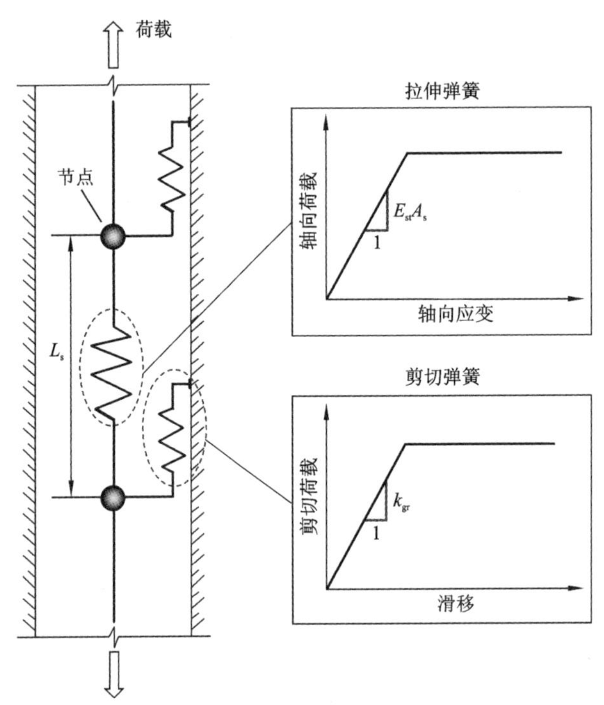

图 6.12　基于理想弹塑性杆体和界面模型的锚杆单元法

2. 杆体三线性模型

采用三线性模型表征当杆体拉应变达到极限值时的锚杆大变形-破断行为，杆体的拉荷载 T_{st} 与拉应变 ε_{st} 的关系可简化为如图 6.13 所示的曲线。其中，阶段 I 为线弹性阶段，阶段 II 为塑性阶段，阶段 III 为大变形-破断阶段。杆体的拉伸强度 σ_{st}^{t} 可用如图 6.14 所示的分段函数进行表示，其表达式为

$$\sigma_{st}^{t}=\begin{cases}\sigma_{st}^{t0}, & \varepsilon_{st}\leqslant\varepsilon_{st}^{ult}\\0, & \varepsilon_{st}>\varepsilon_{st}^{ult}\end{cases}\tag{6.13}$$

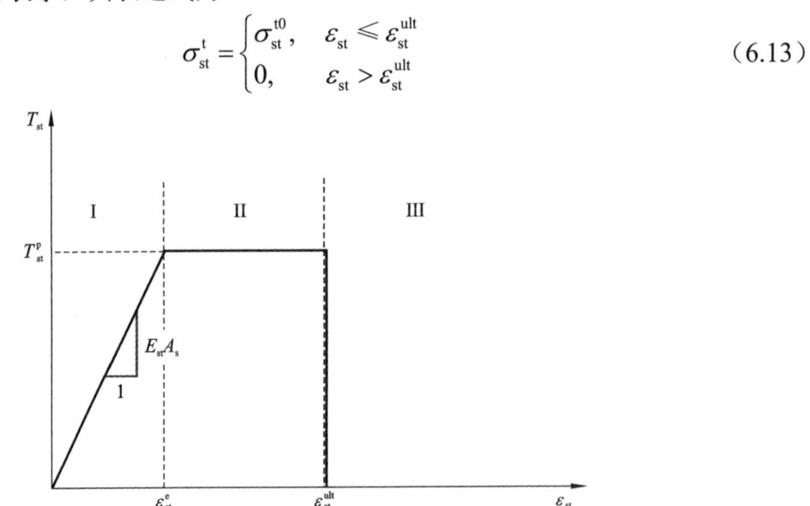

图 6.13　三线性模型中 T_{st}-ε_{st} 曲线

T_{st}^{p} 为杆体屈服时的拉荷载；ε_{st}^{e} 与 ε_{st}^{ult} 分别为杆体弹性与塑性拉应变极限值；$A_s=\pi d_s^2/4$，d_s 为锚杆直径

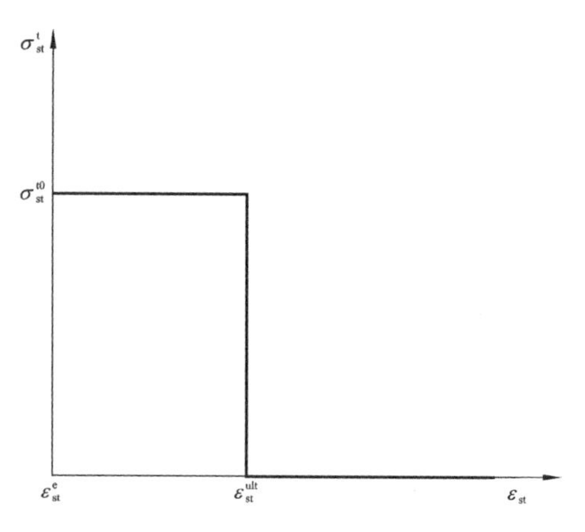

图 6.14　三线性模型中 σ_{st}^{t}-ε_{st} 曲线

σ_{st}^{t0} 为杆体初始拉伸强度

由图 6.13 可知，T_{st} 可以通过以下方法确定。

（1）阶段 I 的 T_{st} 可以通过胡克定律进行计算：

$$T_{st} = E_{st}A_{s}\varepsilon_{st},\quad \varepsilon_{st} \leqslant \varepsilon_{st}^{e} \tag{6.14}$$

（2）阶段 II 的 T_{st} 等于 T_{st}^{p}（因为此时杆体拉应力位于后继屈服面上），即

$$T_{st} = T_{st}^{p} = \sigma_{st}^{t0}A_{s},\quad \varepsilon_{st}^{e} < \varepsilon_{st} \leqslant \varepsilon_{st}^{ult} \tag{6.15}$$

（3）阶段 III 的 T_{st} 等于 0（因为此时杆体拉应力位于残余屈服面上），即

$$T_{st} = 0,\quad \varepsilon_{st} > \varepsilon_{st}^{ult} \tag{6.16}$$

3. 杆体-砂浆界面三线性模型

采用如图 6.15 所示的三线性模型表征杆体-砂浆界面剪切滑移软化行为。其中，阶段 I 为线弹性阶段，阶段 II 为滑移软化阶段，阶段 III 为残余变形阶段。这一模型最早假定界面抗剪强度满足莫尔-库仑屈服准则，其中材料的黏聚力与摩擦强度通过等效黏聚力进行表示，而界面的抗剪强度则通过黏聚力（c_{gr}）和摩擦角（φ_{gr}）进行表征。上述两个参数均为如图 6.16 所示的界面滑移量的分段函数，其表达式如下：

$$c_{gr} = \begin{cases} c_{gr}^{0}, & u_{gr} \leqslant u_{gr}^{e} \\ \dfrac{(u_{gr}^{ult} - u_{gr})c_{gr}^{0} + (u_{gr} - u_{gr}^{e})c_{gr}^{d}}{u_{gr}^{ult} - u_{gr}^{e}}, & u_{gr}^{e} < u_{gr} \leqslant u_{gr}^{ult} \\ c_{gr}^{d}, & u_{gr} > u_{gr}^{ult} \end{cases} \tag{6.17a}$$

$$\varphi_{gr} = \begin{cases} \varphi_{gr}^{0}, & u_{gr} \leqslant u_{gr}^{e} \\ \dfrac{(u_{gr}^{ult} - u_{gr})\varphi_{gr}^{0} + (u_{gr} - u_{gr}^{e})\varphi_{gr}^{d}}{u_{gr}^{ult} - u_{gr}^{e}}, & u_{gr}^{e} < u_{gr} \leqslant u_{gr}^{ult} \\ \varphi_{gr}^{d}, & u_{gr} > u_{gr}^{ult} \end{cases} \tag{6.17b}$$

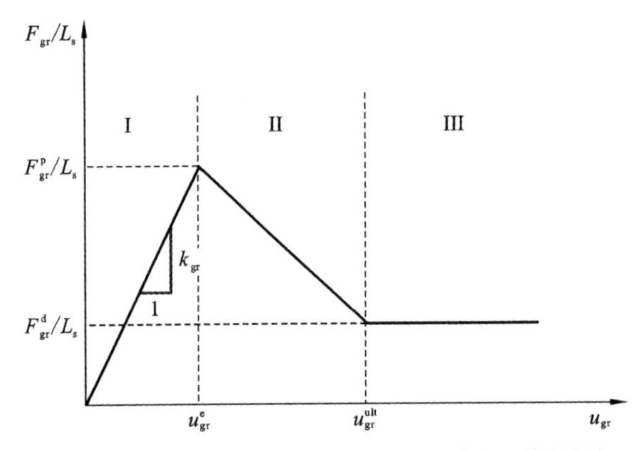

图 6.15　三线性模型中单位长度的剪切力（F_{gr}/L_s）与界面滑移量（u_{gr}）的关系

F_{gr}^p 和 F_{gr}^d 分别为界面峰值和残余剪切力；u_{gr}^e 和 u_{gr}^{ult} 分别为界面弹性和塑性滑移量极限值

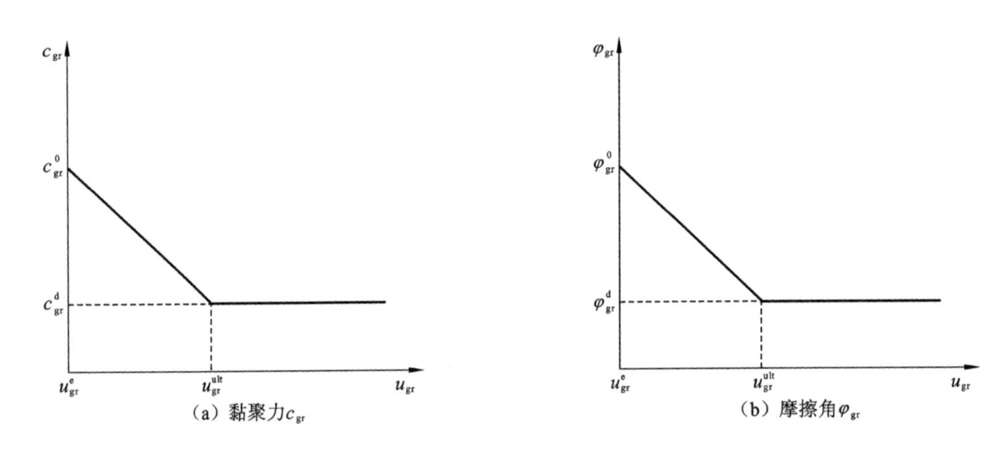

图 6.16　三线性模型中抗剪强度参数与界面滑移量 u_{gr} 的关系

c_{gr}^0 和 c_{gr}^d 分别为界面初始和残余黏聚力；φ_{gr}^0 和 φ_{gr}^d 分别为界面初始和残余摩擦角

由图 6.15 可知，F_{gr}/L_s 可以通过以下方法确定。

（1）阶段 I 的 F_{gr}/L_s 可以通过胡克定律进行计算：

$$F_{gr}/L_s = k_{gr}u_{gr},\quad u_{gr} \leqslant u_{gr}^e \tag{6.18}$$

（2）阶段 II 的 F_{gr}/L_s 等于莫尔-库仑抗剪强度，即

$$F_{gr}/L_s = c_{gr} + \sigma_m \tan\varphi_{gr} p_{gr},\quad u_{gr}^e < u_{gr} \leqslant u_{gr}^{ult} \tag{6.19}$$

其中，c_{gr} 与 φ_{gr} 均是 u_{gr} 的函数；p_{gr} 为截面周长。

（3）阶段 III 的 F_{gr}/L_s 等于残余抗剪强度，即

$$F_{gr}/L_s = c_{gr}^d + \sigma_m \tan\varphi_{gr}^d p_{gr},\quad u_{gr} > u_{gr}^{ult} \tag{6.20}$$

6.3.2　锚杆/锚索安全性评价指标

由于锚杆/锚索三线性模型考虑了杆体大变形-破断机制与界面剪切滑移软化行为，

所以与该模型相适应的安全性评价指标也需要能够反映锚杆/锚索的损伤破坏程度。杆体或界面屈服后的应力状态总是位于后继屈服面上且等于屈服强度，使得其安全系数（即屈服强度与当前应力之比）总是等于 1.0，从而无法进一步区分锚杆屈服后的安全性状及指标。因此，基于 FAI 的概念提出了一个新的锚杆安全性评价指标。FAI 的基本思想可以表示为

$$\mathrm{FAI}=\begin{cases}\sigma/\sigma^{\mathrm{peak}}, & \text{屈服前}\\ 1.0+\varepsilon^{\mathrm{p}}/\varepsilon_{\mathrm{lim}}^{\mathrm{p}}, & \text{屈服后}\end{cases} \tag{6.21}$$

式中：σ 为应力；σ^{peak} 为峰值强度；ε^{p} 为塑性应变；$\varepsilon_{\mathrm{lim}}^{\mathrm{p}}$ 为塑性应变阈值。

根据 FAI 的基本思想，可将界面的相应指标 $\mathrm{FAI}_{\mathrm{gr}}$ 定义为

$$\mathrm{FAI}_{\mathrm{gr}}=\begin{cases}k_{\mathrm{gr}}u_{\mathrm{gr}}L_{\mathrm{s}}/F_{\mathrm{gr}}^{\mathrm{p}}=u_{\mathrm{gr}}/u_{\mathrm{gr}}^{\mathrm{e}}, & u_{\mathrm{gr}}\leqslant u_{\mathrm{gr}}^{\mathrm{e}}\\ 1.0+(u_{\mathrm{gr}}-u_{\mathrm{gr}}^{\mathrm{e}})/(u_{\mathrm{gr}}^{\mathrm{ult}}-u_{\mathrm{gr}}^{\mathrm{e}}), & u_{\mathrm{gr}}>u_{\mathrm{gr}}^{\mathrm{e}}\end{cases} \tag{6.22}$$

其中，$u_{\mathrm{gr}}^{\mathrm{e}}=F_{\mathrm{gr}}^{\mathrm{p}}/(k_{\mathrm{gr}}L_{\mathrm{s}})$。

根据 FAI 的基本思想，可将杆体的相应指标 $\mathrm{FAI}_{\mathrm{st}}$ 定义为

$$\mathrm{FAI}_{\mathrm{st}}=\begin{cases}T_{\mathrm{st}}/T_{\mathrm{st}}^{\mathrm{p}}=\varepsilon_{\mathrm{st}}/\varepsilon_{\mathrm{st}}^{\mathrm{e}}, & \varepsilon_{\mathrm{st}}\leqslant\varepsilon_{\mathrm{st}}^{\mathrm{e}}\\ 1.0+(\varepsilon_{\mathrm{st}}-\varepsilon_{\mathrm{st}}^{\mathrm{e}})/(\varepsilon_{\mathrm{st}}^{\mathrm{ult}}-\varepsilon_{\mathrm{st}}^{\mathrm{e}}), & \varepsilon_{\mathrm{st}}>\varepsilon_{\mathrm{st}}^{\mathrm{e}}\end{cases} \tag{6.23}$$

其中，$\varepsilon_{\mathrm{st}}^{\mathrm{e}}=\sigma_{\mathrm{st}}^{\mathrm{t0}}/E_{\mathrm{st}}$。

由于锚杆/锚索往往在杆体或界面最薄弱处破坏，所以取 $\mathrm{FAI}_{\mathrm{gr}}$ 与 $\mathrm{FAI}_{\mathrm{st}}$ 的较大值作为锚杆单元的 FAI，即

$$\mathrm{FAI}=\max\{\mathrm{FAI}_{\mathrm{st}},\mathrm{FAI}_{\mathrm{gr}}\} \tag{6.24}$$

式（6.22）～式（6.24）表明，当 $0<\mathrm{FAI}\leqslant1.0$ 时，锚杆处于安全状态；当 $1.0<\mathrm{FAI}\leqslant2.0$ 时，锚杆处于屈服损伤状态；当 $\mathrm{FAI}>2.0$ 时，锚杆失效破坏。对于非黏结预应力型锚杆而言，杆体只能承受拉荷载。一旦杆体单元破坏，锚杆将产生整体破坏。因此，非黏结预应力型锚杆的整体安全性可以通过各锚杆单元的 FAI 最大值进行表示。对于全长黏结型锚杆而言，外部荷载是由杆体和界面共同承担的。因此，锚杆单元（杆体或界面）破坏并不代表锚杆整体破坏，还需要通过观察 FAI 沿杆体的分布情况进行综合判定。例如，可以将已破坏的锚杆单元数与锚杆单元总数之比作为评估锚杆是否发生整体破坏的指标之一。该指标的阈值可以根据工程经验和破坏风险等进行确定。此外，由于锚杆的 FAI 中包含了不可逆损伤变量，所以锚杆单元的破坏顺序可以通过 FAI 的分布情况来确定，即 FAI 越大，锚杆单元越早破坏。

6.4　模拟砂浆锚杆系统力学特性的局部均一化方法

全黏结型砂浆锚杆是地下洞室围岩支护体系的关键构件之一，其力学组成包括岩体-砂浆界面、砂浆、砂浆-锚杆界面和锚杆。在全黏结型砂浆锚杆的连续介质模拟中，需要充分考虑锚杆与岩体的相互作用。然而，由于忽略了锚杆方向对锚固岩体宏观力学性质

的影响，现有结构单元法和均匀化方法的模拟效果均与真实情况相去甚远。本节介绍一种将弹塑性力学方法、复合材料力学方法、解析方法与数值分析相结合的局部均一化方法,用于解决三维连续介质模拟时无法体现地下洞室全黏结型砂浆锚杆加固效果的问题。在局部均一化方法中，基于锚杆单元法所采用的原始网格模型建立了全黏结型砂浆锚杆的锚固岩体特征体单元。该特征体单元为中心包含一根锚杆的直四棱柱，其横截面尺寸等于锚杆间距，长度等于锚杆长度。通过局部均一化方法将该特征体单元从单向锚杆增强复合材料均一化为横观各向同性介质，其力学特性由一个新的横观各向同性弹塑性模型进行描述。特征体单元的数值输入参数则采用宏细观力学分析方法、复合材料力学方法，由已知的岩体和锚杆参数推导获得。与结构单元法相比，局部均一化方法更能反映深部地下洞室锚固围岩的力学响应。

6.4.1 锚固岩体特征体单元的局部均一化

在地下工程施工中,通常垂直于洞室轮廓采用矩形排列或平行交错排列方式(图 6.17)布置锚杆，因此锚杆的方向和间距可能会随着洞室轮廓线的变化而变化。然而，现有均匀化方法通常将锚固岩体分配到如图 6.18（a）所示的具有相同物理和力学参数的各向异性模型，不能准确反映锚杆方向、间距和直径对横观各向同性锚固岩体的影响。因此，在局部均一化方法中提出了如图 6.18（b）所示的基于锚固岩体特征体单元的广义复合结构模型，其可以综合反映锚杆方向、间距和直径对锚固围岩力学性质的影响。锚固岩体特征体单元将锚固区在洞壁上的投影看成几个相邻的矩形，锚杆位于相应矩形截面的中心。因此，它具有如图 6.19（a）所示的规则四棱柱形状，横截面尺寸等于锚杆间距，长度等于锚杆长度。其中，T_1 和 T_2 分别代表地下洞室的轴向和环向，s_1 和 s_2 分别为轴向和环向的锚杆间距，l 为锚杆长度。

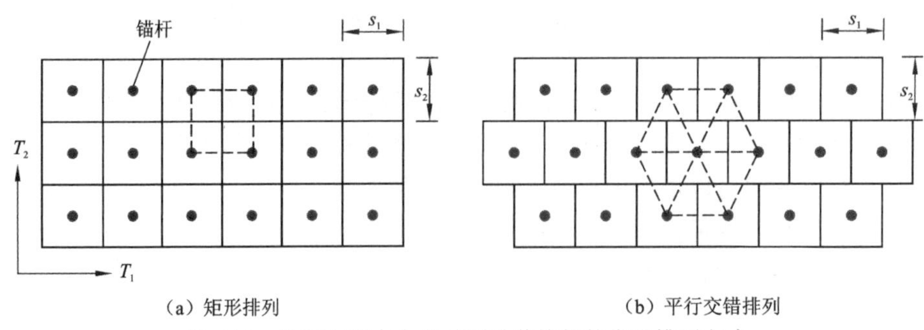

（a）矩形排列　　（b）平行交错排列

图 6.17　地下工程中全黏结型砂浆锚杆的常见排列方式

锚固岩体特征体单元本质上是一种由全黏结型砂浆锚杆组成的单向连续增强型横观各向同性材料，各向同性面（T_1-T_2 面）在锚固岩体特征体单元中的产状是通过全局坐标系[（x（东）-y（北）-z（上）坐标系]中的倾角 α 和 β 定义的。这两个角度可以根据锚杆轴线的端点坐标，即图 6.19（a）中的 A 点和 B 点，通过空间几何关系进行确定。

$$\alpha = 180 - 90\operatorname{sgn}(x_2' - x_1') - \arctan[(y_2' - y_1')/(x_2' - x_1')] \tag{6.25}$$

$$90-\beta=\arctan[(z_2'-z_1')/\sqrt{(x_1'-x_2')^2+(y_1'-y_2')^2}] \tag{6.26}$$

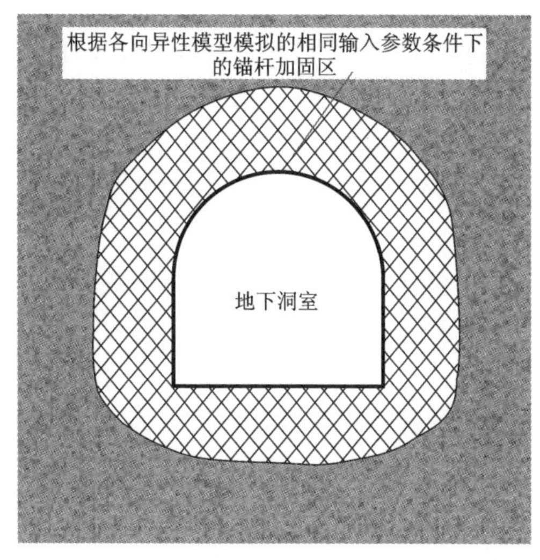

(a) 现有均一化方法

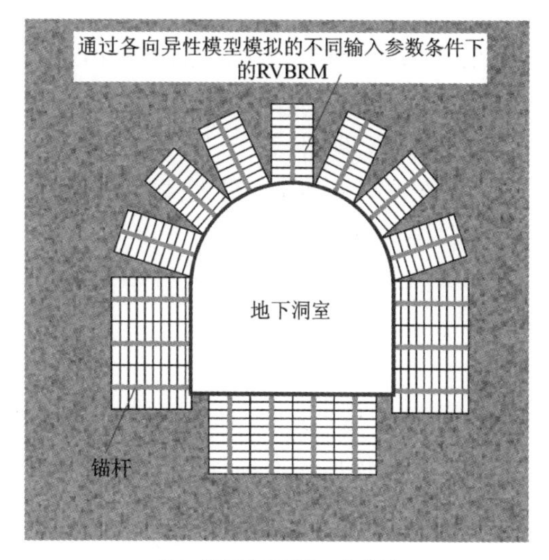

(b) 提出的局部均一化方法

图 6.18　地下洞室锚固围岩的局部均一化

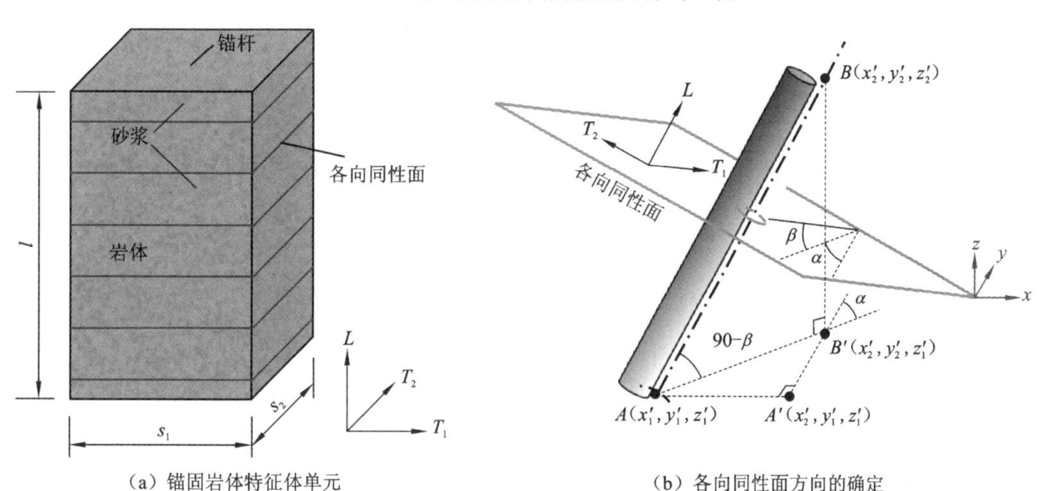

(a) 锚固岩体特征体单元　　(b) 各向同性面方向的确定

图 6.19　锚固岩体的广义复合结构模型

6.4.2　局部均一化方法的理论背景与数值实现

在局部均一化方法中，对锚固岩体特征体单元进行局部均一化时采用了如下基本假设：①岩体、砂浆和锚杆是无孔隙的各向同性介质；②锚杆轴线与锚杆孔轴线平行，砂浆均匀分布在锚杆周围；③锚杆与围岩通过砂浆紧密结合；④岩体和加锚岩体的抗剪强度满足莫尔-库仑屈服准则，抗拉强度服从最大拉应力准则。此外，由于局部均一化方法的理论基础是弹塑性力学和复合材料力学，所以不能用于模拟非连续变形对象上的全黏结型砂浆锚杆加固，如峰后严重裂隙岩体或严重节理岩体上的锚杆加固。对于这些对象，采用连续介质进行模拟可能会大大低估岩体的变形，从而大大低估锚杆应力。

1. 应力-应变关系

在局部均一化方法中，采用简化的横观各向同性弹塑性模型描述锚固岩体特征体单元的宏观力学响应。该模型主要涉及以下三个坐标系：①全局坐标系，即 x-y-z 坐标系；②局部坐标系，即 T_1-T_2-L 坐标系，如图 6.19（b）所示；③主应力坐标系，即 σ_1-σ_2-σ_3 坐标系，在该坐标系中，最大主应力轴（P_1）、中间主应力轴（P_2）和最小主应力轴（P_3）分别平行于三个主应力方向。

在各向同性面的局部坐标系中，采用式（6.27）描述横观各向同性条件下的应力-应变增量关系：

$$\Delta\boldsymbol{\sigma}' = \boldsymbol{K}'\Delta\boldsymbol{\varepsilon}'^{\mathrm{e}} \tag{6.27}$$

式中：$\Delta\boldsymbol{\sigma}'$ 和 $\Delta\boldsymbol{\varepsilon}'^{\mathrm{e}}$ 分别为局部坐标系中的应力增量和弹性应变增量向量；$\boldsymbol{K}'$ 为局部刚度矩阵，其具体形式为

$$\boldsymbol{K}' = \begin{bmatrix} K_{11} & K_{12} & K_{13} & 0 & 0 & 0 \\ K_{12} & K_{22} & K_{13} & 0 & 0 & 0 \\ K_{13} & K_{13} & K_{33} & 0 & 0 & 0 \\ 0 & 0 & 0 & K_{44} & 0 & 0 \\ 0 & 0 & 0 & 0 & K_{55} & 0 \\ 0 & 0 & 0 & 0 & 0 & K_{66} \end{bmatrix} \tag{6.28}$$

其中，

$$K_{11} = K_{22} = K_{12} = \frac{E_{\mathrm{c}}^{T}[1+\eta(\mu_{\mathrm{c}}^{L})^2]}{(1+\mu_{\mathrm{c}}^{T})[1-\mu_{\mathrm{c}}^{T}-2\eta(\mu_{\mathrm{c}}^{L})^2]}$$

$$K_{13} = K_{33} = \frac{E_{\mathrm{c}}^{T}\mu_{\mathrm{c}}^{L}}{1-\mu_{\mathrm{c}}^{T}-2\eta(\mu_{\mathrm{c}}^{L})^2}$$

$$K_{44} = E_{\mathrm{c}}^{T}/(1+\mu_{\mathrm{c}}^{T}),\quad K_{55} = K_{66} = G_{\mathrm{c}}^{LT},\quad \eta = E_{\mathrm{c}}^{T}/E_{\mathrm{c}}^{L}$$

E_{c}^{T} 和 E_{c}^{L} 分别为锚固岩体的横向与纵向弹性模量，G_{c}^{LT} 为锚固岩体的纵向剪切模量，μ_{c}^{T} 和 μ_{c}^{L} 分别为锚固岩体的横向和纵向泊松比。

在全局坐标系中，采用式（6.29）描述其应力-应变增量关系：

$$\Delta\boldsymbol{\sigma} = \boldsymbol{QK'Q}^{\mathrm{T}}\Delta\boldsymbol{\varepsilon}^{\mathrm{e}} \tag{6.29}$$

式中：$\Delta\boldsymbol{\sigma}$ 和 $\Delta\boldsymbol{\varepsilon}^{\mathrm{e}}$ 分别为全局坐标系中的应力增量和弹性应变增量向量；$\boldsymbol{Q}$ 为全局坐标系局部坐标系的坐标转换矩阵，其具体形式为

$$\boldsymbol{Q} = \begin{bmatrix} l_1^2 & m_1^2 & n_1^2 & 2m_1n_1 & 2n_1l_1 & 2l_1m_1 \\ l_2^2 & m_2^2 & n_2^2 & 2m_2n_2 & 2n_2l_2 & 2l_2m_2 \\ l_3^2 & m_3^2 & n_3^2 & 2m_3n_3 & 2n_3l_3 & 2l_3m_3 \\ l_2l_3 & m_2m_3 & n_2n_3 & m_2n_3+m_3n_2 & n_2l_3+n_3l_2 & l_2m_3+l_3m_2 \\ l_3l_1 & l_3m_1 & n_3n_1 & m_3n_1+m_1n_3 & n_3l_1+n_1l_3 & l_3m_1+l_1m_3 \\ l_1l_2 & l_1m_2 & n_1n_2 & m_1n_2+m_2n_1 & n_1l_2+n_2l_1 & l_1m_2+l_2m_1 \end{bmatrix} \tag{6.30}$$

其中，$l_1=\cos\alpha\cos\beta$，$l_2=\sin\alpha$，$l_3=-\cos\alpha\cos\beta$，$m_1=-\sin\alpha\cos\beta$，$m_2=\cos\alpha$，$m_3=-\sin\alpha\sin\beta$，$n_1=-\sin\beta$，$n_2=0$，$n_3=\cos\beta$。

2. 破坏准则与势函数

在局部均一化方法中，采用莫尔-库仑屈服准则、最大拉应力准则和基于 P_1 轴与 T_1 轴夹角 $\{\theta=\arccos[T_1P_1/(|T_1||P_1|)]\}$ 的层间岩石抗剪强度准则相结合的综合破坏准则来描述锚固岩体的纵向强度。该综合破坏准则对应的剪切破坏函数 f_c^s 和拉伸破坏函数 f_c^t 可以表示为

$$f_c^s=\sigma_1-\sigma_3-\lambda\left(\frac{2\sin\varphi_c^L}{1-\sin\varphi_c^L}\sigma_3-2c_c^L\sqrt{\frac{1+\sin\varphi_c^L}{1-\sin\varphi_c^L}}\right)\tag{6.31}$$

$$f_c^t=\sigma_3-\sigma_c^t\tag{6.32}$$

其中，c_c^L 和 φ_c^L 分别为锚固岩体的纵向黏聚力和纵向摩擦角；λ 为与 θ 和围压相关的强度折减因子，其表达式为

$$\lambda=\frac{\sigma_{1(\theta)}-\sigma_3}{\sigma_{1(90^\circ)}-\sigma_3}=\frac{k}{\cos^4\theta+k\sin^4\theta+2nk\cos^2\theta\sin^2\theta}\tag{6.33}$$

其中：$\sigma_{1(90^\circ)}$ 为 $\theta=90^\circ$ 时的参考强度；k 和 n 为拟合参数；σ_c^t 为锚固岩体的抗拉强度，其随 P_3 轴与 L 轴夹角的增大 $\{\gamma=\arccos[LP_3/(|L||P_3|)]\}$ 线性减小，即

$$\sigma_c^t=\sigma_c^{Lt}-\frac{\gamma(\sigma_c^{Lt}-\sigma_c^{Tt})}{90}\tag{6.34}$$

式中：σ_c^{Lt} 和 σ_c^{Tt} 分别为锚固岩体的纵向抗拉强度和横向抗拉强度。

当考虑锚固岩体的峰后破坏行为时，认为其抗剪强度参数（c_c^L 和 φ_c^L）随着等效剪切塑性应变 ε_c^s 的增大，由初始值（c_c^{L0} 和 φ_c^{L0}）线性变化至残余值（c_c^{Ld} 和 φ_c^{Ld}），即

$$c_c^L=\begin{cases}c_c^{L0}+\dfrac{c_c^{Ld}-c_c^{L0}}{\varepsilon_c^{ult}}\varepsilon_c^s, & 0\leqslant\varepsilon_c^s<\varepsilon_c^{c\_ult}\\ c_c^{Ld}, & \varepsilon_c^s\geqslant\varepsilon_c^{c\_ult}\end{cases}\tag{6.35}$$

$$\varphi_c^L=\begin{cases}\varphi_c^{L0}+\dfrac{\varphi_c^{Ld}-\varphi_c^{L0}}{\varepsilon_c^{ult}}\varepsilon_c^s, & 0\leqslant\varepsilon_c^s<\varepsilon_c^{f\_ult}\\ \varphi_c^{Ld}, & \varepsilon_c^s\geqslant\varepsilon_c^{f\_ult}\end{cases}\tag{6.36}$$

式中：ε_c^{ult} 为等效剪切塑性应变；$\varepsilon_c^{c\_ult}$ 和 $\varepsilon_c^{f\_ult}$ 分别为锚固岩体纵向上的残余黏聚力和残余摩擦角所对应的极限等效剪切塑性应变。

势函数由 g_c^s 和 g_c^t 两个函数组成，它们分别定义了锚固岩体在纵向上的剪切塑性流动和拉伸塑性流动，即

$$g_c^s=\sigma_1-\sigma_3\frac{1+\sin\psi_c^L}{1-\sin\psi_c^L}\lambda\tag{6.37}$$

$$g_c^t=\sigma_3\tag{6.38}$$

式中：ψ_c^L 为锚固岩体的纵向膨胀角，可假定其等于岩体的纵向膨胀角 ψ_r。

6.4.3 输入参数的确定

总地来说，弹性参数（E_c^T、E_c^L、G_c^{LT}、μ_c^T、μ_c^L）、强度参数（c_c^{L0}、c_c^{Ld}、φ_c^{L0}、φ_c^{Ld}、σ_c^{Tt}、σ_c^{Lt}、ψ_c^L、$\varepsilon_c^{c\_ult}$、$\varepsilon_c^{f\_ult}$）、各向同性面几何参数（α、β），以及拟合参数（k、n）是横观各向同性弹塑性模型的基本输入参数。由于锚固岩体的剪切破坏一般从岩体剪切破坏开始，所以假定锚固岩体的峰后破坏力学参数（c_c^{Ld}、φ_c^{Ld}、$\varepsilon_c^{c\_ult}$、$\varepsilon_c^{f\_ult}$）与岩体的峰后破坏力学参数（c_r^{d}、φ_r^{d}、$\varepsilon_r^{c\_ult}$、$\varepsilon_r^{f\_ult}$）。同时，考虑到可以使用式（6.25）和式（6.26）计算参数α和β，且采用关联流动法则时ψ_c^L等于φ_c^L，因此，在局部均一化方法中仅需确定以下参数：E_c^T、E_c^L、G_c^{LT}、μ_c^T、μ_c^L、c_c^{L0}、φ_c^{L0}、σ_c^{Lt}、σ_c^{Tt}、k和n。

1. 弹性参数

在局部均一化方法中，采用以下方法获取锚固岩体的弹性参数：①采用双圆柱模型，通过解析方法得到锚杆-砂浆复合材料的弹性参数；②采用内筒外块体模型，通过解析方法得到锚杆-砂浆-岩体复合材料（即锚固岩体）的弹性参数。由于现场条件下的浆液厚度远远小于锚杆间距，所以计算锚固岩体的弹性参数时可以忽略浆液弹性参数的影响。在简单应力条件下，由应力平衡、应变协调和能量守恒关系可以导出锚固岩体的四个弹性参数：

$$E_c^L = E_b V_b + E_r(1-V_b) \tag{6.39}$$

$$\mu_c^L = \mu_b V_b + \mu_r(1-V_b) \tag{6.40}$$

$$\begin{aligned} E_c^T = E_r\Bigg\{1-\sqrt{\frac{4V_b}{\pi}}-\frac{\pi}{2(1-E_r/E_b)}+\frac{2}{(1-E_r/E_b)^2\sqrt{[E_b/(E_b-E_r)]^2-4V_b/\pi}} \\ \cdot\arctan\sqrt{\frac{E_b/(E_b-E_r)+\sqrt{4V_b/\pi}}{E_b/(E_b-E_r)-\sqrt{4V_b/\pi}}}\Bigg\} \end{aligned} \tag{6.41}$$

$$\begin{aligned} G_c^{LT} = G_r\Bigg\{1-\sqrt{\frac{4V_b}{\pi}}-\frac{\pi}{2(1-G_r/G_b)}+\frac{2}{(1-G_r/G_b)^2\sqrt{[G_b/(G_b-G_r)]^2-4V_b/\pi}} \\ \cdot\arctan\sqrt{\frac{G_b/(G_b-G_r)+\sqrt{4V_b/\pi}}{G_b/(G_b-G_r)-\sqrt{4V_b/\pi}}}\Bigg\} \end{aligned} \tag{6.42}$$

μ_c^T可以通过式（6.43）计算：

$$\mu_c^T = \mu_b V_b + \mu_r(1-V_b)\frac{1+\mu_r-\mu_c^L E_r/E_c^L}{1-\mu_r^2+\mu_r\mu_c^L E_r/E_c^L} \tag{6.43}$$

式中：E_r和E_b、μ_r和μ_b、G_r和G_b分别为岩体与锚杆的弹性模量、泊松比和剪切模量，$G_r=0.5E_r/(1+\mu_r)$，$G_b=0.5E_b/(1+\mu_b)$；$V_b=\pi d^2/(4s_1s_2)$。

2. 强度参数

如图6.20所示，剪切破坏是纵向单轴压缩下锚固岩体的主要破坏模式。因此，基于莫尔-库仑屈服准则，采用锚固岩体纵向抗压强度 $\sigma_{\mathrm{c}}^{L\mathrm{c}}$ 来确定其初始纵向剪切强度（c_{c}^{L0}、$\varphi_{\mathrm{c}}^{L0}$）。在剪切破坏模式下，锚杆由于岩体在极限轴向荷载下的剪切破坏而失效，所以采用式（6.44）对 $\sigma_{\mathrm{c}}^{L\mathrm{c}}$ 进行计算：

$$\sigma_{\mathrm{c}}^{L\mathrm{c}} = 2\tau_{\mathrm{b}}\left[V_{\mathrm{b}} + \frac{(1-V_{\mathrm{b}})E_{\mathrm{r}}}{E_{\mathrm{b}}}\right] \tag{6.44}$$

式中：τ_{b} 为锚杆的抗剪强度，$\tau_{\mathrm{b}} = \sigma_{\mathrm{b}}^{\mathrm{t}}/\sqrt{3}$（钢锚杆），$\sigma_{\mathrm{b}}^{\mathrm{t}}$ 为锚杆的抗拉强度。由于锚杆对剪切岩体的加固主要表现为销钉作用，所以采用式（6.45）对 c_{c}^{L0} 进行计算：

$$c_{\mathrm{c}}^{L0} = c_{\mathrm{r}} + \frac{V_{\mathrm{b}}\sigma_{\mathrm{b}}^{\mathrm{t}}(1/2+\varphi_{\mathrm{r}}/180)\sin(45+\varphi_{\mathrm{r}}/2)}{\sqrt{3}} \tag{6.45}$$

式中：c_{r}、φ_{r} 分别为锚固岩体中岩体部分的黏聚力和内摩擦角。

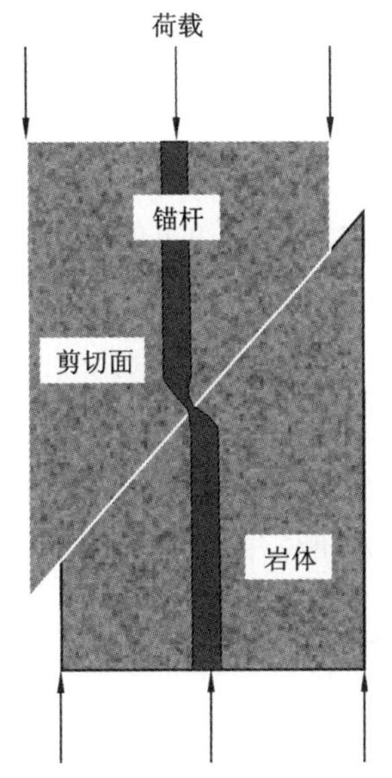

图 6.20　锚固岩体纵向单轴压缩破坏示意图

根据单轴压缩条件下的莫尔-库仑屈服准则，即 $\varphi_{\mathrm{c}}^{L0} = 2c_{\mathrm{c}}^{L}\tan(45+\varphi_{\mathrm{c}}^{L}/2)$，采用式（6.46）对 $\varphi_{\mathrm{c}}^{L0}$ 进行计算：

$$\varphi_{\mathrm{c}}^{L0} = 2\arctan(\sigma_{\mathrm{c}}^{L\mathrm{c}}/2c_{\mathrm{c}}^{L}) - 90 \tag{6.46}$$

$\sigma_{\mathrm{c}}^{L\mathrm{t}}$ 基于体积平均的假设来进行计算，即

$$\sigma_{\mathrm{c}}^{L\mathrm{t}} = V_{\mathrm{b}}E_{\mathrm{b}}\varepsilon_{\mathrm{r}}^{\mathrm{t\_ult}} + (1-V_{\mathrm{b}})\sigma_{\mathrm{r}}^{\mathrm{t}} \tag{6.47}$$

式中：$\sigma_{\mathrm{r}}^{\mathrm{t}}$ 和 $\varepsilon_{\mathrm{r}}^{\mathrm{t\_ult}}$ 分别为岩体的抗拉强度和极限拉应变。

$\sigma_{\mathrm{c}}^{T\mathrm{t}}$ 采用式（6.48）进行计算：

$$\sigma_{\mathrm{c}}^{T\mathrm{t}} = \frac{E_{\mathrm{c}}^{T}\sigma_{\mathrm{r}}^{\mathrm{t}}}{E_{\mathrm{r}}}(1-V_{\mathrm{b}}^{1/3}) \tag{6.48}$$

3. 拟合参数 *k* 和 *n*

通常情况下，参数 *k* 和 *n* 应根据不同方向锚杆的锚固岩体单轴压缩试验数据，利用

式（6.49）拟合获得。

$$\lambda = \frac{\sigma_{1(\theta)}}{\sigma_{1(\theta=0^\circ)}} = \frac{k}{\cos^4\theta + k\sin^4\theta + 2nk\cos^2\theta\sin^2\theta} \tag{6.49}$$

当测试数据不可用时，可以通过如图 6.21 所示的步骤估算 k 和 n：

$$k = \frac{\sigma_{1(\theta=0^\circ)}}{\sigma_{1(\theta=90^\circ)}} = \frac{\sigma_c^{Tc}}{\sigma_c^{Lc}} \tag{6.50}$$

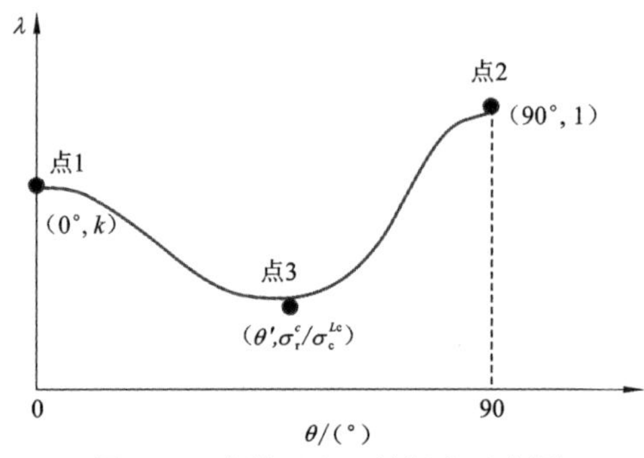

图 6.21 参数 k 和 n 的拟合示意图

（1）使用式（6.50）计算θ=0°时的 k。

（2）将 n 的初始值设置在 1.0 和 3.0 之间，并绘制通过点 1(0°, k)和点 2(90°, 1)的 λ-θ 曲线。

（3）不断调整 n，直到点 3 处的 $\lambda\sigma_c^{Lc} \approx \sigma_r^c$，相应的 n 是锚固岩体的最小单轴抗压强度等于岩体的最小单轴抗压强度 σ_r^c 所需的拟合 n 值。

6.4.4 模型验证及工程应用

1. 锚固岩样物理模型结果对比验证

图 6.22 中绘制了基于数值模型和试验获得的应力-应变曲线。尽管局部均一化方法不能有效模拟锚固岩体的显著非线性特征，但该方法预测的单轴抗压强度和破坏应变与试验结果吻合较好。从基于数值模型获得的不同锚杆方向、间距的应力-应变曲线的差异可以看出，局部均一化方法有效反映了锚杆方向和间距对锚固岩体力学性能的影响。此外，由图 6.22 还可以看出，基于锚杆单元法预测的不同锚杆方向、间距的应力-应变曲线与应变软化模型预测的无锚固岩样的应力-应变曲线几乎完全相同，这表明局部均一化方法在模拟全注浆锚杆对岩样的加固效果方面比锚杆单元法更加有效。

2. 锦屏二级水电站深埋引水隧洞应用验证

1）数值模型与初始条件

数值计算所采用的数值模型如图 6.23 所示，模型长 120 m（y 向）、宽 180 m（x 向）、高 180 m（z 向）。隧道周边区域的单元尺寸设置在 0.2～1.0 m，其长宽比小于 5.0，可以

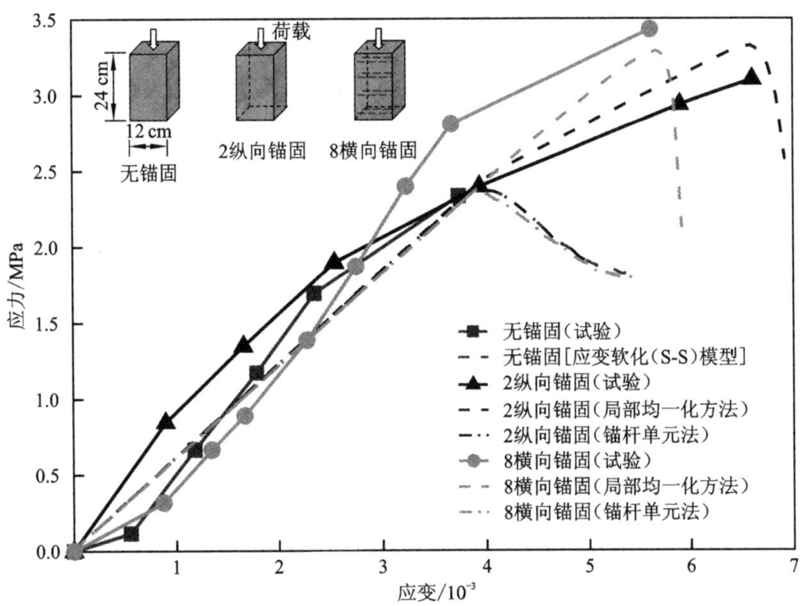

图 6.22　单轴压缩下锚固岩样的基于数值模型和试验获得的应力-应变曲线

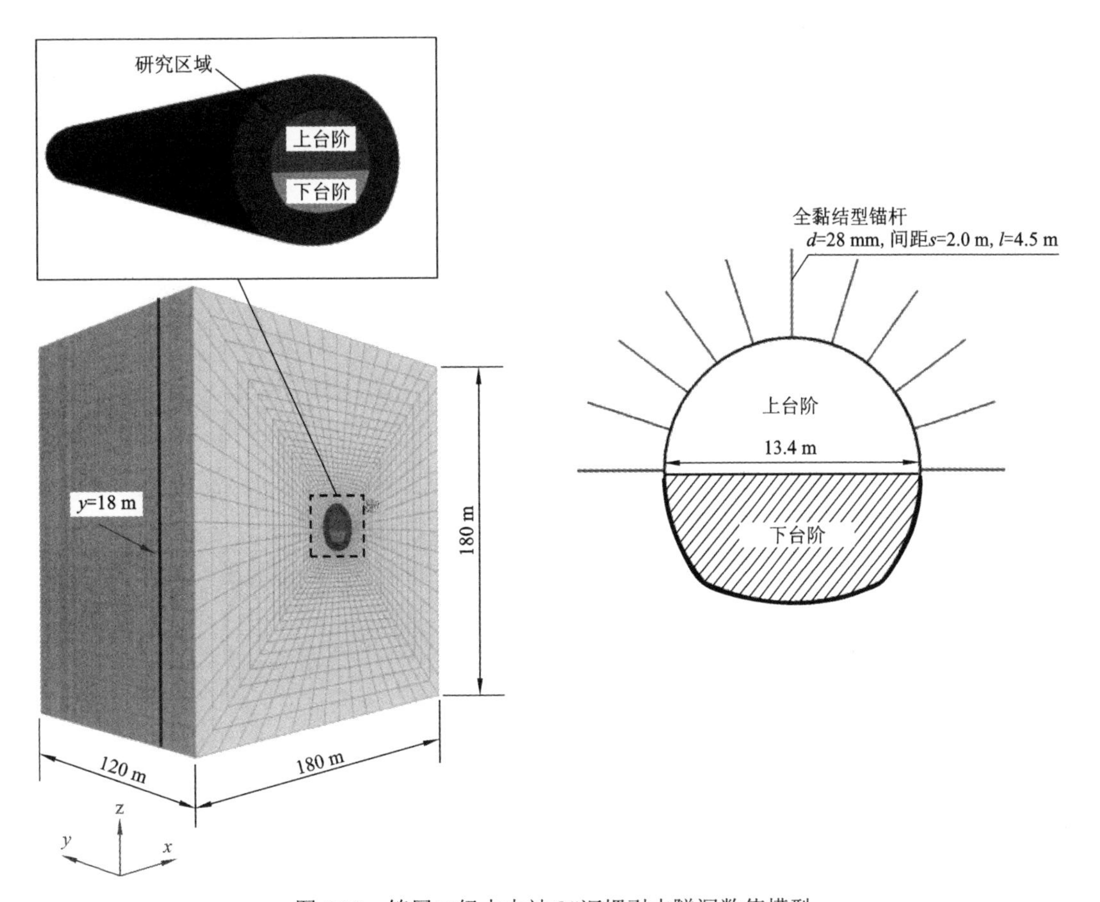

图 6.23　锦屏二级水电站 2#深埋引水隧洞数值模型

基本保证研究区域的计算结果满足精度要求。为与实际开挖支护设计方案相对应，对数值计算中的开挖过程进行如下处理：①上台阶开挖 9 步，开挖进尺为 4.0 m；②在上台阶掌子面后方 1.0 m、3.0 m、6.0 m、8.0 m 处安装全黏结型锚杆，分析该隧洞段锚杆支护时间；③在上部隧洞内安装全黏结型砂浆锚杆后，下台阶分步开挖且无支护。

2）结果分析

由于局部均一化方法和锚杆单元法预测的锚固围岩位移分布与未锚固围岩位移分布大致相同，所以不对围岩位移进行具体的对比分析。同时，由于锚杆上监测到的轴向力（6.7～212.6 MPa）远小于锚杆的抗拉强度（400 MPa），所以也不讨论全黏结型锚杆的失效问题，而主要对不同支护时间的围岩屈服区范围和应力分布进行对比分析。由于 y= 18 m 处的断面距离最终掌子面 18 m，可以避免掌子面三维空间约束效应的干扰，所以将该断面作为锚杆加固效果评估的分析断面。

图 6.24 为分析断面处的屈服区分布范围。由图 6.24 可知，锚杆单元法与无支护条件下的屈服区边界大致相同，这说明锚杆单元法不能模拟全黏结型砂浆锚杆对围岩的加固效果。当掌子面后支护 6 m 时，围岩屈服区明显小于无支护条件下，最大屈服区深度（右侧边墙为 1.4 m）远小于无支护条件下（右侧边墙为 3.3 m）。当掌子面后支护大于 6 m

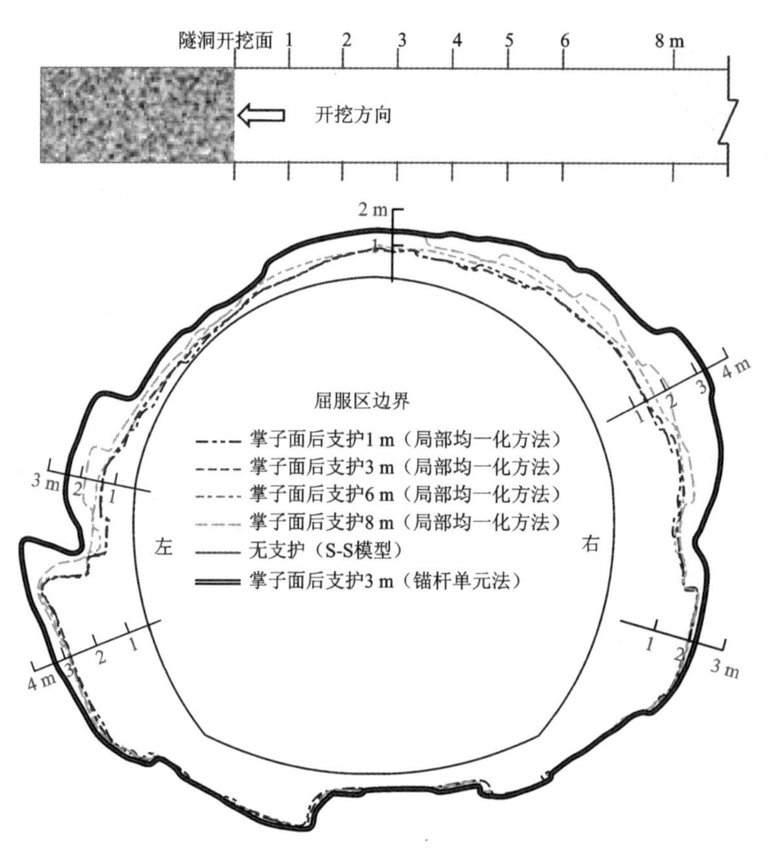

扫一扫，看彩图

图 6.24　分析断面（y=18 m）处的屈服区分布

时，锚杆对围岩内部屈服区发育的抑制作用不显著。结果表明，对于深部硬质围岩，充分注浆、合理支护可以增强围岩的力学性能，有效减小屈服区的深度和范围。

图 6.25 为分析断面处的最大剪应力分布。由图 6.25 可知，锚固围岩内剪应力集中区（τ_{max} =30 MPa 等值线内的区域）范围远大于非锚固围岩内剪应力集中区范围。此外，剪应力集中区外边界与完全灌浆锚杆支护右边墙的距离明显小于未完全灌浆锚杆支护。这意味着尽管全黏结型砂浆锚杆可能会增大锚杆加固区的应力大小，但由于其对岩体具有实质性的加固作用，它可以优化围岩的应力状态，从而改善锚杆加固区内部的应力分布。

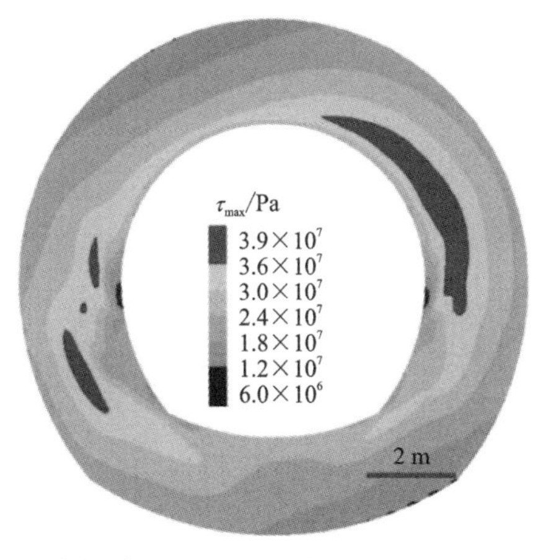

（a）隧道工作面后支护3 m条件下的最大剪应力分布

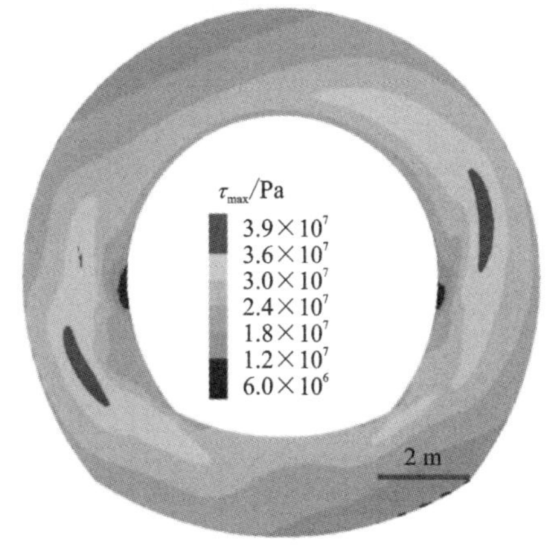

（b）无支护条件下的最大剪应力分布

扫一扫，看彩图

图 6.25　分析断面（y=18 m）处的最大剪应力分布

6.5　围岩-锚杆-衬砌安全性评价指标与可靠度分析方法

本节根据深埋引水隧洞围岩-支护系统组合承载体系模型试验、原位监测和理论模型，提出了基于变形、开裂和应力的隧洞安全预警综合评价指标，建立了各构元及其组合系统的失效判别准则和预警方法。在此基础上，考虑隧洞围岩-锚杆-衬砌结构力学特性的随机性和变异性，结合随机过程数学方法、均匀设计理论、可靠度理论、响应面方法、结构极限状态设计理论，建立了一种隧洞围岩-锚杆-衬砌协同承载的可靠度分析方法。在此基础上，基于有限元理论提出了组合承载体系的均匀设计响应面有限元可靠度实现方法和流程，用于分析深埋引水隧洞围岩-锚杆-衬砌组合承载体系的承载机理及长期性能演化特性，评价隧洞围岩-支护系统的长期安全性。

6.5.1　围岩-锚杆-衬砌安全性态综合评价指标

1. 位移评价指标

地下隧洞施工需要现场工程师能够简便、直观地判断围岩的稳定性，并实时地采取相应的工程调控措施。因此，必须建立围岩稳定的失稳判据，以表明岩体处于何种状态。位移是地下隧洞岩土结构开挖和支护设计过程中重要的反馈信息之一，洞室开挖后的位移反映了洞室的稳定性，为观察洞室围岩的力学行为提供了一种直接、方便的方法，通过观测隧洞位移，可以直观地判断地下隧洞的稳定性。因此，在国内外有关规范中，围岩稳定性判据多以变形量或变形速率为主，认为围岩变形量或变形速率超过某一定值后岩体发生破坏。

在位移评价指标方面，将隧洞周围最大位移与允许位移的归一化比较作为隧洞位移的极限状态方程，来判断隧洞的变形稳定性：

$$F(D)=\frac{D_{\max}}{D_{\mathrm{a}}} \tag{6.51}$$

式中：$D_{\max}$ 为隧洞周围的最大位移；D_{a} 为隧洞的允许位移，D_{a} 可以根据允许应变 ε_{a} 来确定，即

$$\varepsilon_{\mathrm{a}}=\frac{\varepsilon_{\mathrm{r}}}{1-R_{\mathrm{a}}} \tag{6.52}$$

其中：R_{a} 为残余强度参数（对于一般的应变软化岩石可取 0.6～0.7，对于弹硬脆性岩体可取 0.4～0.5）；ε_{r} 为临界应变，有

$$\varepsilon_{\mathrm{r}}=\frac{\sigma_{\mathrm{c}}^{\mathrm{RM}}}{E} \tag{6.53}$$

其中，$\sigma_{\mathrm{c}}^{\mathrm{RM}}$ 为单轴抗压强度，E 为弹性模量。

2. 应力评价指标

地应力是岩石的一种内应力，是岩体工程中最重要的参数之一。隧洞开挖后，周围岩体失去原有的平衡状态，从初始应力状态变为新的应力状态，称为扰动应力。如果重分布后应力没有超出岩体的承载能力，围岩就会自行平衡并保持稳定，否则，隧洞围岩将产生损伤破裂，出现开裂、垮落、片帮、岩爆等宏观破坏现象。近年来，对部分深埋引水隧洞的研究表明，高地应力条件下硬岩体的破坏一般为剥落、岩爆等应力或应力–结构诱发的破坏。隧洞开挖后，隧洞周围岩体出现损伤破裂，形成一定深度的松弛圈（EDZ）。EDZ 深度在岩体完全破坏之前将会不断增加，因此，对于深埋硬岩隧洞而言，控制围岩裂隙发育显得尤为重要。因此，建立基于应力的安全性评价指标，是进行深埋引水隧洞围岩稳定性评价和支护优化设计的重要研究工作之一。

1）应力张量间距离

欧几里得（Euclidean）距离也称欧氏距离，在 n 维空间内，两点间最短的线的长度为其欧几里得距离。对于标量 x_1 和 x_2，它们之间的欧几里得距离为其差值的绝对值，即

$$d(x_1,x_2)=|x_1-x_2| \tag{6.54}$$

对于张量 S_1 和 S_2，两者的张量间距离可以采用式（6.55）进行计算：

$$d^2(S_1,S_2)=\|S_1-S_2\|_{\mathrm{F}}^2 \tag{6.55}$$

式中：$\|\cdot\|_{\mathrm{F}}$ 为弗罗贝尼乌斯（Frobenius）范数，其计算公式为

$$\| S \|_{\mathrm{F}} = \sqrt{\mathrm{tr}(S^2)} = \sqrt{\sum_{i=1}^{3}\sum_{j=1}^{3} S_{ij}^2} \tag{6.56}$$

其中：S_{ij} 为二阶张量；$\mathrm{tr}(\cdot)$ 为矩阵的迹。

2）应力蓄存度

定义 $\boldsymbol{\sigma}$ 是施加在 M 点的应力矢量。三维应力是一个应力二阶张量，可以由 3 个垂直于小立方体面的正应力分量和 6 个沿面作用的剪应力分量（$\tau_{xy} = \tau_{yx}, \tau_{xz} = \tau_{zx}$，$\tau_{xy} = \tau_{zy}$）共 9 个应力分量来表示，这 9 个应力分量共同定义了 M 点的应力张量。

$$\boldsymbol{\sigma} = \begin{bmatrix} \sigma_x & \tau_{xy} & \tau_{xz} \\ \tau_{xy} & \sigma_y & \tau_{yz} \\ \tau_{xz} & \tau_{yz} & \sigma_z \end{bmatrix} = \begin{bmatrix} \sigma_1 & 0 & 0 \\ 0 & \sigma_2 & 0 \\ 0 & 0 & \sigma_3 \end{bmatrix} \tag{6.57}$$

将应力分量空间内 $\boldsymbol{\sigma}$ 与零点的张量间距离定义为应力蓄存度，即

$$\begin{aligned} S &= \sqrt{\sigma_x^2 + \sigma_y^2 + \sigma_z^2 + 2\tau_{xy}^2 + 2\tau_{xz}^2 + 2\tau_{yz}^2} \\ &= \sqrt{\sigma_1^2 + \sigma_2^2 + \sigma_3^2} \end{aligned} \tag{6.58}$$

为了考虑中间主应力的影响，引入中间主应力系数 m 对中间主应力 σ_2 进行修正。修正后的应力蓄存度可以表示为

$$S = \sqrt{\sigma_1^2 + m\sigma_2^2 + \sigma_3^2} \tag{6.59}$$

3）基于应力蓄存度的评价指标

将隧洞周围最大蓄存应力与允许蓄存应力的归一化比较作为隧洞应力的极限状态方程，来判断隧洞的应力稳定性：

$$F(S) = \frac{S_{\max}}{S_{\mathrm{a}}} \tag{6.60}$$

式中：$S_{\max}$ 为隧洞周围的最大蓄存应力；S_{a} 为隧洞的允许蓄存应力，可以根据三维非线性强度准则（three dimensional non-linear failure criterion，3DNFC）进行确定。

3DNFC 为

$$\sqrt{\sigma_1^2 + m{\sigma_2}^2 + \sigma_3^2} = g_1 + g_2(\sigma_1 + m\sigma_2 + \sigma_3) \tag{6.61}$$

其中，$g_2 = (\sigma_{\mathrm{c}} + \sigma_{\mathrm{t}})/(\sigma_{\mathrm{c}} - \sigma_{\mathrm{t}})$，$g_1 = -\sigma_{\mathrm{c}}\sigma_{\mathrm{t}}/(\sigma_{\mathrm{c}} - \sigma_{\mathrm{t}})$，$\sigma_{\mathrm{t}}$ 为岩石的单轴抗拉强度。

根据式（6.61）可得

$$S_{\mathrm{a}} = g_1 + g_2(\sigma_1 + m\sigma_2 + \sigma_3) \tag{6.62}$$

3. 岩石破裂评价指标

将基于初始屈服面与未屈服应力点的相互关系建立的 RFD 作为岩石破裂评价指标，来判断隧洞围岩的破裂程度。RFD 的广义表述为：在三维主应力和三向应变空间内，描

述一点的现时状态与相对最安全状态的参量的比值。对于某一强度理论，则可以定义为空间应力状态下的一点沿最不利应力路径到屈服面的距离与相应的最稳定参考点在相同洛德（Lode）角方向上沿最不利应力路径到屈服面的距离之比。

$$\mathrm{RFD}=\begin{cases}\dfrac{q}{g(\theta_\sigma)\sqrt{Ap^2+Bp+C}}, & \text{峰前}\\ 1+\varepsilon_{\mathrm{s/t}}^{\mathrm{p}}/\varepsilon_{\mathrm{s/t}}^{\mathrm{p\text{-}lim}}, & \text{峰后}\end{cases} \tag{6.63}$$

$$\begin{cases}p=\dfrac{\sigma_1+\sigma_2+\sigma_3}{3}\\ q=\sqrt{\dfrac{(\sigma_1-\sigma_2)^2+(\sigma_2-\sigma_3)^2+(\sigma_3-\sigma_1)^2}{2}}\end{cases} \tag{6.64}$$

式中：σ_1、σ_2 和 σ_3 分别为最大、中间、最小主应力；$g(\theta_\sigma)$ 为塑性势函数；$\varepsilon_{\mathrm{s/t}}^{\mathrm{p}}$ 为当前塑性剪切/拉伸应变；$\varepsilon_{\mathrm{s/t}}^{\mathrm{p\text{-}lim}}$ 为极限塑性剪切/拉伸应变（典型试验曲线的残余段拐点值）；A、B、C 为强度准则系数。RFD 越大，表明围岩破损越严重。

4. 安全综合评价指标

由于隧洞围岩-支护系统组合承载体系在外部荷载作用下不同部位的变形、应力及开裂情况不尽相同，采用单一评价指标难以全面描述隧洞围岩-支护系统的整体安全性态。因此，提出了考虑变形、应力和开裂的隧洞安全预警综合评价指标：

$$G=[w_1\cdot F(D)+w_2\cdot F(S)]\times \mathrm{RFD} \tag{6.65}$$

式中：$F(D)$ 为位移破坏倾向性指标；$F(S)$ 为应力破坏倾向性指标；RFD 为开裂破坏倾向性指标；w_1 为位移破坏倾向权重系数；w_2 为应力破坏倾向权重系数。G 越大，表示围岩破坏的危险程度越高。

6.5.2 围岩-锚杆-衬砌协同承载的可靠度分析方法

岩土力学的研究对象是地质体，受地质运动、赋存环境及人类工程活动的影响，地质体的力学性质非常复杂，其本身的各种力学参数具有很大的不确定性，所以采用可靠度理论对岩土工程进行可靠度分析是非常有必要的。

1. 一阶可靠度方法

对于相关正态分布，Hasofer-Lind[263]定义的可靠度指标 β^k 为

$$\beta^k=\min_{\boldsymbol{x}\in \boldsymbol{F}}\sqrt{(\boldsymbol{x}-\boldsymbol{\mu})^{\mathrm{T}}\boldsymbol{C}^{-1}(\boldsymbol{x}-\boldsymbol{\mu})} \tag{6.66}$$

式中：$\boldsymbol{x}$ 为随机向量；$\boldsymbol{\mu}$ 为均值向量；$\boldsymbol{C}$ 为协方差矩阵；$\boldsymbol{F}$ 为失效域，即原始变量空间中功能函数 $g(\boldsymbol{x})<0$ 的区域。β 在几何上表示均值点与极限状态面上最近点的距离，即最大可能失效概率对应的验算点。Low[264]从膨胀椭球体的观点重新解释了可靠度指标的几何意义，提出了基于非线性优化求解的一阶可靠度指标的计算方法，对于相关非正态

分布，将一阶可靠度指标 β^k 定义为

$$\beta^k = \min_{\boldsymbol{x}\in \boldsymbol{F}} \sqrt{\boldsymbol{n}^{\mathrm{T}}\boldsymbol{R}^{-1}\boldsymbol{n}} \tag{6.67}$$

其中，$\boldsymbol{R}$ 为关联矩阵，列向量 $\boldsymbol{n}$ 可以通过式（6.68）进行计算：

$$n_i = \frac{x_i - \mu_i^N}{\sigma_i^N} = \Phi^{-1}[F(x_i)] \tag{6.68}$$

式中：$\Phi^{-1}[\cdot]$ 为标准正态分布的累积分布函数的反函数；$F(x_i)$ 为原始非正态分布的累积分布函数。将 n_i 作为优化算法的基本变量，原始变量 x_i 可以通过式（6.69）获得。

$$x_i = F^{-1}[\Phi(n_i)] \tag{6.69}$$

采用该算法进行一阶可靠度分析无须计算非正态随机变量 x_i 的等效正态平均值和标准差（μ_i^N 和 σ_i^N），同时解决了相关非正态变量的计算问题，并能在常用 Excel 软件中通过内嵌的规划求解程序进行计算，具有很高的适用性和高效性。

2. 基于支持向量机的响应面函数构造

功能函数不能显式表达是地下洞室可靠度分析面临的最大问题。响应面方法是利用一些确定性分析的计算结果，对真实极限状态方程在验算点附近进行拟合，用响应面函数代替真实极限状态函数进行可靠度的计算，这样就避免了采用一阶或二阶可靠度方法不易求取极限状态函数对随机变量的偏导数的问题，使可靠度计算得到简化。然而，二次多项式对非线性函数的逼近能力有限，用其逼近任意响应面几乎是不可能的。

近些年发展起来的基于统计学习理论的支持向量机（support vector machine，SVM），在解决小样本、非线性问题及高维模式识别中表现出许多特有的优势，为可靠度分析研究提供了一条新的途径。与标准 SVM 相比，最小二乘支持向量机（least squares support vector machine，LSSVM）用等式约束代替了不等式约束，其算法可以转化为解线性方程组，具有求解速度快的优点。

给定训练样本集 $\{x_k, y_k\}(k=1,2,\cdots,N)$，其中输入样本 $x_k \in \mathbf{R}^N$，输出样本 $y_k \in \mathbf{R}$，$\mathbf{R}^N$ 是 N 维向量空间，$\mathbf{R}$ 是一维向量空间，LSSVM 可以用式（6.70）表示：

$$\boldsymbol{y}(x) = \boldsymbol{W}^{\mathrm{T}}\varphi(x) + \boldsymbol{b}_{\mathrm{m}} \tag{6.70}$$

式中：$\varphi(\cdot)$ 为将输入样本从原空间（$\mathbf{R}^N$）映射到特征空间（$\mathbf{R}^{N\mathrm{h}}$）的非线性映射；$\boldsymbol{W}^{\mathrm{T}} \in \mathbf{R}^{N\mathrm{h}}$；$\boldsymbol{b}_{\mathrm{m}} \in \mathbf{R}$。式（6.70）可以变换为

$$y(x) = \sum_{k=1}^{N} \alpha_k K(x, x_k) + b_{\mathrm{m}} \tag{6.71}$$

式中：$K(x, x_k)$ 为核函数；α_k 为拉格朗日（Lagrange）乘子；b_{m} 为偏差量。α_k 和 b_{m} 可由式（6.72）求解：

$$\begin{bmatrix} 0 & \mathbf{1}^{\mathrm{T}} \\ \mathbf{1} & \boldsymbol{K} + \dfrac{\boldsymbol{I}}{\gamma_\beta} \end{bmatrix} \begin{bmatrix} b_{\mathrm{m}} \\ \boldsymbol{\alpha} \end{bmatrix} = \begin{bmatrix} 0 \\ \boldsymbol{y} \end{bmatrix} \tag{6.72}$$

其中，$\boldsymbol{y}=[y_1,y_2,\cdots,y_N]^{\mathrm{T}}$，$\mathbf{1}=[1,1,\cdots,1]^{\mathrm{T}}$，$\boldsymbol{\alpha}=[\alpha_1,\alpha_2,\cdots,\alpha_N]^{\mathrm{T}}$；将 Mercer 理论应用到 $\boldsymbol{K}$ 矩阵，则 $\boldsymbol{K}=\varphi(x_i)^{\mathrm{T}}\varphi(x_j)=K_{ij}(x_i,x_j)(i,j=1,2,\cdots,N)$，$\gamma_\beta$ 是可调参数。

3. 采样方法

样本点的选择对于响应面方法来说非常重要，采用中心点采样法，对于第一次迭代，样本点由式（6.73）计算，即

$$x_i=\mu_i+h_i\sigma_i,\quad i=1,2,\cdots,N \tag{6.73}$$

式中：μ_i 为随机变量的均值；σ_i 为标准差；h_i 为用户自定义的值，h_i 的选择非常重要，会影响迭代的速度和精度，第一次迭代取 2，之后的迭代过程取 1。第一次迭代之后，样本点通过式（6.74）计算，即

$$x_i=x^*\pm h_i\sigma_i \tag{6.74}$$

式中：x^* 为上一次迭代计算的验算点。

上述中心点采样法，每次采样取 $2N+1$ 个样本点，当采用有限单元法进行计算时，每次迭代需进行 $2N+1$ 次计算，工作量仍较大。为此，采用线性样本点方法采样，这种方法每次计算需要 $N+1$ 个样本点，样本点由式（6.75）～式（6.77）计算：

$$(x_i)_k=(x_i^*)_{k-1}+(\Delta x_i)_k\cdot \mathrm{sign} \tag{6.75}$$

$$(\Delta x_i)_k=|(x_i^*)_{k-1}-(x_i^*)_{k-2}| \tag{6.76}$$

$$\mathrm{sign}=\mathrm{sign}[-g(x_i^*)_{k-1}]\cdot\mathrm{sign}[g(x_i^*)_{k-2}-g(x_i^*)_{k-1}]\cdot\mathrm{sign}[(x_i^*)_{k-2}-(x_i^*)_{k-1}] \tag{6.77}$$

式中：$(x_i^*)_{k-1}$ 和 $(x_i^*)_{k-2}$ 为前两次迭代计算的验算点；$g(x_i^*)_{k-1}$ 和 $g(x_i^*)_{k-2}$ 为前两次迭代验算点的功能函数。对于 sign，如果 $a<0$，$\mathrm{sign}(a)=-1$，否则，$\mathrm{sign}(a)=1$。式（6.75）～式（6.77）适用于迭代次数 $k>2$ 的情况；当 $k=1$ 时，x_i 由式（6.73）计算；当 $k=2$ 时，$(\Delta x_i)=|(x_i^*)_{k-1}-\mu_i|$。

4. 计算步骤

（1）选择功能函数 $Z=g(x)$；

（2）选择迭代验算点 $(x_i^*)_k$，初始迭代根据式（6.73）采样，后续迭代根据式（6.75）～式（6.77）采样；

（3）计算各样本点的功能函数，并将其作为训练样本集 $\{x_i,y_i\}(i=1,2,\cdots,N)$；

（4）选择 LSSVM 的核函数及核函数的相关参数，采用式（6.72）计算 α_k 和 b_{m}；

（5）利用 LSSVM 构造响应面函数 $y(x)\approx \mathrm{SVM}(x)=\sum_{k=1}^{N}\alpha_k K(x,x_i)+b_{\mathrm{m}}$；

（6）根据式（6.67）计算可靠度指标 β^k，上标 k 表示第 k 次迭代；

（7）判断 $|\beta^k-\beta^{k-1}|<\varepsilon$（一般取 $\varepsilon=0.001$）是否成立，如果成立，则迭代结束，否则，返回步骤（2）进行下一步迭代。

5. 功能函数

为了综合评价隧洞围岩-支护系统的失效概率和可靠度，根据隧洞围岩-锚杆-衬砌协同承载作用下的围岩危险块体体积建立功能函数，当 $G>1$ 时，该单元块体围岩危险程度较高，隧洞围岩-锚杆-衬砌协同承载极限状态方程为

$$Z=\mathrm{Vol}(G)-\mathrm{Vol}(G)_{\lim} \tag{6.78}$$

式中：$\mathrm{Vol}(G)$ 为隧洞围岩危险块体体积；$\mathrm{Vol}(G)_{\lim}$ 为临界隧洞围岩危险块体体积。

岩石材料的蠕变损伤与时间密切相关，具体表现为负指数形式的显式时间依赖函数。如果只考虑损伤的时效性，则岩石的蠕变损伤演化可用式（6.79）进行表示：

$$D=1-\exp(-\varpi t) \tag{6.79}$$

式中：D 为在 0 和 1 之间变化的蠕变损伤因子；ϖ 为材料常数；t 为时间。如果进一步考虑孔隙压力对蠕变损伤的影响，则可以假设蠕变损伤因子依赖于孔隙压力。因此，在考虑孔隙压力情况下的蠕变损坏因子可以用式（6.80）表示：

$$D=1-\exp[-(\alpha_1 P_\mathrm{w}+\alpha_2)t] \tag{6.80}$$

式中：α_1 和 α_2 分别为与岩石性质有关的材料常数；P_w 为孔隙压力。在这种情况下，由蠕变损伤因子描述的非恒定黏度系数可以表示为

$$\eta^{\mathrm{vp}}(t)=\eta^{\mathrm{vp}}(1-D)=\eta^{\mathrm{vp}}\mathrm{e}^{-(\alpha_1 P_\mathrm{w}+\alpha_2)t} \tag{6.81}$$

将式（6.81）代入隧洞围岩-锚杆-衬砌协同承载极限状态方程中，得到围岩-锚杆-衬砌协同承载的时变极限状态方程：

$$Z=\mathrm{Vol}\{G[\eta^{\mathrm{vp}}(t)]\}-\mathrm{Vol}(G)_{\lim} \tag{6.82}$$

6. 计算结果

1）变形场分布

图 6.26 为在未考虑流变效应时不同阶段的锦屏二级水电站深埋引水隧洞围岩-支护系统的位移云图。由图 6.26 可知：①引水隧洞开挖后，隧洞顶部和底部变形最为显著；②在开挖期，隧洞结构最大位移为 25.7 mm；③施加支护后，隧洞结构最大位移有所降低，由 25.7 mm 降低至 24.5 mm；④进入运营期后，受内水压力作用的影响，隧洞结构最大位移进一步降低为 22.9 mm。

2）应力场分布

图 6.27 为在未考虑流变效应时不同阶段的锦屏二级水电站深埋引水隧洞围岩-支护系统的应力云图。由图 6.27 可知：①引水隧洞开挖后，应力集中区主要分布在隧洞两侧；②在开挖期，应力蓄存度峰值为 83.8 MPa；③施加支护后，隧洞周围的最大应力蓄存度基本不变；④进入运营期后，受内水压力作用的影响，隧洞周围的最大应力蓄存度降低为 82.4 MPa。

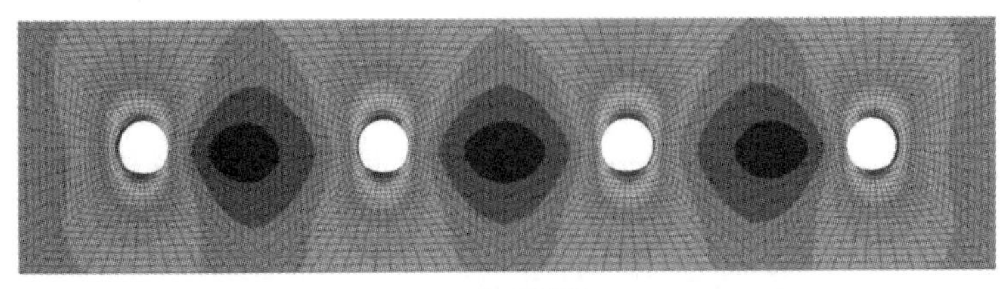

（a）开挖后

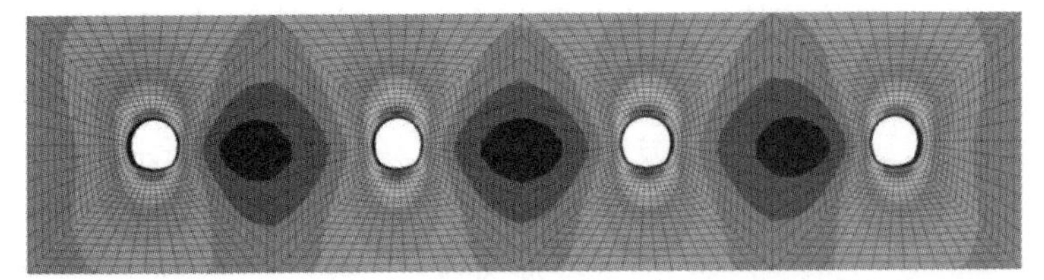

（b）衬砌后

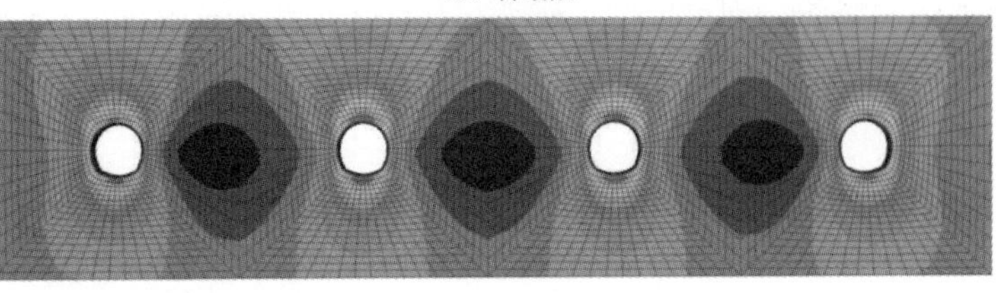

（c）运营期

扫一扫，看彩图

图 6.26　深埋引水隧洞围岩-支护系统的位移云图

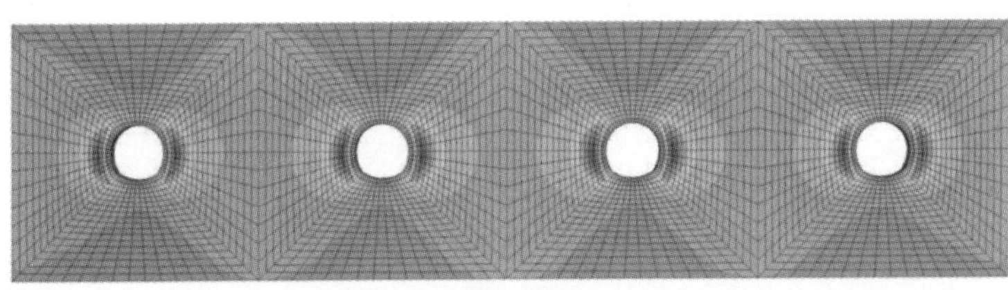

（a）开挖后

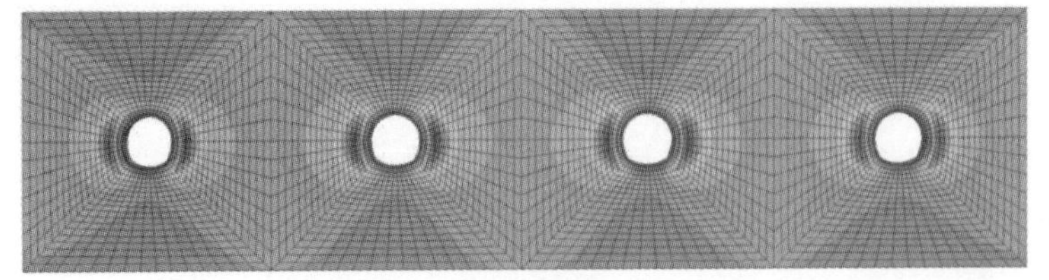

（b）衬砌后

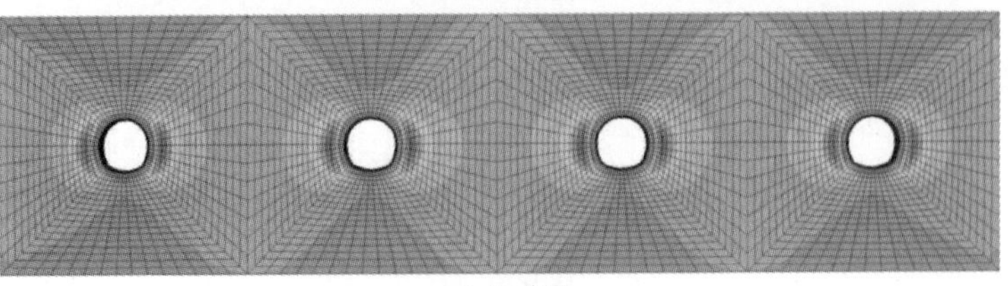

（c）运营期

扫一扫，看彩图

图 6.27　深埋引水隧洞围岩-支护系统的应力云图

3）破坏度分布

图 6.28 为在未考虑流变效应时不同阶段的锦屏二级水电站深埋引水隧洞围岩-支护系统的 RFD 云图。由图 6.28 可知：①引水隧洞开挖后，隧洞两侧的破裂程度最为严重；②施加支护后，隧洞周围的破裂情况基本不变；③进入运营期后，受内水压力作用的影响，隧洞周围的破裂程度降低。

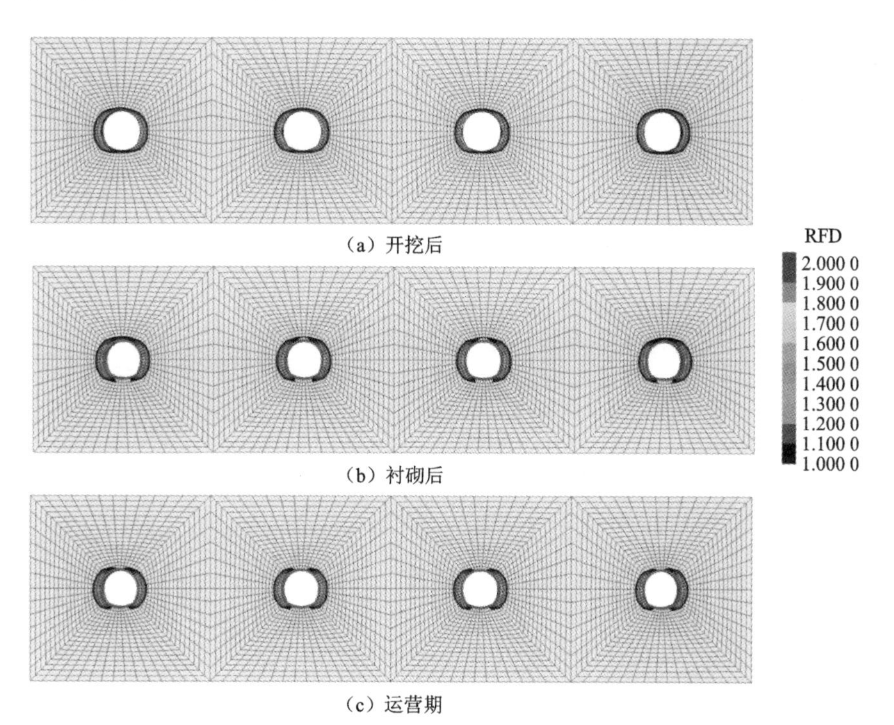

扫一扫，看彩图

图 6.28　深埋引水隧洞围岩-支护系统的 RFD 云图

4）综合评价指标

根据上述结果可以看出，在不同阶段各个单一指标（位移评价指标、应力蓄存度及 RFD）识别的隧洞围岩危险区及危险程度不尽相同。因此，从隧洞围岩-支护系统的综合安全角度，建立了考虑隧洞位移、应力及岩石破裂度的综合评价指标。图 6.29 为在未考虑流变效应时不同阶段的锦屏二级水电站深埋引水隧洞围岩-支护系统的综合评价指标云图。由图 6.29 可知：①引水隧洞开挖后，隧洞单元块体围岩危险程度较高的岩石体积约为 313.08 m^3；②施加衬砌后，隧洞单元块体围岩危险程度较高的岩石体积未发生改变；③进入运营期后，受内水压力作用的影响，隧洞单元块体围岩危险程度较高的岩石体积降为 164.58 m^3。

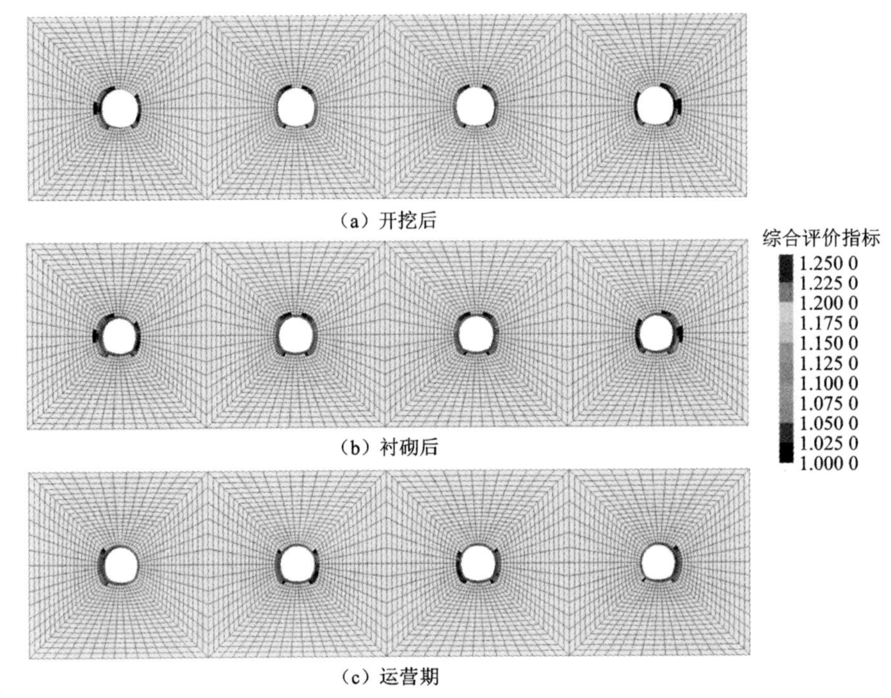

扫一扫，看彩图

图 6.29　深埋引水隧洞围岩-支护系统的综合评价指标云图

>>> 第 7 章 工程应用案例

7.1 引　言

一个工程的破坏往往是一个时间过程，很多岩石工程问题都是由岩石的时效特性引起的[20]。与软岩蠕变的显著时效变形不同，硬岩蠕变过程中的变形发展并不显著[237]。例如，在低应力水平下，可以认为硬岩中几乎不存在影响工程结构稳定的蠕变问题。但是在高应力水平下，开挖扰动和应力重分布会使岩体产生损伤破裂，开挖导致的应力集中区又会进一步引发围岩损伤破裂的持续发展。因此，对于高应力条件下的深部硬岩工程而言，高应力开挖引起的围岩损伤破裂的持续发展是影响工程长期稳定的主要问题。随着 EDZ 范围的不断扩大，围岩的稳定性持续恶化，最终可能导致工程结构失稳。锦屏二级水电站深埋引水隧洞运营期存在的围岩及衬砌结构的联合变形破坏现象表明，该问题也是锦屏二级水电站深埋引水隧洞工程运营期所面临的主要问题。本章以锦屏二级水电站深埋引水隧洞工程为例，对深埋引水隧洞在开挖初期和长期运营过程中的围岩变形与损伤演化特征进行了深入分析和全面评估。

7.2 锦屏二级水电站深埋引水隧洞工程概况

7.2.1 工程总体布置

锦屏二级水电站[一等大（I）型水电工程]位于四川凉山雅砻江干流锦屏大河湾上（图 7.1），是国家“西部大开发”战略工程“西电东送”中的重要工程之一。该水电站在地理位置上处于锦屏一级水电站和官地水电站之间，是雅砻江水电基地梯级开发与规划建设中的第二个梯级。该水电站共装备 8 台发电机组，单机容量达 600 MW，总装机容量达 4 800 MW，年平均发电量可达 242.3 亿 kW·h，是雅砻江流域“西电东送”工程中规模最大的水电站。该水电站属于低闸坝、长引水式水电站，通过“截弯取直”的思路挖掘隧洞，巧妙地利用天然河道落差（水头约 310 m）进行引水发电。水电站主体工程分为三部分，包括拦河大坝、引水系统及地下厂房（图 7.1）。其中，拦河大坝设置在锦屏大河湾往西的猫猫滩，地下厂房则设置在锦屏大河湾东部大水沟，引水系统自景峰桥至大水沟连接拦河大坝与地下厂房。引水系统共由 7 条平行布置的隧洞组成，包括 4 条深埋引水隧洞、2 条交通隧洞和 1 条施工排水洞。隧洞开挖洞径约为 13.0 m，中心距离约为 60.0 m，平均长度约为 16.7 km，总长度约为 120.0 km，最大埋深约为 2 525.0 m（约 75%洞段埋深超过 1 500 m），是国际上已建（在建）工程中平均埋深最大的水工隧洞[186]。

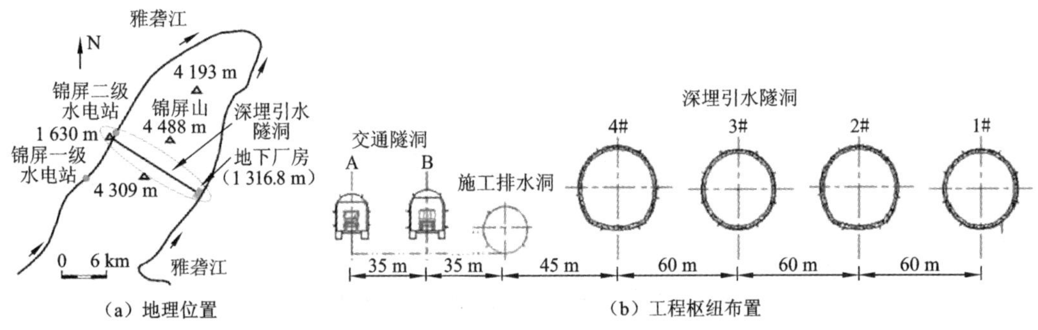

（a）地理位置　　（b）工程枢纽布置

图 7.1　锦屏二级水电站的地理位置及工程枢纽布置[186]

7.2.2　工程区域地质情况

深埋引水隧洞沿线的地质条件如图 7.2 所示，自西向东分布有西、中、东三个褶皱带[264]。西部褶皱带（南段为解放沟复向斜）轴向 NNE，向北收敛，核部由上三叠统（T_3）砂岩、板岩和中三叠统白山组（T_2b）大理岩组成。中部褶皱带（老庄子复背斜）核部由中三叠统盐塘组（T_2y）构成，两翼为中三叠统白山组（T_2b）地层，产状较对称，其南段向北倾伏，北段向南倾伏，在干海子以北地段形成构造鞍部。东部褶皱带（南段为养猪场复向斜）主要由上三叠统（T_3）砂岩、板岩和中三叠统白山组（T_2b）大理岩组成，大水沟一带由中三叠统盐塘组（T_2y）地层构成一系列向西倾倒的复式褶曲。区内断层构造按其形迹和展布方位分为 NNE 向、NNW 向、NE—NEE 向、NW—NWW 向（均以陡倾角为主）。其中，以 NNE 向和近 EW 向较为发育，并由 NNE 向、NE 向、近 EW 向构造组成了深埋引水隧洞工程区的构造骨架。

工程区域主要发育高角度逆冲断层，其次为 NEE 向和 NWW 向的横切断层，且层间小断层较发育，沿线通过的主要断层有：①F_5断层，NE10°～30°，NW∠70°，属压扭性，主带内有一定宽度的角砾岩，影响带宽 5～10 m，岩石呈片理化和千枚岩化。②F_6断层，NE20°～50°，NW 或 SE∠60°～87°，断层带宽 1～4.2 m，破碎带宽 6～37 m，发育泥化带、角砾岩带及劈理带。③F_8断层，NW42°～80°，NE∠45°～63°，断层带

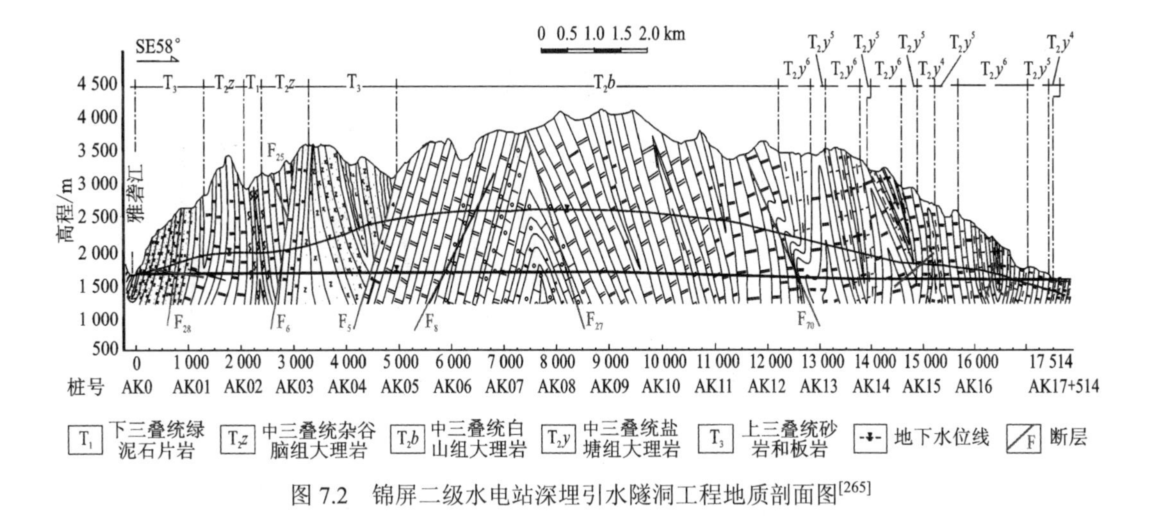

图 7.2　锦屏二级水电站深埋引水隧洞工程地质剖面图[265]

宽 7～13 m，带内岩石扭曲破碎，呈绢云母化、片岩化、糜棱岩化和泥化，沿断层带有泉水出露，多见石英脉穿插。④F_{25}断层，NE70°，SE∠66°～75°，主带宽 4～5 m，带内角砾岩宽 40～50 cm，挤压后岩石极为破碎，断层泥呈带状分布，局部充填次生泥，并可见石英脉充填。⑤F_{27}断层，NW30°～40°，NE∠80°，位于干海子中部，挤压破碎，干海子地区唯一的小泉也分布在该断层附近。⑥F_{28}断层，NE20°，SE∠70°，主带宽 1～2 m，挤压成片状岩。工程区构造纲要图如图 7.3 所示。

7.2.3　深埋引水隧洞地应力场条件

由于隧洞穿越陡峭山体地形（埋深较大、高差起伏），所以区域应力分布十分复杂。为了探明工程区地应力场的分布特征，中国科学院武汉岩土力学研究所锦屏二级水电站项目组前期开展了大量研究工作，包括区域地质构造分析、原位地应力测试（图 7.4）及多元回归反演分析等。由前期的研究工作可知，在区域构造地应力场上，工程区位于川滇菱形断块的中部偏东侧、安宁河断裂带西侧、丽江—小金河断裂带东段，被锦屏山断裂穿过，处于该断块南北部构造主应力方向的转变带，构造应力场以北部构造应力场 NW—NWW 向为主，在 NE 向也存在较大的构造应力。深埋引水隧洞沿线地应力场的可能类型如图 7.5 所示。

（1）在隧洞两端靠近河谷的位置，受边界压扭和剪切等构造作用的影响，在一定深度范围内水平应力较高（在 NNE 向、NW 向存在较大的构造应力），出现水平应力大于自重应力的现象；此外，由于隧洞上覆山体主要沿着 NNE 向延伸，所以 NNE 向的水平构造应力保存较好，受沿线山体地形的影响较小，在深埋引水隧洞处可近似为平面应变状态。因此，在靠近河谷段的上覆山体中，地应力类型基本判断为 TF 型，即水平方向的应力要大于垂直方向的应力。

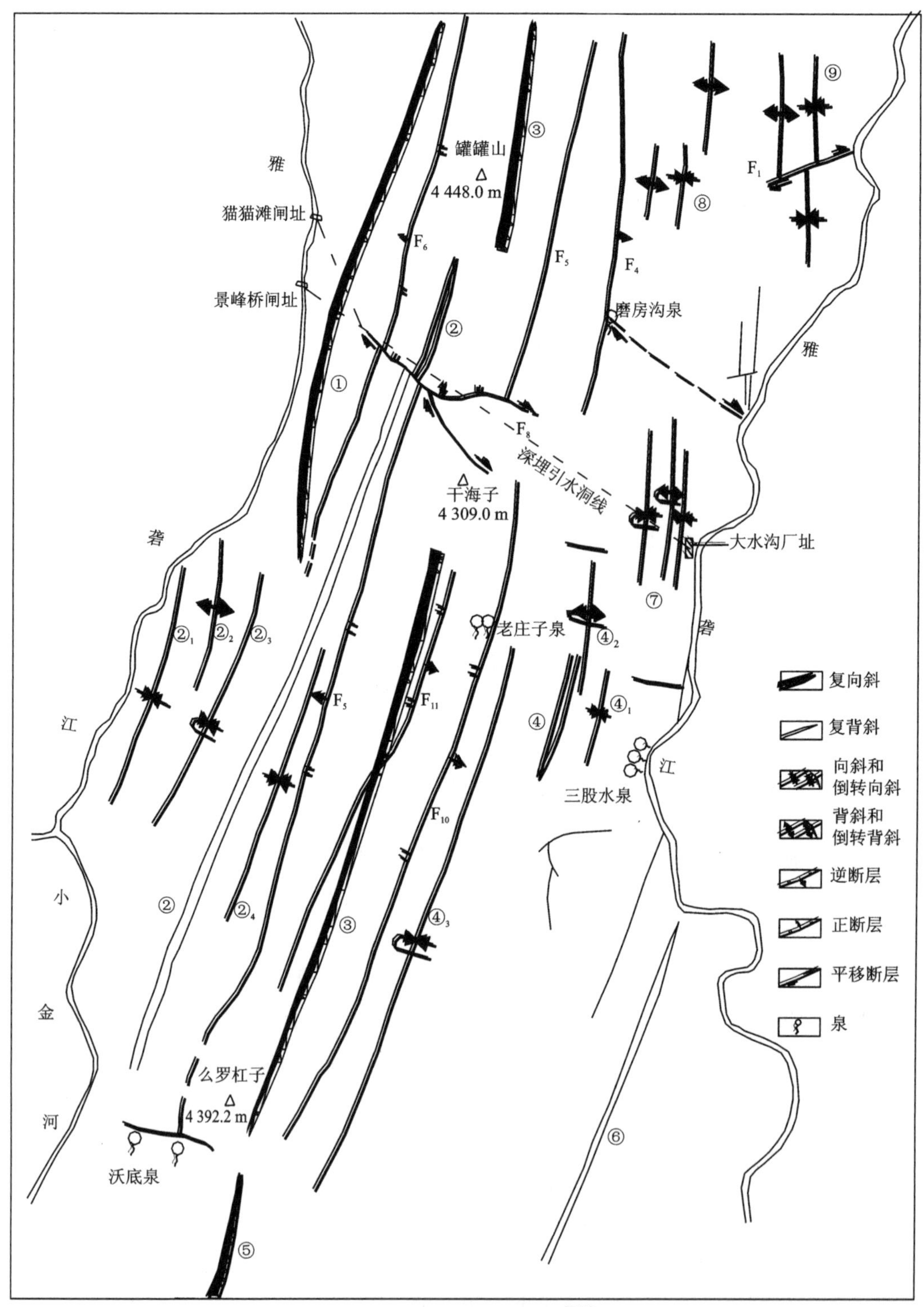

图 7.3　工程区构造纲要图[266]

①为落水洞背斜；②为解放沟复向斜；②1 为大堂沟向斜；②2 为陆房沟背斜；②3 为羊房沟倒转背斜；②4 为一碗水向斜；③为老庄子复背斜；④为养猪场复向斜；④1 为庄子向斜；④2 为西牦牛山背斜；④3 为和尚堡子倒转背斜；⑤为足木背斜；⑥为马鹵向斜；⑦为大水沟复背斜；⑧为漫桥沟复背斜；⑨为阿角堡子向斜

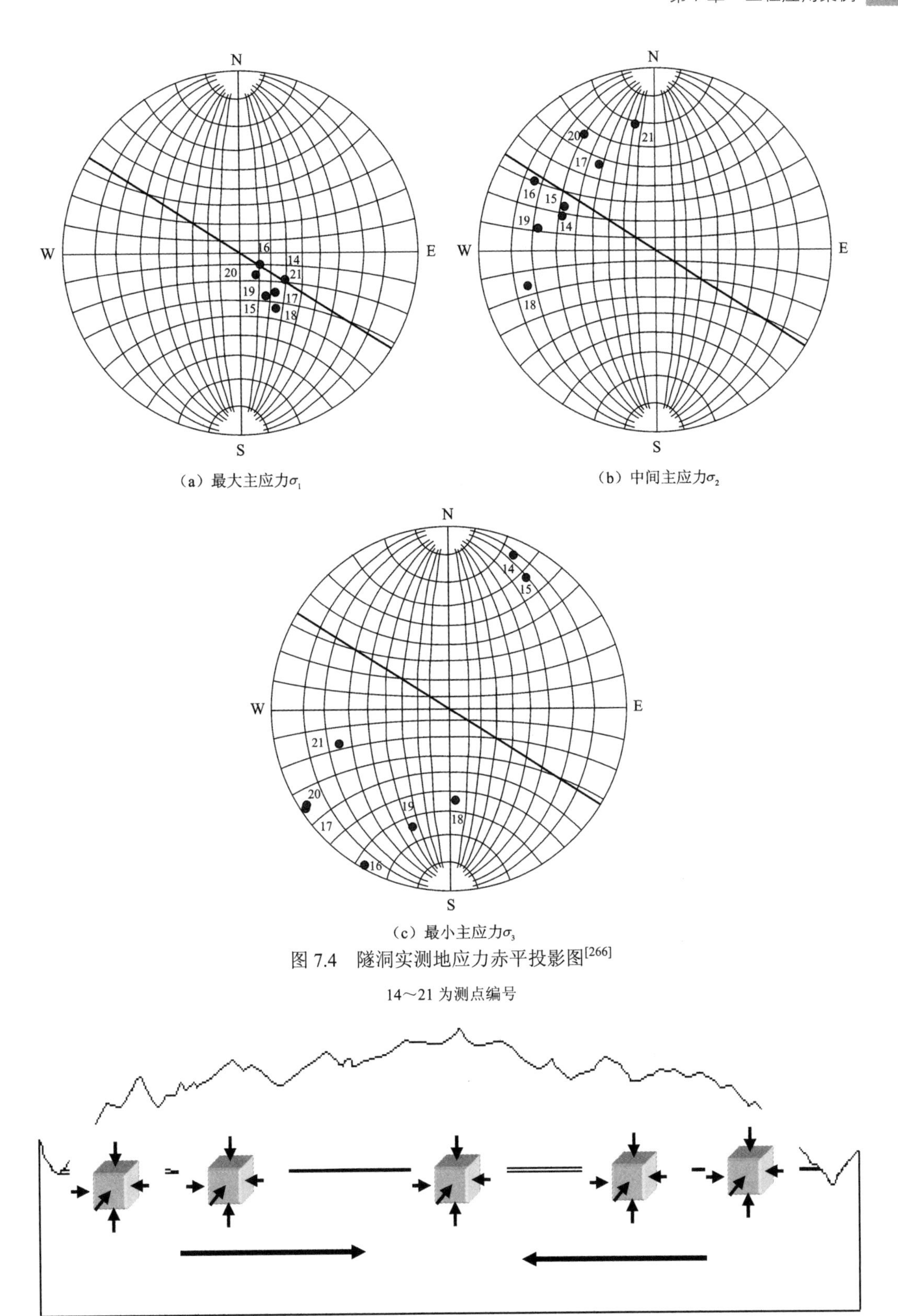

图 7.4　隧洞实测地应力赤平投影图[266]

14～21 为测点编号

图 7.5　深埋引水隧洞沿线地应力宏观分布规律的初步推测[266]

（2）在靠近山体内部的位置，随着埋深增加，自重应力急剧增大（最大可达 70 MPa），而 NNE 向水平构造应力受地形影响较小，整体变化较小，NW 向水平构造应力受到一定的地形影响，整体有所增加，内部应力场出现由 TF 型向 NF 型或 SS 型转变的现象（图 7.4），即垂直方向的应力要大于水平方向的应力。此外，考虑到断层褶皱及破碎带等地质构造的影响，不能排除部分洞段存在局部应力场突变的可能性，最大主应力可能偏于隧洞轴线的水平方向，也可能偏于近似竖向的垂直方向。

（3）在局部应力场上，隧洞大埋深洞段的最大主应力偏向竖直方向，应力差较小，水平方向的主应力与竖直方向的主应力之比 k 的范围为 0.67～0.86。最大主应力一般与竖直方向存在一定的夹角，在隧洞横剖面内，最大主应力与竖直方向的夹角为 15°～35°。在向斜核部和背斜两翼存在局部应力集中，受到断层影响，地应力的大小和方向都将发生变化。

7.3 工程区三维初始地应力场反演

初始地应力场是进行隧洞工程设计和计算分析，甚至是施工之前必须弄清楚的问题。在力学分析中，它既是初始条件，又是边界条件。因此，在工程设计和施工之前，常常要对现场若干测点的地应力进行测试，然后通过分析这些测点地应力的特点和规律，采用地质力学的手段对整个区域的地应力进行反演；或者通过测试位移或其他现场信息来反演地应力。由于锦屏二级水电站深埋引水隧洞工程涉及的区域非常广袤，计算区域异常大，再加上地势起伏比较大，可谓“山势雄厚，重峦叠嶂，沟谷深切，峭壁陡立”，加上断层切割，地质条件非常复杂，高地应力和强渗透压等特殊的地质力学背景给三维初始地应力场的反演提出了严峻的考验。针对本工程计算区域大、地势起伏大、断层切割多、单元数量大、考虑外水压力、地质构造作用明显等特点，本节在现有地应力测试和研究的基础上，采用多元线性回归方法进一步对锦屏二级水电站深埋引水隧洞工程区域的三维初始地应力场进行反演分析，深入研究在考虑渗流情况下深埋引水隧洞区域地应力的分布特点。

7.3.1 地应力反演的基本理论与方法

1. 三维地应力场的多元线性回归原理

目前，分析大范围岩体初始地应力场的代表性方法有：①天津大学马启超教授等提出的有限元数学模型回归分析方法[267-268]；②中国水利水电科学研究院张有天教授等提出的应力函数分析方法[269]；③长江科学院刘允芳教授等提出的将二维推演至三维的回归分析方法[270]；④武汉大学肖明教授等提出的变差函数拟合分析方法[271]；等等。其中，初始地应力场回归分析方法主要分为以下两类：一是应力函数法，即假定一种初始地应力场的分布模式，用拟合或回归的方法来计算地应力值以逼近实测值；二是位移反分析方法，即利用开挖扰动实测位移值反演小范围的岩体初始地应力。本次地应力反演主要是以地应力实测资料为基础，建立三维地质模型和有限元数学模型，采用应力函数法对锦屏二级水电站深埋引水隧洞区域进行地应力多元回归分析，基本过程如下。

（1）根据已知地质地形勘测试验资料、断层分布资料，经过岩性和岩类的划分及一定的地质概化，建立三维有限元计算模型，并划分计算网格。

（2）分析地应力的实测点位置和地应力的大小并将其转化至计算坐标系，分析这些点在整个计算域内的分布位置、应力值的分布规律，筛选测点作为后面的拟合对象。

（3）分析影响初始地应力场的主要因素，把可能影响初始地应力场的因素（自重、构造运动、温度等）作为待定因素，将各待定因素作为初始条件或边界条件（图 7.6）施加到有限元计算模型上，用数值计算方法获得已知点的应力值，然后在各待定因素的计算应力值与已知点实测应力值之间建立多元回归方程。

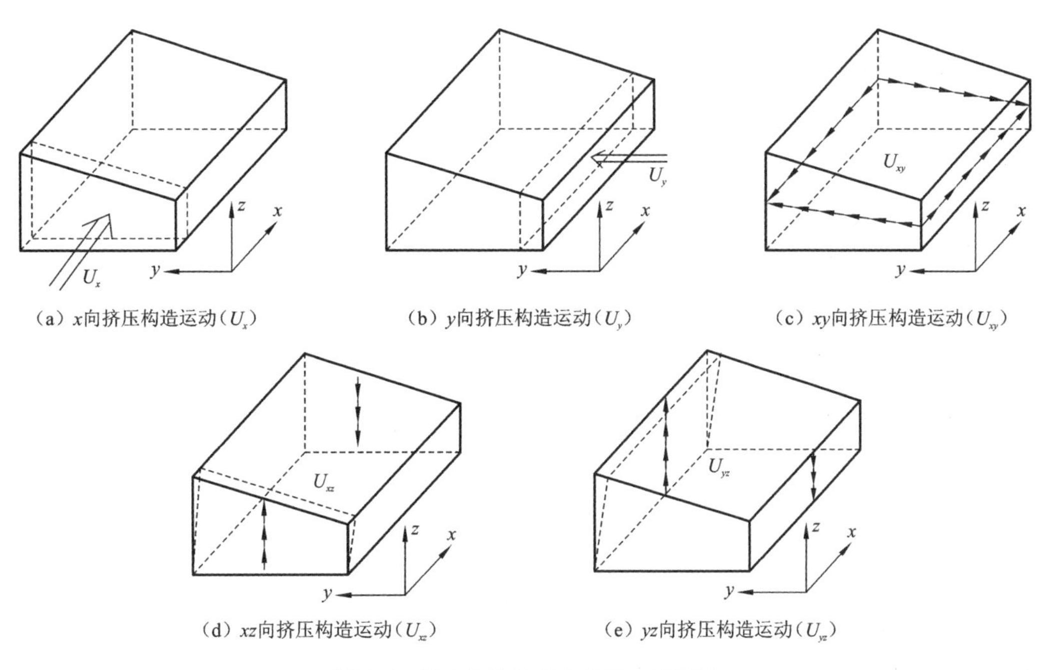

（a）x向挤压构造运动（U_x）　（b）y向挤压构造运动（U_y）　（c）xy向挤压构造运动（U_{xy}）

（d）xz向挤压构造运动（U_{xz}）　（e）yz向挤压构造运动（U_{yz}）

图 7.6　影响初始地应力场的主要因素

（4）采用统计分析方法（最小二乘法），基于残差平方和最小的原则求得多元回归方程中各自变量（待定因素）系数的最优解，同时在求解过程中对贡献不显著的因素进行剔除，然后重新对显著影响地应力场分布的作用因素进行回归分析，计算得出各个作用因素对地应力场影响的权重系数；最后，调整各个作用因素的作用力大小，并重新施加到有限元计算模型上，分析得出岩体初始地应力场的分布及各测点的应力值。

2. 多元回归与逐步回归分析

在基于应力函数法的三维地应力场多元回归分析中，一般可以认为实测初始地应力及其所反映的初始地应力场σ是下列变量的函数：

$$\sigma = f(x,y,z,E,\mu,\gamma,\varDelta_{\mathrm{g}},U,V,W,T,\cdots) \tag{7.1}$$

式中：σ为初始地应力场，在三维问题中代表六个应力分量；x、y、z为地形和地质体的空间位置坐标系，可由勘探资料获得；E、μ、γ分别为岩体的弹性模量、泊松比和容重，它们不随应力大小及加载过程变化，可用测试方法求得；$\varDelta_g$为自重因素；U、V、W为地质构造作用因素；T为温度因素。

假设工程区域内的岩体在开挖前均处于弹性工作状态，此时，弹性分析是合适的，采用线性系统的叠加原理，可写出各点初始地应力场的表达式：

$$\sigma = L_1\sigma_{\varDelta_g} + L_2\sigma_U + L_3\sigma_V + L_4\sigma_W + L_5\sigma_T + \cdots + \varepsilon_k \tag{7.2}$$

式中：$L_i(i=1,2,3,\cdots)$为回归系数；$\sigma_{\varDelta_g}$、σ_U、σ_V、σ_W、σ_T分别为对应于自重因素$\varDelta_g$、地质构造因素U、V、W、温度因素T作用下的应力场；ε_k为观测误差。ε_k为随机变量，当有m组观测值时，ε_k的数学期望全为0，即

$$E(\varepsilon_k)=0, \quad k=1,2,\cdots,m \tag{7.3}$$

各观测误差服从正态分布，各观测值互相独立，并有相同的精度，即ε_k之间的协方差可以表示为

$$\mathrm{COV}(\varepsilon_k,\varepsilon_h)=\begin{cases}0, & k\neq h, k,h=1,2,\cdots,m\\ \sigma^2, & k=h, k,h=1,2,\cdots,m\end{cases} \tag{7.4}$$

该方法以实测地应力为依据，以山体地形、地貌和地质构造为条件，计算过程可以分为以下五步。

（1）根据岩体的地质构造、山体地形条件、区域水位线及渗流边界，以及实测资料，建立有限元计算模型。

（2）用三维有限元如下6种初始的基本工况：①自重应力状态；②东西x向水平均匀挤压构造运动；③南北y向水平均匀挤压构造运动；④水平面内的均匀剪切构造运动；⑤东西x向垂直平面内的竖直均匀剪切构造运动；⑥南北y向垂直平面内的竖直均匀剪切构造运动，获得每个作用因素下测点位置的系统响应，即测点处的六个应力分量。

（3）根据各个测点的计算应力分量值和实测应力分量值，用最小二乘法进行回归分析，得出各个作用因素对地应力场影响的权重系数，并进行各作用因素的回归显著性检验，剔除回归效果不显著的作用因素。

（4）重新对显著影响地应力场分布的作用因素进行回归分析，计算得出各个作用因素对地应力场影响的权重系数。

（5）调整各个作用因素的作用力大小，并重新施加到有限元计算模型上，分析得出岩体初始地应力场的分布及各测点的应力值。

根据多元回归法的原理，将地应力回归计算值$\hat{\sigma}_{jk}$作为因变量，把数值计算求得的自重应力场和各作用因素下的构造应力场对应于实测点的应力计算值σ_{jk}^i作为自变量，得到如下回归方程：

$$\hat{\sigma}_{jk}=\sum_{i=1}^{n}L_i\sigma_{jk}^i \tag{7.5}$$

其中，k 为观测点的序号，应力分量序号 $j=1\sim6$，分别对应于 6 个应力分量，$\hat{\sigma}_{jk}$ 为第 k 个观测点 j 应力分量的回归计算值，L_i 为相应于自变量的回归系数，σ^i_{jk} 为 i 分项荷载模式下 k 观测点 j 应力分量的数值计算值，n 为包括自重和构造应力的分项荷载模式数。

假定有 m 个观测点，则最小二乘法的残差平方和为

$$\mathrm{SSE}=\sum_{k=1}^{m}\sum_{j=1}^{6}\left(\sigma^*_{jk}-\sum_{i=1}^{n}L_i\sigma^i_{jk}\right)^2 \tag{7.6}$$

式中：σ^*_{jk} 为 k 观测点 j 应力分量的观测值；应力分量序号 $j=1\sim6$，分别对应于六个应力分量。

根据最小二乘法的原理，使得 S_c 为最小值的方程式为

$$\begin{bmatrix}\sum_{k=1}^{m}\sum_{j=1}^{6}(\sigma^1_{jk})^2 & \sum_{k=1}^{m}\sum_{j=1}^{6}\sigma^1_{jk}\sigma^2_{jk} & \cdots & \sum_{k=1}^{m}\sum_{j=1}^{6}\sigma^1_{jk}\sigma^n_{jk}\\ & \sum_{k=1}^{m}\sum_{j=1}^{6}(\sigma^2_{jk})^2 & \cdots & \sum_{k=1}^{m}\sum_{j=1}^{6}\sigma^2_{jk}\sigma^n_{jk}\\ \text{对} & & \ddots & \\ & \text{称} & & \sum_{k=1}^{m}\sum_{j=1}^{6}(\sigma^n_{jk})^2\end{bmatrix}\begin{bmatrix}L_1\\L_2\\\vdots\\L_n\end{bmatrix}=\begin{bmatrix}\sum_{k=1}^{m}\sum_{j=1}^{6}\sigma^*_{jk}\sigma^1_{jk}\\\sum_{k=1}^{m}\sum_{j=1}^{6}\sigma^*_{jk}\sigma^2_{jk}\\\vdots\\\sum_{k=1}^{m}\sum_{j=1}^{6}\sigma^*_{jk}\sigma^n_{jk}\end{bmatrix} \tag{7.7}$$

解式（7.7），可以得到 n 个待定回归系数 $L_1,L_2,\cdots,L_n$，则计算域内任一点 P 的回归地应力，可由该点各分项荷载模式下数值计算应力值叠加得到，即

$$\sigma_{jp}=\sum_{i=1}^{6}L_i\sigma^i_{jp} \tag{7.8}$$

式中：σ_{jp} 为计算域内任一点 p 的 j 应力分量的回归计算值；σ^i_{jp} 为 i 分项荷载模式下点 p 的 j 应力分量的数值计算值。

由于各分项子构造应力之间是相容的，其中一个因素的引入必然造成其余因素的退化，所以还需要计算复相关系数和偏相关系数等，并通过回归方程和回归系数的显著性检验，将不显著因素从回归因子中剔除，重复进行回归计算。

3. 回归分析的显著性检验

多元回归的显著性检验包括回归效果的显著性检验与回归系数的显著性检验。具体来说，可以分为以下几种检验方式。

1）复相关系数 R

在回归分析中，定义：

$$\bar{\sigma}_{jk}=\frac{1}{mn}\sum_{k=1}^{m}\sum_{j=1}^{n}\sigma^*_{jk} \tag{7.9}$$

残差平方和：

$$\mathrm{SSE}=\sum_{k=1}^{m}\sum_{j=1}^{n}(\sigma^*_{jk}-\hat{\sigma}_{jk})^2 \tag{7.10}$$

回归平方和：

$$\mathrm{SSR}=\sum_{k=1}^{m}\sum_{j=1}^{n}(\hat{\sigma}_{jk}-\bar{\sigma}_{jk})^2 \tag{7.11}$$

总偏差平方和：

$$\mathrm{SST}=\mathrm{SSE}+\mathrm{SSR}=\sum_{k=1}^{m}\sum_{j=1}^{n}(\sigma_{jk}^{*}-\bar{\sigma}_{jk})^2 \tag{7.12}$$

复相关系数：

$$R=\sqrt{1-\frac{\mathrm{SSE}}{\mathrm{SST}}} \tag{7.13}$$

复相关系数 R 反映了引入回归方程中的全部自变量的“方差贡献”，R 越接近 1，回归效果越好。但是，当引入的自变量和预测组数相等（即 $n=m$）时，总会得到 $R=1$。因此，更有意义的指标为 F。

2）*F* 检验

构造统计量：

$$F=\frac{\mathrm{SSR}/n}{\mathrm{SSE}/(mn-n-1)} \tag{7.14}$$

在给定显著水平 α（一般 α 取 0.05）之后，可于 F 分布表中查出相应的临界值 F_α，只有当计算的 $F>F_\alpha$ 时，才能认为这 n 个自变量的总体效果显著。

也可以根据 F_α 求出：

$$R_\alpha=\sqrt{\frac{nF_\alpha}{(mn-n-1)+nF_\alpha}} \tag{7.15}$$

只有当求出的复相关系数 R 应大于 R_α 时，才能认为总体效果显著。

3）偏相关系数检验

偏回归差平方和：

$$V_i=\frac{L_i^2}{C_{ii}} \tag{7.16}$$

式中：V_i 为回归方程中各自变量的贡献；C_{ii} 为正规方程系数矩阵逆矩阵的主元素。V_i 越大，相应自变量的贡献越大。

$$F_i=\frac{V_i/1}{\mathrm{SSE}/(mn-n-1)}=\frac{L_i^2}{C_{ii}\mathrm{SSE}/(mn-n-1)} \tag{7.17}$$

确定显著水平 α 之后，查表得 F_α，当 $F>F_\alpha$ 时，相应的自变量贡献显著。

7.3.2　区域地应力反演计算

在本次锦屏二级水电站深埋引水隧洞大区域地应力反演中，以多元回归为数学工具，考虑地下水对地应力场的影响，采用弹性本构模型，通过流固耦合并行计算各种工况下的地应力，最后基于应力叠加原理得到整个研究区域的地应力场。

1. 三维计算模型

图 7.7 为本次三维初始地应力场反演采用的计算模型。计算模型的坐标原点选在深埋引水隧洞进水口西南侧，计算模型沿 x 轴和 y 轴的计算范围分别为 21 km 和 10 km，z 轴的计算范围为从海拔-1 000 m 到山顶。三个坐标轴的方位分别为：x 轴 SE58°，y 轴 NE32°，z 轴与大地坐标重合，深埋引水隧洞在计算模型中位于 $y = 5\ 000$ m 的位置，其轴线方向与 x 轴平行。考虑到地应力反演的主要目的是获得深埋引水隧洞沿轴线的地应力分布特征，模型中主要考虑 F_5、F_6、F_{28}、F_{27} 四条大断层，各断层在局部坐标系的产状如表 7.1 所示。模型共划分为 548 414 个四面体单元，有 97 524 个节点，其中断层采用实体单元，厚度为 10～20 m。由于工程区域内出露的地层主要为前泥盆系—侏罗系的一套浅海—滨海相、海陆交替相地层，但深埋引水隧洞沿线所穿越的地层均为三叠系，故在数值计算模型中也只采用三叠系的 5 个典型地层，其地层和断层物理力学参数如表 7.2 所示。

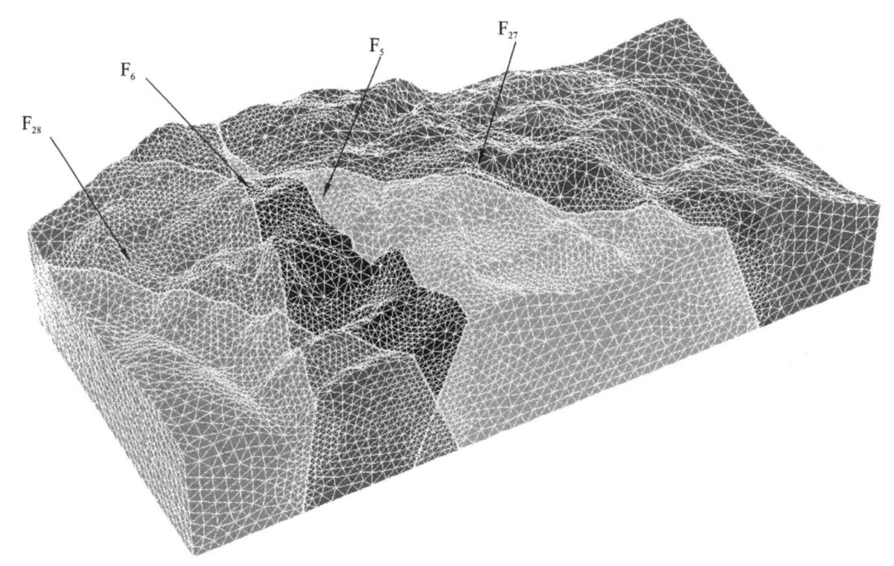

图 7.7　计算模型

表 7.1　建模中实际采用的断层参数

断层	走向	倾向	倾角/（°）
F_5	NW14°	SW	69.5
F_6	NE11°	NE	81.2
F_{28}	NW37°	NE	73.8
F_{27}	NW52°	NE	76.7

注：N 沿 y 轴正向，E 沿 x 轴正向。

表 7.2 数值计算中采用的地层与断层物理力学参数表

类别		干密度/(kg/m³)	弹性模量/MPa	泊松比
地层	T_2z 大理岩	2.64	15	0.26
	T_1 绿泥石片岩	2.55	14	0.30
	T_3 砂岩和板岩	2.62	20	0.26
	T_2b 大理岩	2.63	25	0.23
	T_2y 大理岩	2.55	14	0.25
断层	F_{28}	2.60	5	0.32
	F_6	2.60	3	0.35
	F_5	2.50	5	0.35
	F_{27}	2.50	5	0.32

2. 地应力测点分析及筛选

从现有的长探洞 5 个地应力测点、辅助洞 7 个地应力测点、厂区 6 个地应力测点的实测地应力来看，其具有如下规律[266]：①地应力都随着上覆岩层的增厚而增大；②最大主应力方位随着上覆岩层的增厚由 NE—SW 向转向 NWW—SEE 向；③最大主应力倾角随上覆岩层的增厚由近水平转向近竖直；④地应力测试时，测得的孔隙压力很小，因此测试成果可以认为均是有效应力部分。地应力的实测分析表明，自重应力主导了工程区域的地应力场，且地应力场由东西两端的近河谷地应力场逐渐过渡到锦屏山体内部的自重应力场。

基于地应力测点选取的代表性、分散性、协调性和准确性（位置靠近的测点只取一个，位置坐标不明确的测点不取，地应力变化规律与相邻测点不协调的测点不取，深度太小的测点不取），本次分析中分别从辅助洞和厂区选取了 7 个利用水压致裂法测试的地应力结果，并将其作为地应力多元回归的目标值，如表 7.3 所示。

表 7.3 多元回归分析中采用的实测地应力位置及数值

编号	位置	σ_1			σ_2			σ_3		
		数值/MPa	走向	倾角/(°)	数值/MPa	走向	倾角/(°)	数值/MPa	走向	倾角/(°)
1	东端第 2 横通洞	19.1	SE32°	58	10.0	NE34°	31	7.2	NE56°	1
2	东端第 4 横通洞	41.9	SE32°	59	29.8	NW80°	22	18.7	NE18°	21
3	东端第 5 横通洞	28.1	SE54°	−51	13.3	NW80°	39	11.7	NE18°	35
4	西端第 7 横通洞	44.2	SE48°	70	28.0	NW51°	20	20.7	NE39°	1
5	大水沟厂址 DK9（测点编号）	22.9	SE68°	17	19.8	NE13°	29	14.1	NE48°	−56
6	大水沟厂址	12.5	SE41°	−18	11.1	NE39°	−29	7.9	NE77°	55
7	PD1-S1（测点编号）	35.7	SE12°	67	25.6	SE72°	−42	22.2	NE59°	57

3. 多元回归分析

1）计算工况

首先将实测地应力数据的主应力与主应力方向转换为计算坐标下的 6 个应力分量。多方案的三维数值试算比较与构造敏感性回归分析表明：东西 x 向垂直平面内的竖直剪切构造因素和南北 y 向垂直平面内的竖直剪切构造因素作用不明显，而自重和其他构造因素作用显著，最后确定地应力场形成的构造模式为：①自重应力；②东西 x 向水平均匀挤压构造；③南北 y 向水平均匀挤压构造；④水平面内的均匀剪切构造。取单位位移为 1 m，其计算模型工况与边界条件如表 7.4 所示。

表 7.4　计算模型工况与边界条件

构造模式	工况	计算条件
①	自重（σ_g）	给定地下水位曲面及源汇边界；约束模型 x 向、y 向及底部边界的法向位移；给定重力加速度 10.0 m/s^2；给定各类岩层的密度及力学参数；按弹性本构计算各地应力测点位置的响应应力
②	x 向挤压（σ_x^1）	给定地下水位曲面及源汇边界；约束模型 y 向、底部边界及 x 向右侧边界的法向位移；在 x 向左侧边界节点施加均匀法向位移（1 m）；给定各地层的力学参数且不计密度；按弹性本构计算各地应力测点位置的响应应力
	x 向挤压（σ_x^2）	给定地下水位曲面及源汇边界；约束模型 y 向、底部边界的法向位移；在 x 向左右两侧边界节点施加三角形法向位移（三角形底边长 0.5 m，高度为模型边界高度）；给定各地层的力学参数且不计密度；按弹性本构计算各地应力测点位置的响应应力
③	y 向挤压（σ_y^1）	给定地下水位曲面及源汇边界；约束模型 x 向、底部边界及 y 向右侧边界的法向位移；在 y 向左侧边界节点施加均匀法向位移（1 m）；给定各地层的力学参数且不计密度；按弹性本构计算各地应力测点位置的响应应力
	y 向挤压（σ_y^2）	给定地下水位曲面及源汇边界；约束模型 x 向、底部边界的法向位移；在 y 向左右两侧边界节点施加三角形法向位移（三角形底边长 0.5 m，高度为模型边界高度）；给定各地层的力学参数且不计密度；按弹性本构计算各地应力测点位置的响应应力
④	水平剪切（τ_{xy}）	给定地下水位曲面及源汇边界；约束模型 x 向、y 向及底部边界的法向位移；在模型 x 向和 y 向施加相对切向位移（1 m）；给定各地层的力学参数且不计密度；按弹性本构计算各地应力测点位置的响应应力

2）系数回归

基于线性叠加原理，一个完整的地应力场应该是前述 6 种计算工况叠加的结果，即任意一点的地应力为

$$\hat{\sigma} = A_1\sigma_g + A_2\sigma_x^1 + A_3\sigma_x^2 + A_4\sigma_y^1 + A_5\sigma_y^2 + A_6\tau_{xy} + e \tag{7.18}$$

式中：σ_g、σ_x^1、σ_x^2、σ_y^1、σ_y^2、τ_{xy} 分别代表上述 6 种应力因素；e 为误差；A_1、A_2、A_3、A_4、A_5 和 A_6 为待回归系数。

计算得到的回归系数矩阵为 $\boldsymbol{L} = [A_1,A_2,A_3,A_4,A_5,A_6]^{\mathrm{T}} = [0.961,6.64,1.83,2.18,0.47,-1.1]^{\mathrm{T}}$。回归残差平方和 SSE = 303.12，$\hat{\sigma}$ 估计值的标准方差 SST = 2.94，复相关系数 $R = 0.93$，

F 检验观测值为 38.43，取显著性水平 $\alpha = 0.05$ 时，临界值 $F_\alpha = 2.38$，$F > F_\alpha$，检验合格。因此，认为这 6 个自变量的总体效果显著，表明回归公式的相关性好。将回归系数分别与各种工况施加的位移边界相乘，并再进行一次边界位移合成流固耦合计算，得到各实测点处的地应力计算值，计算值与实测值的对比如表 7.5 所示。

表 7.5　实测地应力与回归计算地应力的对比

测点		σ_x /MPa	σ_y/MPa	σ_z/MPa	τ_{xy}/MPa	τ_{yz}/MPa	τ_{xz}/MPa
1	实测值	12.8	6.5	17.0	−3.8	8.0	−8.7
	计算值	14.3	8.4	17.7	−2.5	6.9	−10.1
2	实测值	32.0	21.1	37.4	0.7	5.9	−5.5
	计算值	31.3	19.6	35.3	−0.4	3.5	−5.2
3	实测值	19.1	11.7	22.3	−0.4	0.5	−7.2
	计算值	22.4	15.2	24.8	1.5	1.0	−9.4
4	实测值	31.0	18.9	40.5	−1.8	0.8	−3.8
	计算值	32.6	21.7	39.0	1.2	1.5	6.1
5	实测值	28.5	18.4	16.9	1.2	−3.1	−3.7
	计算值	27.2	20.7	18.3	0.7	2.1	−2.8
6	实测值	11.8	10.6	9.1	−0.8	1.0	1.5
	计算值	14.1	13.4	9.5	−0.06	1.5	5.4
7	实测值	32.7	24.2	26.6	−2.7	−0.5	−4.7
	计算值	31.2	22.2	24.9	1.1	−0.6	−6.8

4. 深埋引水隧洞区域地应力特征分析

通过地应力反演合成计算，得到了锦屏二级水电站深埋引水隧洞区域的地应力场分布（图 7.8）。计算结果表明，深埋引水隧洞轴线典型地层的最大主应力约为 70 MPa，大概位于深埋引水隧洞西端进深 9 km 的位置，即隧道纵剖面埋深最大的位置。最大主应力方向随隧洞进深增加由 NNE 向转向 NWW 向，中间主应力的方向大体为近 ES 向。整个工程区域的地应力场具有以下特点。

（1）两侧河谷地应力带：在深埋引水隧洞入口和出口区域，受雅砻江长期冲蚀下切和地壳抬升作用的影响，形成了山高谷窄的河谷地形。虽然地面剥蚀使部分应变能得以释放，但由于残余应力的存在，表现为明显的应力集中，且 x 向水平应力比较大，竖直应力也比较大。因此，该区域总体上为受河沟地形控制、最大主应力倾角较小，以 x 向水平应力为主的河谷地应力带。

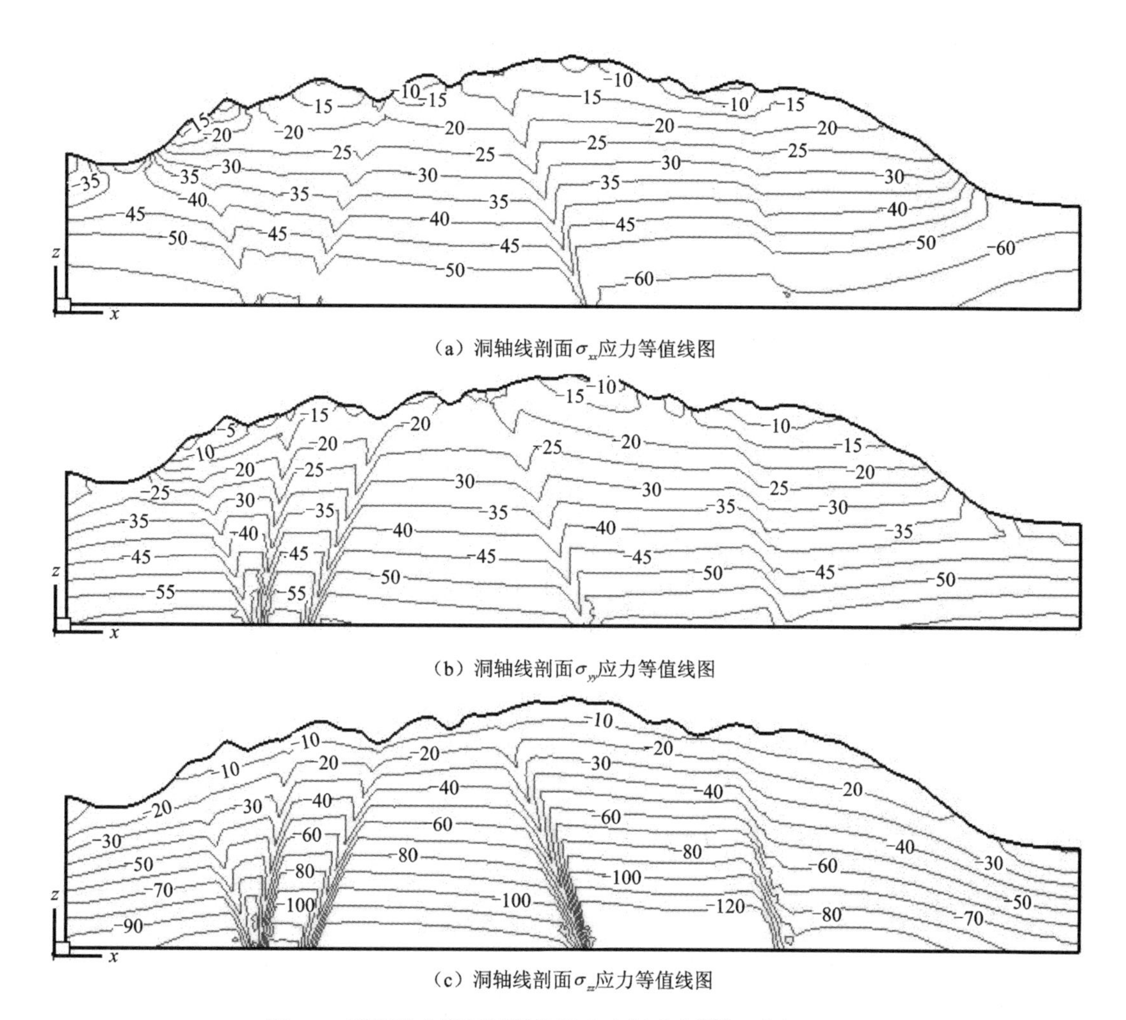

（a）洞轴线剖面σ_{xx}应力等值线图

（b）洞轴线剖面σ_{yy}应力等值线图

（c）洞轴线剖面σ_{zz}应力等值线图

图 7.8　深埋引水隧洞区域的地应力场分布[265]（单位：MPa）

（2）中部均匀重力应力带：在距深埋引水隧洞进口和出口一定距离（2～3 km）的砂板岩、白山组、盐塘组等完整地层、地应力变化梯度等值线较缓，最大主应力倾角较大，竖直向应力为最大应力且近地表应力具有随地层起伏的特点，y 向水平应力较小，该区域地应力主要受控于岩体自重作用，其次是 x 向水平构造。因此，可以认为该区域是以重力为主导的均匀应力带。

（3）断层构造应力带：在断层经过区域，受断层挤压剪切（数值计算中仅反映了挤压趋势）影响，该区域的地应力表现为应力变化剧烈，相对于断层前后的地层而言有一定的应力松弛。因此，断层穿越地段可以认为是受断层控制、存在应力松弛和集中的断层构造应力带。

7.4 隧洞施工期围岩短期力学响应分析与验证

在深埋引水隧洞的掘进过程中，在3#深埋引水隧洞AK15+250断面开展了全断面5孔钻孔声波测试，还通过2-1#支洞对3#深埋引水隧洞边墙开展了钻孔摄像观测，综合观察了岩体开挖前后的变形破裂响应，具体如图7.9所示。这些现场实测信息为隧洞施工期围岩力学响应模拟及分析提供了丰富的数据支撑，因此选择该洞段进行分析计算。

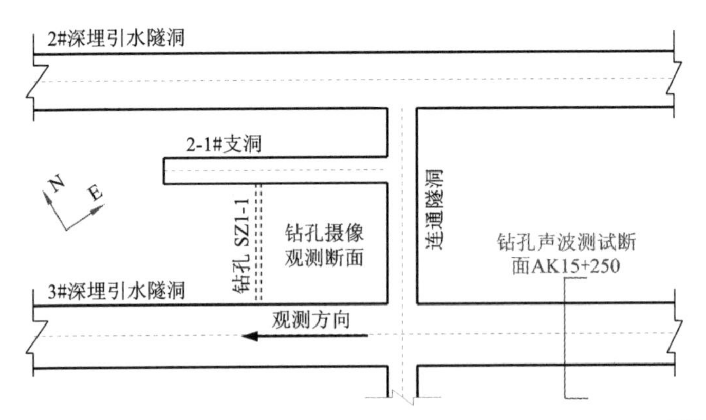

图7.9 锦屏二级水电站3#深埋引水隧洞围岩力学响应现场测试[193]

7.4.1 计算模型与计算方案

本次数值分析采用的计算模型如图7.10所示，包括3#深埋引水隧洞的开挖区域、混凝土衬砌及部分隧洞围岩。考虑到整体埋深较大，模型中忽略了上覆山体地形的影响。在计算分析时，边界效应对于计算结果的影响不可忽视。在数值计算中，为了尽量消除边界效应的影响，将模型边界至隧洞中心线的距离设置为4～5倍洞径。图7.10所示的计算模型在x方向上的长度为120 m，在y方向上的宽度为100 m，在z方向上的高度为120 m，共计剖分了216 200个单元，有157 396个节点。3#深埋引水隧洞为圆形断面（设计直径为12.4 m，衬后直径为11.2 m），采用掘进机进行开挖掘进。为了简化分析流程，本次计算未考虑洞群效应对计算结果的影响，仅针对单条隧洞进行模拟分析。

计算分析区域为AK15+250断面的附近洞段，该洞段围岩为II～III类T_2y^4大理岩，区域平均埋深约为1 300 m。根据实测数据和回归分析可知，该洞段的地应力分量如表7.6所示。计算过程中将表7.6中的应力分量作为模型的应力边界条件，并对所有垂直于模型边界的法向位移进行约束，同时不考虑岩体重力的影响。由于本次计算主要考虑隧洞横断面内的开挖响应，所以模拟时重点考虑隧洞横断面内的正应力（σ_x和σ_z）和剪应力（τ_{xz}）及沿隧洞轴向的正应力（σ_y）的影响，不考虑隧洞横断面以外的剪应力（τ_{xy}和τ_{yz}）对围岩开挖响应的影响。模型所采用的应力边界条件具体如图7.11所示，

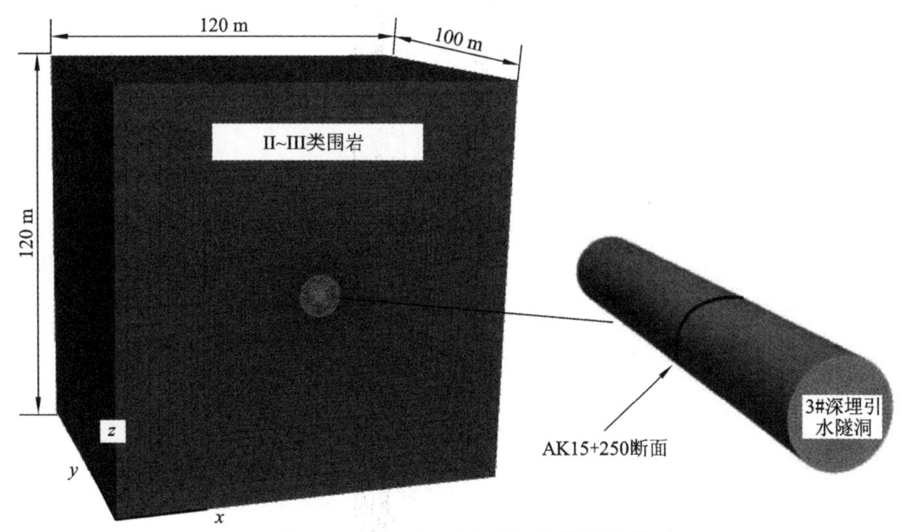

图 7.10　3#深埋引水隧洞数值计算模型

即在模型边界处施加对称分布的正应力和剪应力，保证整个模型在边界所施加的应力约束条件下能够保持受力平衡。需要注意的是，由于本次模拟分析侧重于获取该洞段在开挖初期围岩初始损伤区的分布特征，同时考虑到施工期外水主要表现为突涌水（高压水经开挖所揭露的局部溶蚀导水通道喷出，并未在隧洞周围岩体内形成稳定的渗流场），所以计算中不考虑支护作用（锚杆、衬砌）和外水压力等因素的影响。此外，为了尽量消除掌子面空间效应的影响，计算过程中将中部断面（$y=50$ m）作为分析断面，以最大限度地避免空间效应引起的结果偏差。

表 7.6　3#深埋引水隧洞 AK15+250 断面附近洞段地应力测量结果　（单位：MPa）

σ_x	σ_y	σ_z	τ_{xy}	τ_{xz}	τ_{yz}
−45.62	−58.13	−50.52	0.14	4.19	0.25

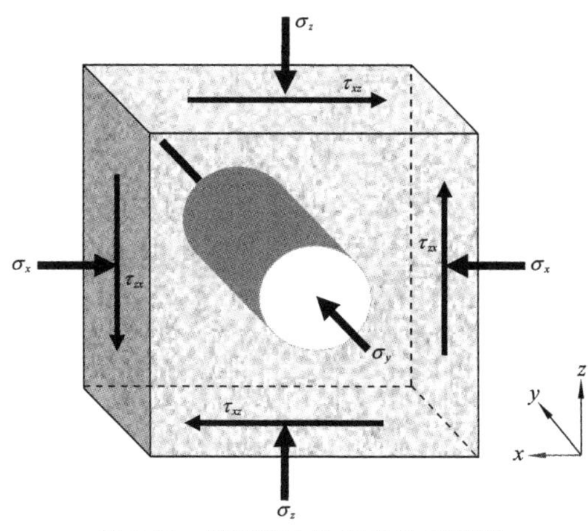

图 7.11　模型应力边界条件示意图

7.4.2 基于 CESPA 的围岩力学参数估计

选取可靠的岩体力学参数，是进行后续数值分析计算的必要前提。为了获得合理的数值输入参数，本小节采用作者提出的 CESPA 对岩体主要力学参数进行了估计。CESPA 是根据现场工程响应监测结果来进行参数评估的，首先需要基于钻孔声波测试和钻孔摄像观测对岩体开挖前后的波速变化和节理发育情况进行分析；然后在获得隧洞围岩开挖前后现场响应信息的基础上，采用 CESPA 中基于 Q 系统的深部硬岩力学参数修正估计公式，对数值输入参数进行估计和校核。

根据如图 7.12 所示的钻孔壁图像可知，隧洞开挖前钻孔壁上仅可观察到一条初始节理，节理面光滑且贴合紧密，孔壁干燥且呈未风化状态；隧洞开挖后钻孔壁上可以观测到一组均匀分布的、间距为 10～20 cm 的平行节理组，节理面光滑且具有一定的起伏波动；可见节理（裂隙）带主要分布在距离隧洞边墙 0～3 m 的浅层范围内，根据 ISRM 建议的方法[187]可知该洞段围岩损伤深度约为 3 m。根据如图 7.13 所示的钻孔声波测试结果可知，3#深埋引水隧洞 AK15+250 断面附近洞段的损伤深度介于 1.8～2.4 m，同时根据 V_{p}-H 曲线可以确定 V_{p}^{0} 与 $V_{\mathrm{p}}^{\mathrm{f}}$ 分别为 5.6 km/s 与 3.9 km/s，同时根据经验方法取 $V_{\mathrm{p}}^{1}=0.9V_{\mathrm{p}}^{0}$，即 $V_{\mathrm{p}}^{1}=5.04$ km/s。现场钻孔摄像观测结果显示隧洞开挖后的围岩损伤深度约为 3 m，而钻孔声波测试结果表明围岩损伤深度为 1.8～2.4 m，两种测试手段所获得的结果基本上是一致的。从客观的角度来看，AK15+250 钻孔声波测试断面与钻孔摄像观测断面相隔一定的距离，从而不可避免地导致两处的围岩损伤深度存在一定的变异性。从宏观的角度来看，钻孔声波测试确定的围岩损伤深度与钻孔摄像观测确定的围岩损伤深度差异并不显著，这既充分说明了对隧洞围岩宏观力学行为的把握比较准确，又为后续数值输入参数估计及开挖响应模拟分析奠定了坚实的基础。

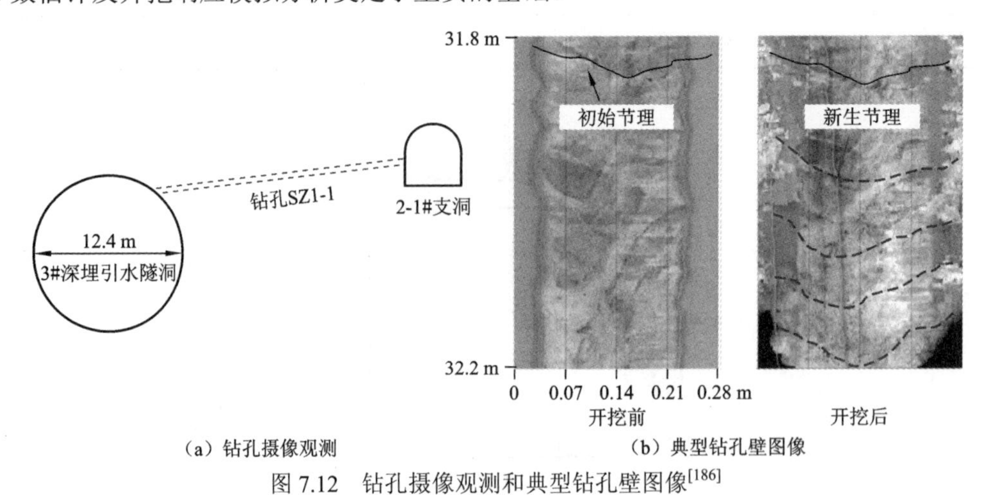

图 7.12 钻孔摄像观测和典型钻孔壁图像[186]

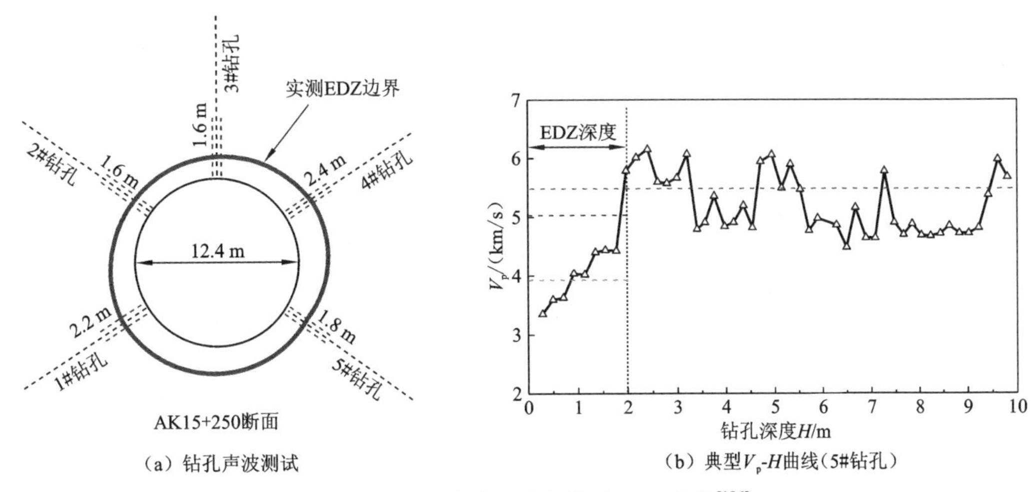

（a）钻孔声波测试　　（b）典型V_p-H曲线(5#钻孔)

图 7.13　钻孔声波测试和典型 V_p-H 曲线[186]

根据该洞段围岩开挖前后的钻孔壁图像和现场应力测量中所获得的相关特征，对 Q-参数进行了初始评级（表 7.7）。结果表明，基于 Q-参数和基于 V_p-参数所估计的 Q_c 差异较大（表 7.8），这说明需要对 Q-参数初始评级进行调整，于是在 Q-参数初始评级的基础上，对 SRF^0 和 SRF^f 的取值进行调整，使得基于 Q-参数的 Q_c^0 和 Q_c^f 估计值与基于 V_p-参数的 Q_c^0 和 Q_c^f 估计值基本一致。然后，根据调整后的 Q-参数评级及式（6.5）和式（6.6）估计了岩体的 E^0、c^0、φ^0、E^f、c^f 及 φ^f（表 7.9）。除上述力学参数外，CESPA 中还需要确定以下参数：①其他常规力学参数（包括抗拉强度 σ_t^{RM}、剪胀角 ψ_d、泊松比 μ，以及 $\bar{\varepsilon}_E^p$、$\bar{\varepsilon}_c^p$ 和 $\bar{\varepsilon}_\varphi^p$）；②$b$、$d$、$k_0$ 和 EDI_{min} 等常量参数。其中，通过式（6.11）计算可知 EDI_{min} 等于 0.1，而其他输入参数则根据锦屏二级水电站大理岩的参数建议值[195]进行确定。

表 7.7　3#深埋引水隧洞 AK15+250 断面附近洞段围岩 Q-参数评级和调整

参数	评级	特征描述	参数	评级	特征描述
RQD^0	90	完整	RQD^f	50	大部分完整
J_n^0	1	少量节理	J_n^f	2	多个连续节理
J_r^0	1	节理面平滑	J_r^f	2	节理面光滑起伏
J_a^0	1	节理面坚硬紧密	J_a^f	1	开挖诱发的新鲜节理
J_w^0	1	钻孔壁干燥	J_w^f	1	钻孔壁干燥
SRF^0	5（3）	高应力条件	SRF^f	10（5）	高应力条件

注：括号内的 SRF^0 和 SRF^f 评级是根据特征描述确定的初始值；括号外的 SRF^0 和 SRF^f 评级是 Q-参数评级调整后的最终值。

表 7.8　3#深埋引水隧洞 AK15+250 断面附近洞段围岩 Q_c 值计算

计算方法	Q_c^0	Q_c^f
基于 Q-参数[式（6.5）和式（6.6）]	18（30）	5（10）
基于 V_p-参数[式（6.8）]	16	3

注：括号内是根据 Q-参数初始评级估计的 Q_c 值；括号外是根据调整后的 Q-参数评级估计的 Q_c 值。

表 7.9　3#深埋引水隧洞 AK15+250 断面附近洞段围岩数值输入参数

参数	取值	参数	取值
E^0/GPa	26.2	$\bar{\varepsilon}_{\varphi}^{p}$ /10^{-3}	5.5
E^f/GPa	17.1	μ	0.23
c^0/MPa	18.0	σ_t^{RM} /MPa	1.5
c^f/MPa	2.5	ψ_d /（°）	0
φ^0/(°)	17.0	k_0	1.05
φ^f/(°)	63	b	2.0
$\bar{\varepsilon}_{E}^{p}$ /10^{-3}	2.0	d	0.33
$\bar{\varepsilon}_{c}^{p}$ /10^{-3}	2.0	EDI_{min}	0.1

7.4.3　施工开挖初期的围岩变形损伤初步分析

基于表 7.9 中所列出的输入参数，通过 RDM 和 EDI 对该洞段开挖初期的位移场、应力场分布进行了分析，并预测了 EDZ 的范围，具体计算结果分析如下。

1. 应力分布特征

图 7.14 为该洞段开挖完成后的围岩应力分布特征。根据最大主应力的分布可知，开挖引起的高应力集中区主要分布在隧洞南侧拱脚及北侧拱肩等距离隧洞临空面 2.8～3.5 m 的区域，最大集中应力约为 85 MPa。根据最小主应力的分布可知，开挖卸荷引起的应力松弛区主要分布在隧洞表层 0.5～1.5 m 的范围内，最小主应力的量值从隧洞表层到围岩内部依次由 2.5 MPa 增加到 24 MPa；此外，需要注意的是，最小主应力也存在一定的应力集中现象，但是与最大主应力的集中现象不同的是，最小主应力集中区主要分布在松弛区边缘的局部范围。考虑到围岩内部高应力集中所引起的能量积蓄，在局部较完整的区域可能存在一定的岩爆风险。根据工程现场的脆性破坏统计结果可以看出，本次模拟计算获得的围岩应力分布基本符合实际应力分布规律。

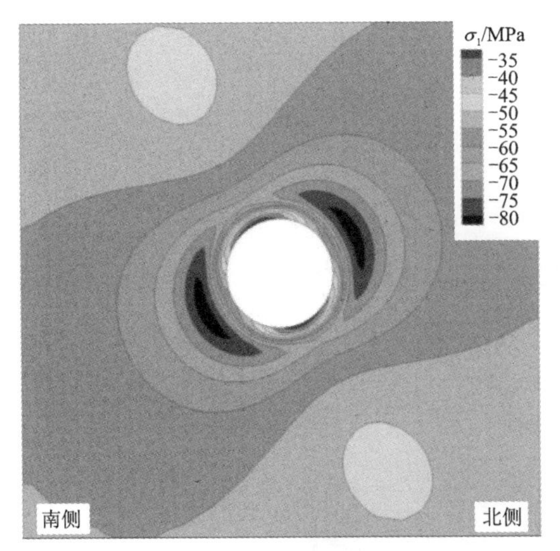

（a）最大主应力

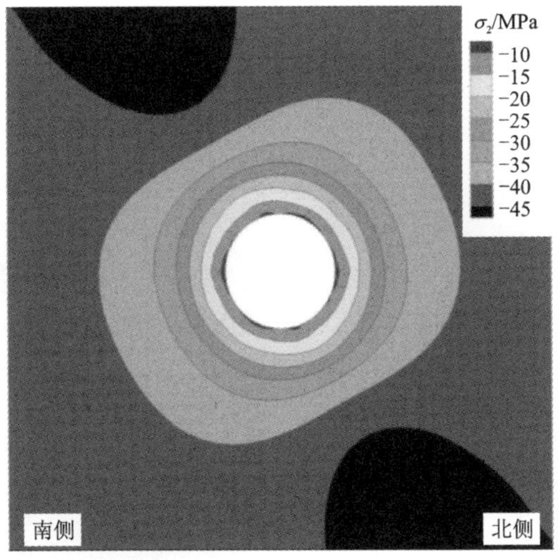

（b）中间主应力

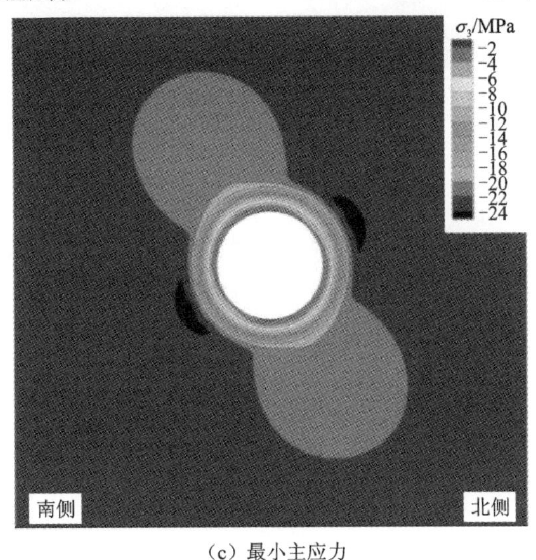

（c）最小主应力

图 7.14　围岩应力分布特征（面向西端）

扫一扫，看彩图

2. 位移分布特征

图 7.15 为该洞段开挖完成后的围岩变形分布特征。由图 7.15 可以看出，隧洞拱顶和南侧拱肩，以及底部和北侧拱脚等区域的变形较为显著，而隧洞两侧边墙（拱腰位置）的变形较小；最大位移出现在隧洞南侧拱肩和北侧拱脚位置，最大位移为 22 mm（主要表现为松弛回弹位移）。此外，根据如图 7.14 所示的围岩应力分布特征可知，围岩位移相对显著的区域主要对应于开挖卸荷引起的应力松弛区，而围岩位移较小的区域主要对应于开挖引起的高应力集中区。对于应力松弛区而言，其变形是开挖卸荷使得围岩出现松弛回弹所引起的[272]，开挖初期该区域的整体变形和影响范围均较大。但是对于高应力集中区而言，其变形是区域应力超过岩体承载极限所导致的局部塑性屈服引起的，开挖

初期该区域的整体变形和影响范围较小。进一步结合工程现场的变形监测结果可知，此次数值计算获得的围岩位移分布与实测分布规律是基本一致的。

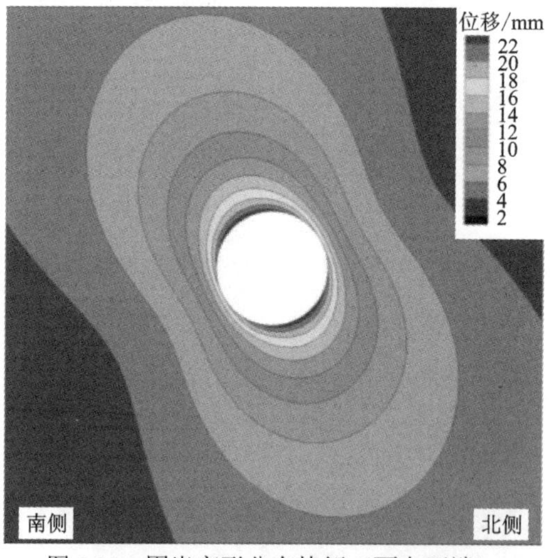

扫一扫，看彩图

图 7.15　围岩变形分布特征（面向西端）

3. 损伤区分布特征

图 7.16 为根据 $EDI_{min}=0.1$ 等值线所确定的隧洞开挖后的围岩损伤分布范围（图中红色虚线代表实测损伤范围）。由图 7.16 可知，隧洞开挖完成以后洞壁一定深度范围内均存在一定程度的初始损伤，整体损伤深度介于 1.6～2.3 m。其中，南侧拱脚（拱腰线偏下）和北侧拱肩（拱腰线以上）的围岩损伤深度较大，损伤程度较严重（最大损伤深度约为 2.3 m），而南侧拱肩和北侧拱脚区域的围岩损伤深度较小，损伤程度相对轻微（最小损伤深度约为 1.6 m）。

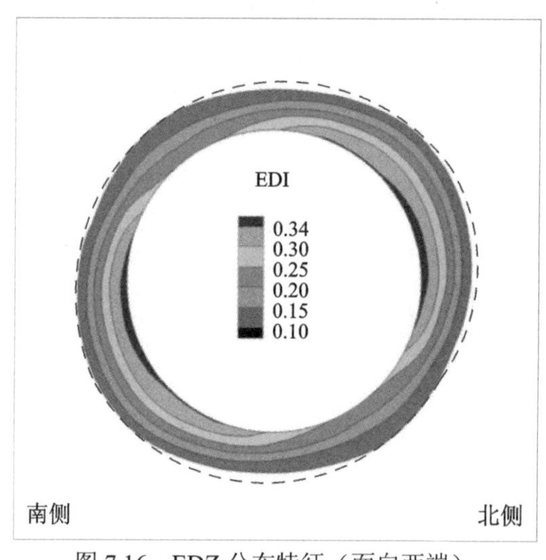

扫一扫，看彩图

图 7.16　EDZ 分布特征（面向西端）

此外，根据如图 7.14 所示的围岩应力分布特征可知，围岩损伤深度较大的区域主要对应于开挖引起的高应力集中区，而围岩损伤深度较小的区域主要对应于开挖卸荷引起的应力松弛区。为了进一步验证 EDZ 计算结果的可靠性，还在图 7.17 中给出了实测结果与计算结果的柱状对比图。总体来说，围岩的实测损伤深度与计算损伤深度吻合较好。但考虑到实际围岩的发育情况具有较大的随机性，所以工程现场的实际破坏位置可能与计算所得风险区域存在一定的偏差。

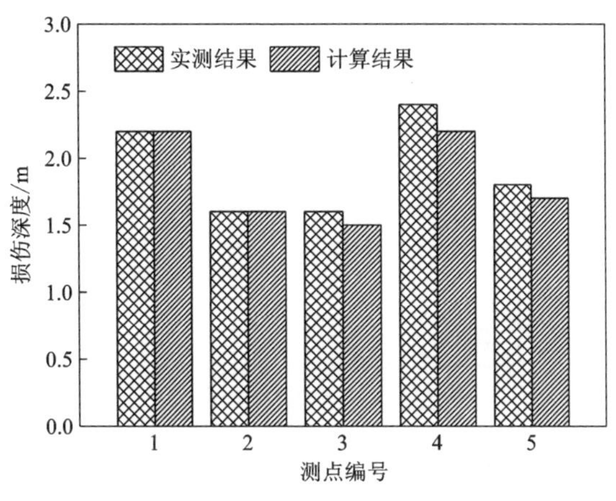

图 7.17　EDZ 计算结果与实测结果的对比

7.5　隧洞运营期围岩–支护系统长期力学响应预测

根据 7.4 节的分析可知，3#深埋引水隧洞 AK15+250 断面附近洞段开挖完成后隧洞围岩浅表层存在一定的开挖损伤（损伤深度介于 1.6～2.3 m）。在深埋引水隧洞进入长期运营过程以后，长期内外压力作用下的时效行为将成为工程长期稳定性评价中的重要问题。本节采用第 5 章提出的非线性 VEPD 蠕变模型进行了隧洞运营期的时效力学响应分析，预测了隧洞长期运营期间位移场、应力场及损伤区的演化特征。

7.5.1　蠕变分析流程

图 7.18 为本次蠕变分析所采用的流程，包括以下几个步骤：初始应力分析、开挖支护计算、设置蠕变条件、开启蠕变分析。其中，初始应力分析和开挖支护计算属于静力分析过程，该静力分析过程的目的在于获取隧洞围岩在开挖扰动下的瞬时力学响应，从而为后续进行长期蠕变分析提供准确的初始输入条件；而设置蠕变条件和开启蠕变分析属于蠕变分析过程，该蠕变分析过程的目的在于预测隧洞结构在运营后期的时效力学响应，从而为评价隧洞结构的长期稳定性提供一定的参考。

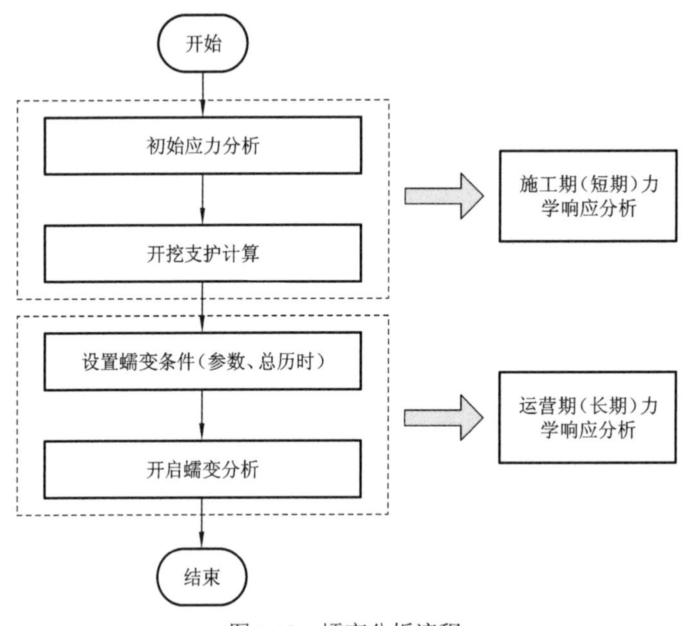

图 7.18　蠕变分析流程

基于 FLAC3D 的具体模拟流程如下：①通过 CONFIG CREEP 模块激活程序中的蠕变分析功能；②分别选择静力分析模型和蠕变分析模型，根据室内试验、现场测试或其他方法，确定模型参数并进行参数赋值；③在关闭蠕变计算模式的前提下，开展初始应力分析和开挖支护计算等施工期的短期力学响应分析；④在开启蠕变计算模式的前提下，基于静力分析结果进行隧洞运营期的长期力学响应分析。需要注意的是，由于本次计算侧重于分析隧洞运营期的围岩变形与损伤演化，所以静力计算时进行全断面开挖和及时支护处理，然后直接计算至收敛平衡状态。此外，为了评估施工开挖引起的围岩初始损伤在后续运营过程中的时效扩展演化规律，基于程序中的内置 FISH 语言对 EDZ 的初始分布范围进行了识别，然后根据第 5 章中提出的非线性 VEPD 蠕变模型，分别开展了历时 5 年、10 年、15 年、20 年、30 年、50 年的长期蠕变分析。

7.5.2　计算条件与计算参数

由于长期蠕变分析是以静力分析结果为前提的，所以整个计算过程分两个阶段进行，即静力计算和蠕变计算。在进行隧洞开挖初期围岩变形与损伤分布的静力分析计算时，所采用的力学模型仍然为 RDM；在进行隧洞运营过程围岩变形与损伤演化的蠕变分析计算时，所采用的力学模型为第 5 章所提出的非线性 VEPD 蠕变模型，整个分析过程所采用的应力边界条件及位移约束条件均与 7.4 节保持一致。需要注意的是，在长期蠕变分析过程中，还考虑了外水和内水共同作用下的应力-渗流耦合作用，即在分析中首先计算了衬砌后长期运营期的稳定渗流场，然后在此基础上考虑孔隙压力计算得到了有效应力场。在渗流场的计算过程中，隧洞内水头是通过在衬砌边界设定内水压力来实现的，而外水头则是通过固定模型各边界的初始孔隙压力、保证模型中外水的补充供应来实现的（此时需要注意模型尺寸的影响，应确保隧洞周围渗流场的影响范围小于模型边界）。模型渗流边界条件具体如图 7.19 所示。

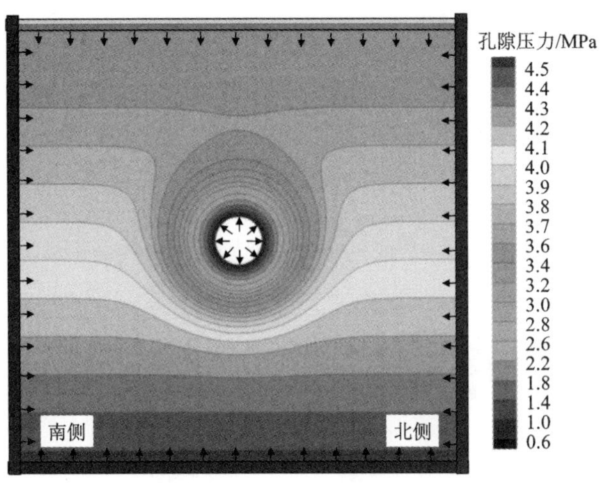

扫一扫，看彩图

图 7.19　模型渗流边界条件示意图（面向西端）

分析隧洞运营过程的围岩变形与损伤演化时，隧洞围岩蠕变参数的选择至关重要。考虑到深部工程岩体实际赋存环境的复杂性，如高应力、高水头、随机分布的节理裂隙等，基于小试件蠕变试验获得的蠕变参数不能直接用于实际工程的分析计算。因此，本节在三轴蠕变试验所确定的蠕变参数的基础上，结合锦屏二级水电站深埋引水隧洞的实际工程条件对围岩蠕变参数进行了反复试算，最终确定的主要蠕变参数结果如表 7.10 所示。除了表 7.10 中的主要蠕变参数以外，非线性 VEPD 蠕变模型中其余与时间无关的常量参数与表 5.2 中保持一致。

表 7.10　3#深埋引水隧洞 AK15+250 断面附近洞段围岩蠕变参数

蠕变参数	K^{H}/GPa	G^{H}/GPa	G^{K}/GPa	η^{ve}/（GPa·d）	η^{vp}/（GPa·d）
值	16.17	10.65	60.9	3.01×10^{2}	8.01×10^{3}

此外，在隧洞运营期间围岩变形与损伤演化的模拟过程中，还根据实际支护情况考虑了围岩、锚杆、衬砌的协同承载作用。其中，锚杆采用 FLAC3D 内置的 Cable 单元进行模拟，锚杆规格为 32 mm×6 000 mm（直径×长度），纵向与环向间距分别为 1.0 m 和 0.8 m；衬砌采用 Cable 单元与实体单元相结合的方法进行近似模拟，通过实体单元模拟衬砌混凝土，通过 Cable 单元模拟衬砌中的钢筋，衬砌结构采用双层配筋，厚度为 0.6 m。计算分析中锚杆和衬砌的具体布置方案如图 7.20、图 7.21 所示，相应的力学参数如表 7.11、表 7.12 所示。

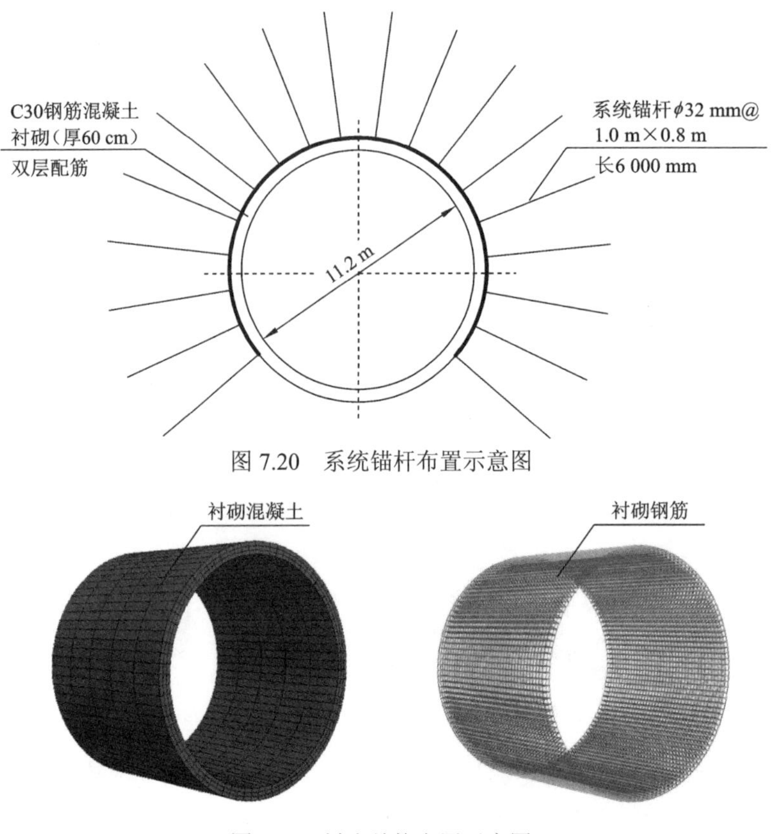

图 7.20　系统锚杆布置示意图

图 7.21　衬砌结构布置示意图

表 7.11　数值模拟中系统锚杆的力学参数

弹性模量 E/GPa	砂浆黏聚力 c_g/MPa	砂浆内摩擦角 φ_g/（°）	刚度 k_g/MPa	截面积 A/m^2	直径 D/m
200.0	0.18	30.0	12.0	8.04×10^{-4}	3.2×10^{-2}

表 7.12　数值模拟中衬砌结构的力学参数

材料	力学参数				
	E/GPa	μ	γ /（kN/m^3）	σ_t/MPa	σ_c/MPa
混凝土	28.0	0.167	25.0	1.27	35.9
钢筋	200.0	0.3	78.5	300.0	300.0

7.5.3　长期运营过程的围岩变形损伤演化分析

基于表 7.11、表 7.12 中所列出的力学参数，通过非线性 VEPD 蠕变模型对 3#深埋引水隧洞 AK15+250 断面附近洞段在长期运营过程中位移场、应力场及围岩损伤分布的时效演化特征进行了分析，并且对隧洞围岩的长期稳定性及衬砌结构的长期安全性进行了评价，具体计算结果分析如下。

1. 应力演化特征

图 7.22 为深埋引水隧洞运营期间围岩应力场随时间推移的分布情况。结果表明，长期运营过程中隧洞围岩应力场表现出一定的时效演化特征：①就最大主应力而言，分布在隧洞南侧拱脚和北侧拱肩的高应力集中区表现出向围岩深部逐渐转移、范围逐渐增加的时效现象。例如，开挖初期高应力集中区距离隧洞临空面 2.8～3.5 m，而隧洞运营 50 年以后高应力集中区距离隧洞临空面 3.4～4.6 m，该应力集中区在 50 年以后向围岩深部转移了 0.6～1.1 m，并且整体上趋于相对稳定的状态。②就最小主应力而言，分布在隧洞周围表层区域的应力松弛区也表现出随时间逐渐变化的时效现象，但与高应力集中区最大主应力的变化有所不同的是，应力松弛区除了分布范围存在小幅度的增加（从 0.5～1.5 m 增加到 0.7～2.6 m）以外，从开挖初期到隧洞运营 50 年后应力量值并无明显变化，并且整体上也趋于稳定状态。

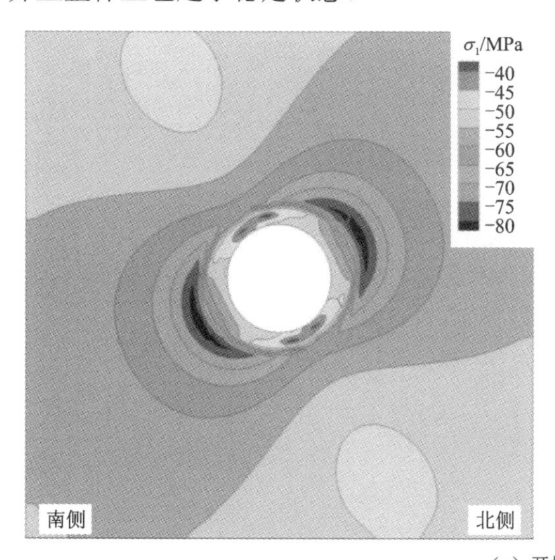

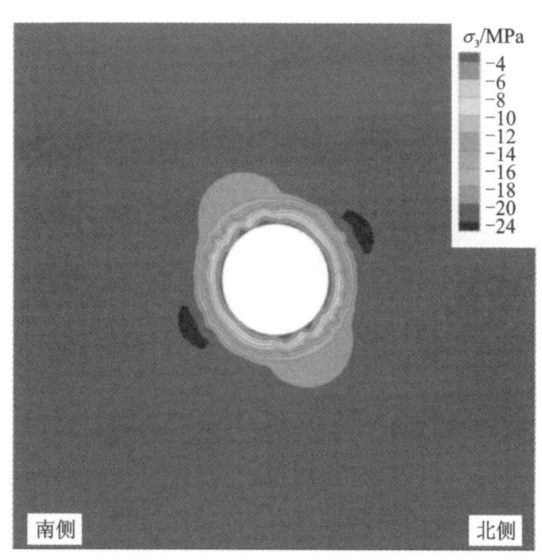

（a）开挖后5年

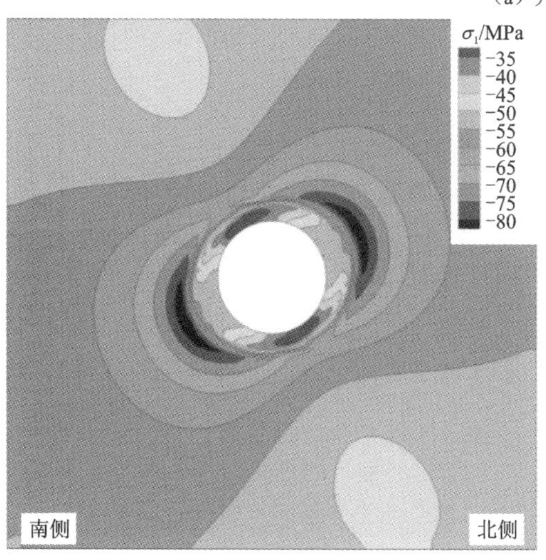

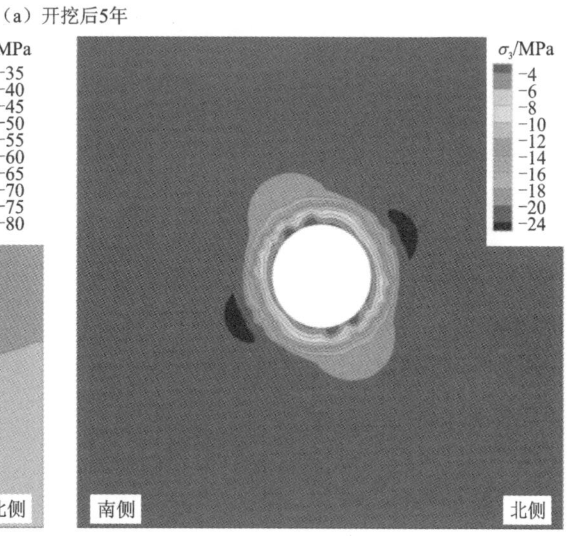

（b）开挖后10年

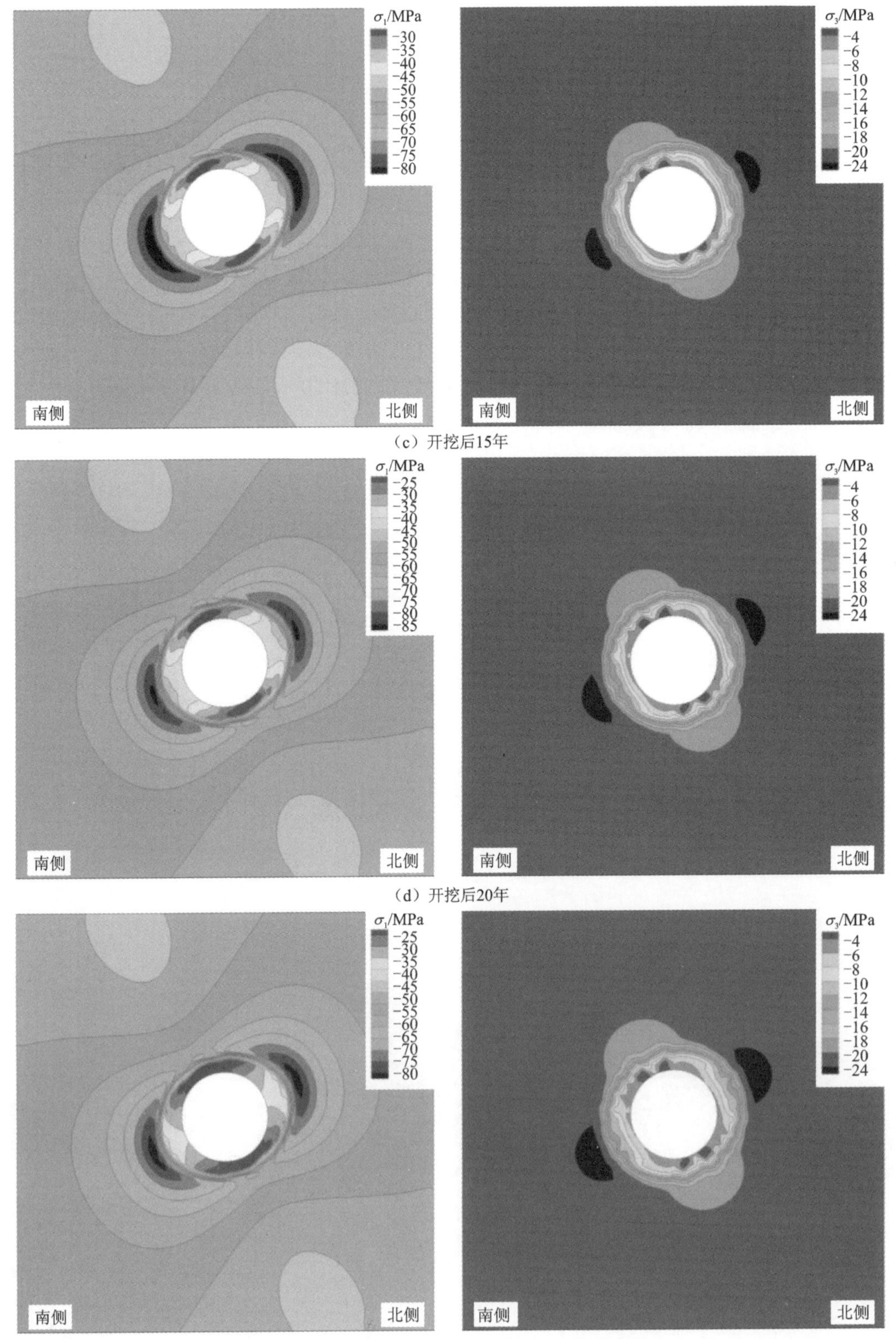

（c）开挖后15年

（d）开挖后20年

（e）开挖后30年

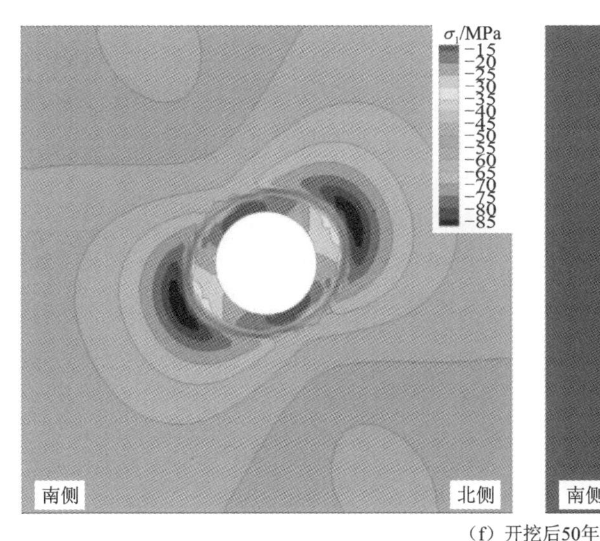

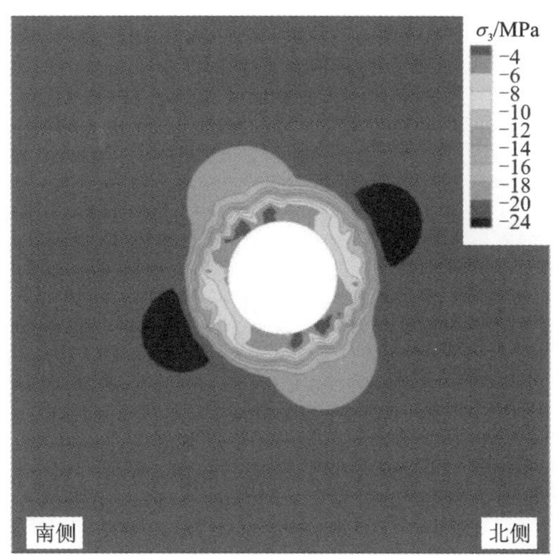

（f）开挖后50年

图 7.22　隧洞围岩应力场时空演化特征（面向西端）

扫一扫，看彩图

2. 位移演化特征

图 7.23 为深埋引水隧洞运营期间围岩位移场随时间推移的分布情况。结果表明，长期运营过程中隧洞围岩变形也表现出一定的时效演化特征：①在隧洞开挖初期，围岩变形较显著的部位主要分布在南侧拱肩及北侧拱脚等应力松弛区，整体上表现出以松弛回弹变形为主导的单一变形模式；②隧洞进入运营期以后，围岩变形较显著的部位逐渐向南侧拱脚和北侧拱肩等高应力集中区延伸，整体上表现出由松弛回弹和塑性变形共同控制的复合变形模式；③隧洞开挖初期的围岩最大变形约为 22 mm，而隧洞运营 50 年后的围岩最大变形约为 30 mm，平均变形速率约为 0.001 6 mm/d，该值远远小于《岩土锚杆与喷射混凝土支护工程技术规范》（GB 50086—2015）中约定的 0.1 mm/d[273]，这意味着隧洞结构的变形基本趋于稳定状态。

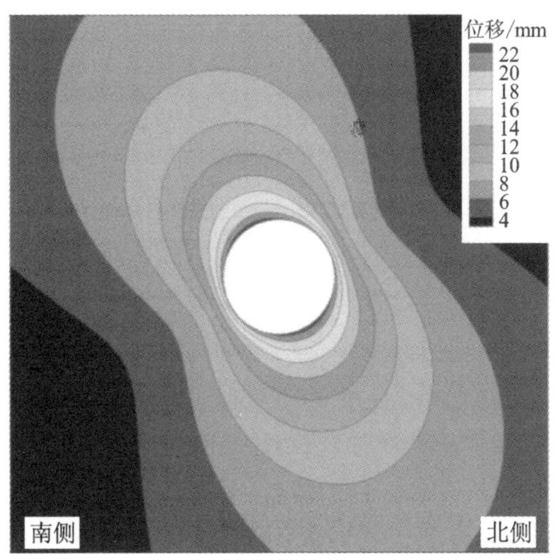

（a）开挖后5年

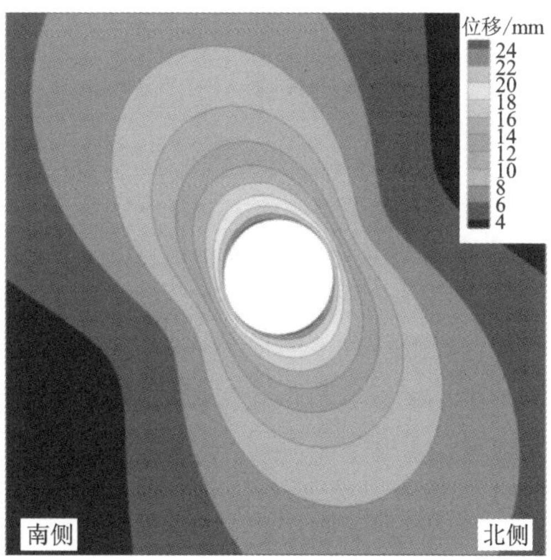

（b）开挖后10年

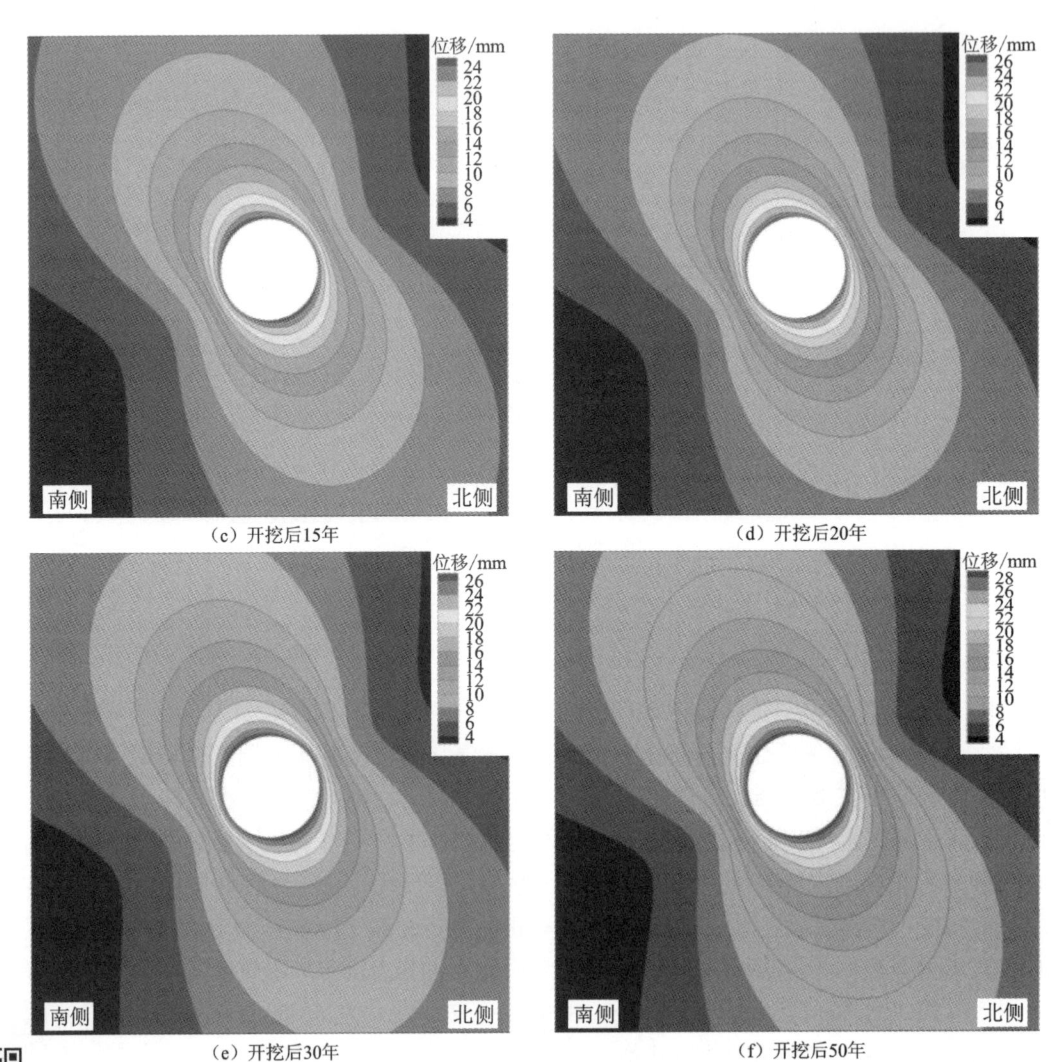

(c) 开挖后15年　(d) 开挖后20年

(e) 开挖后30年　(f) 开挖后50年

图 7.23　隧洞围岩位移场时空演化特征（面向西端）

扫一扫，看彩图

3. 损伤演化特征

图 7.24 为深埋引水隧洞运营期间围岩损伤分布随时间推移的演化情况。结果表明，围岩损伤深度和损伤范围均存在随隧洞运营时间增加逐渐向深处扩展的现象。在开挖初期，围岩的初始损伤深度介于 1.6～2.3 m，损伤较为严重的区域主要位于南侧拱脚（拱腰线偏下）和北侧拱肩（拱腰线偏上）等部位。隧洞进入运营期以后，损伤较严重的区域由最初位置逐渐扩展至几乎整个临空面的表层范围，而损伤深度和损伤范围则随时间推移逐渐增加，隧洞运营 50 年以后的围岩损伤深度扩展至 2.0～2.9 m 的相对稳定范围内，整体上向围岩深部扩展了 0.4～0.6 m。计算结果表明，隧洞围岩的损伤与破裂过程表现出一定的时效特性，这是深埋高应力硬岩隧洞工程实践中存在滞后变形和持续破坏等问题的重要原因之一。需要注意的是，随着隧洞运营时间的不断延长，隧洞临空面围岩的损伤程度和累积变形逐渐增加，因此需要密切关注隧洞浅层围岩与衬砌结构的潜在变形破坏问题。

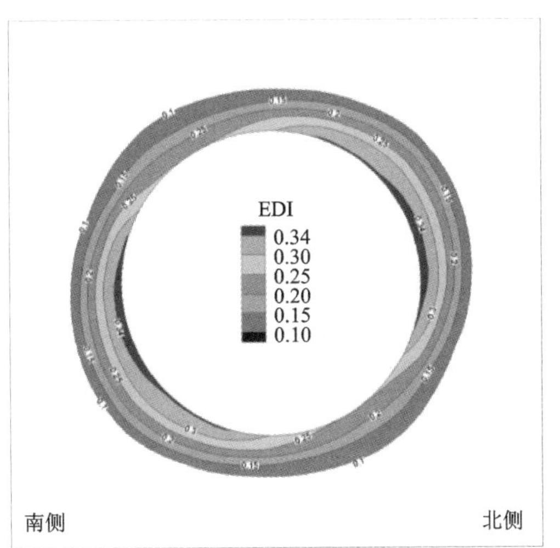

（a）开挖后5年

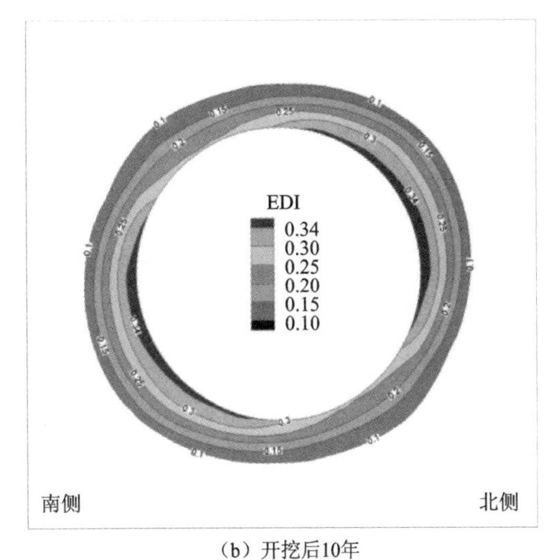

（b）开挖后10年

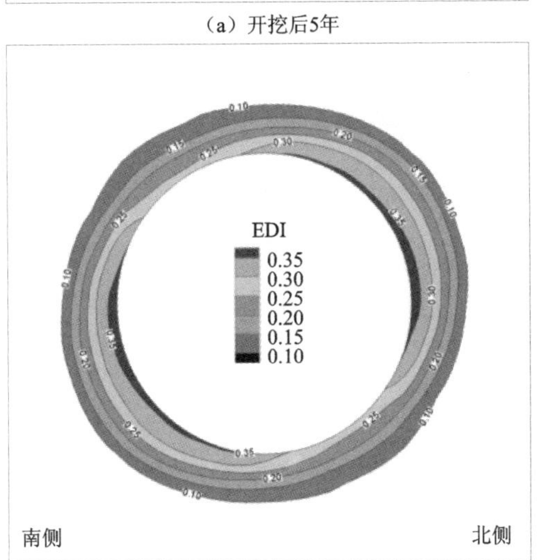

（c）开挖后15年

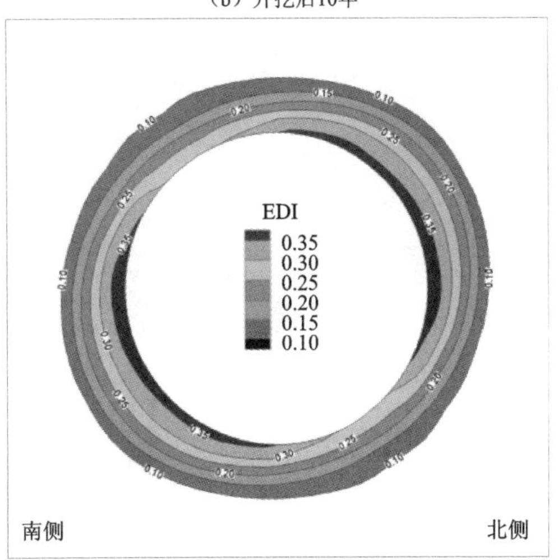

（d）开挖后20年

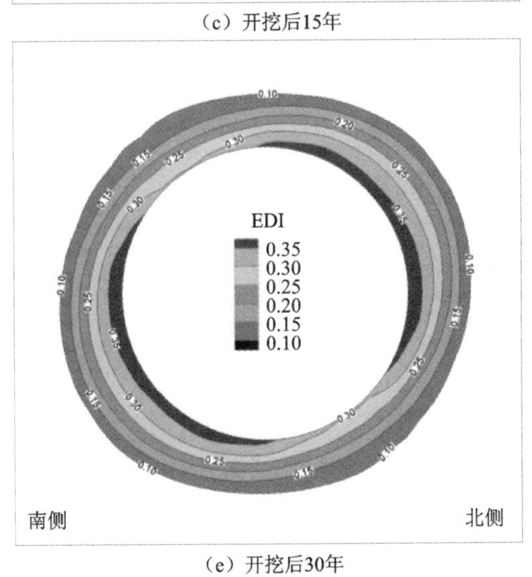

（e）开挖后30年

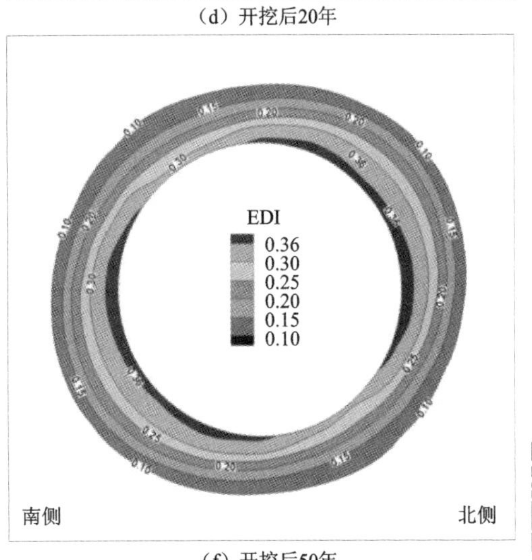

（f）开挖后50年

图 7.24　EDZ 时空演化特征（面向西端）

扫一扫，看彩图

4. 围岩与衬砌安全性评价

图 7.25 为深埋引水隧洞运营 50 年以后衬砌混凝土及内部钢筋的塑性区分布情况。结果表明，除了南侧拱腰及北侧拱腰偏上区域存在局部塑性破坏以外，整个衬砌混凝土及内部钢筋均处于受力安全状态，具有良好的长期安全性。进一步，结合图 7.24（f）所示的围岩损伤分布图可知，运营期扩展后的围岩最大损伤深度为 2.9 m，而锚杆的长度为 6.0 m，表明围岩仍处于锚杆的支护范围以内。综上所述，3#深埋引水隧洞 AK15+250 断面附近洞段在长期运营过程中具有良好的衬砌安全性及围岩稳定性。需要注意的是，对于其他埋深较大的洞段，由于外水压力更高，有效应力分布存在差异，加之地应力作用及围岩损伤破裂产生的影响等，在长期运营过程中存在局部围岩及衬砌结构变形破坏的可能性，其潜在的破坏位置如图 7.26 所示。

扫一扫，看彩图

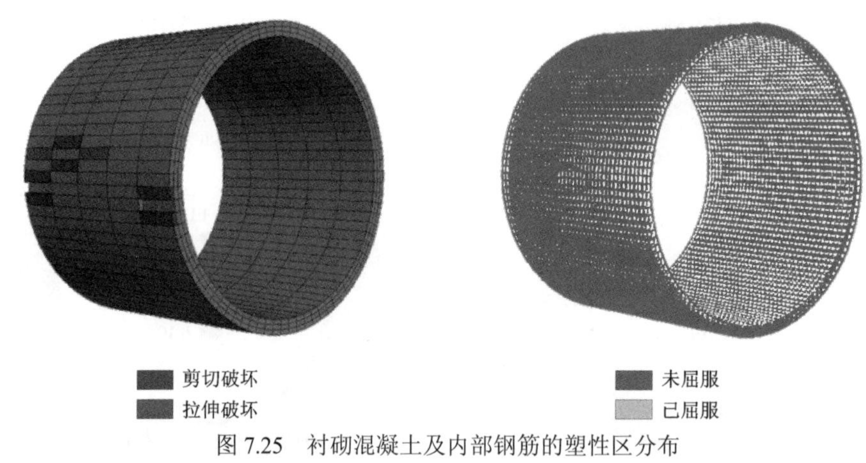

图 7.25　衬砌混凝土及内部钢筋的塑性区分布

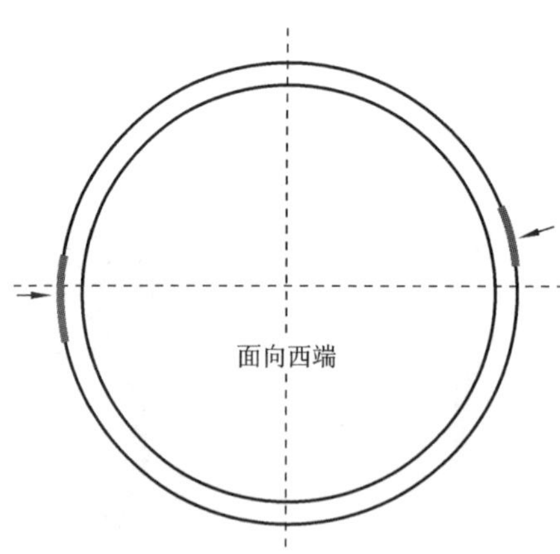

图 7.26　衬砌潜在破坏位置示意图

参 考 文 献

[1] 冯夏庭, 陈炳瑞, 张传庆, 等. 岩爆孕育过程的机制、预警与动态调控[M]. 北京: 科学出版社, 2013.

[2] 谢和平. 深部岩体力学与开采理论研究进展[J]. 煤炭学报, 2019, 44(5): 1283-1305.

[3] 何满潮, 谢和平, 彭苏萍, 等. 深部开采岩体力学研究[J]. 岩石力学与工程学报, 2005, 24(16): 2803-2813.

[4] 谢和平, 高峰, 鞠杨. 深部岩体力学研究与探索[J]. 岩石力学与工程学报, 2015, 34(11): 2161-2178.

[5] 钱七虎. 深部岩石工程中的岩体力学问题: 深部岩体力学的若干关键问题[M]//钱七虎院士论文选集. 北京: 科学出版社, 2007: 530-541.

[6] 高新强. 高水压山岭隧道衬砌水压力分布规律研究[D]. 成都: 西南交通大学, 2005.

[7] 李唱唱, 侍克斌, 姜海波. 深埋高地应力引水隧洞节理围岩稳定性研究[J]. 水资源与水工程学报, 2020, 31(2): 219-224.

[8] 吴剑疆. 大埋深输水隧洞设计和施工中的关键问题探讨[J]. 水利规划与设计, 2020, 33(4): 120-125.

[9] 施沈卫, 朱珍德. 高水头作用下深埋长大隧洞围岩稳定的数值模拟研究[J]. 科学技术与工程, 2014, 14(30): 241-245.

[10] 周宏伟, 谢和平, 左建平. 深部高地应力下岩石力学行为研究进展[J]. 力学进展, 2005, 35(1): 91-99.

[11] 王继敏, 周济芳. 深埋长大水工隧洞群建设与运行关键技术研究与实践[J]. 水电与抽水蓄能, 2021, 7(5): 4-12.

[12] 赵力, 张忠东, 李立民, 等. 引汉济渭工程秦岭输水隧洞初始地应力场特征及反演分析[J]. 水利水电技术, 2019, 50(3): 90-96.

[13] 王旺盛, 陈长生, 王家祥, 等. 滇中引水工程香炉山深埋长隧洞主要工程地质问题[J]. 长江科学院院报, 2020, 37(9): 154-159.

[14] 吴世勇, 任旭华, 陈祥荣, 等. 锦屏二级水电站引水隧洞围岩稳定分析及支护设计[J]. 岩石力学与工程学报, 2005, 24(20): 179-184.

[15] 黄书岭, 冯夏庭, 周辉, 等. 水压和应力耦合下脆性岩石蠕变与破坏时效机制研究[J]. 岩土力学, 2010, 31(11): 3441-3446.

[16] 陈卫忠, 伍国军, 戴永浩, 等. 锦屏二级水电站深埋引水隧洞稳定性研究[J]. 岩土工程学报, 2008, 30(8): 1184-1190.

[17] 刘仲秋, 章青. 考虑渗流-应力耦合效应的深埋引水隧洞衬砌损伤演化分析[J]. 岩石力学与工程学报, 2012, 31(10): 2147-2153.

[18] 张振杰. 高外水压作用下大埋深隧洞围岩稳定分析方法及工程应用[D]. 济南: 山东大学, 2021.

[19] HUANG X, LI S J, XU D P, et al. Time-dependent behavior of Jinping deep marble taking into account the coupling between excavation damage and high pore pressure[J]. Rock mechanics and rock engineering,

2022, 55(8): 4893-4912.

[20] 孙钧. 岩石流变力学及其工程应用研究的若干进展[J]. 岩石力学与工程学报, 2007, 26(6): 1081-1106.

[21] 王芝银, 艾传志, 唐明明. 不同应力状态下岩石蠕变全过程[J]. 煤炭学报, 2009, 34(2): 169-174.

[22] GRIGGS D. Creep of rocks[J]. The journal of geology, 1939, 47(3): 225-251.

[23] 陈宗基, 康文法. 岩石的封闭应力、蠕变和扩容及本构方程[J]. 岩石力学与工程学报, 1991, 10(4): 299-312.

[24] OKUBO S, NISHIMATSU Y, FUKUI K. Complete creep curves under uniaxial compression[J]. International journal of rock mechanics and mining science & geomechanics abstracts, 1991, 28(1): 77-82.

[25] 扬建辉. 砂岩单轴受压蠕变试验现象研究[J]. 石家庄铁道学院学报, 1995, 8(2): 77-80.

[26] 李永盛. 单轴压缩条件下四种岩石的蠕变和松弛试验研究[J]. 岩石力学与工程学报, 1995, 14(1): 39-47.

[27] 王贵君, 孙文若. 硅藻岩蠕变特性研究[J]. 岩土工程学报, 1996, 18(6): 55-60.

[28] 许宏发. 软岩强度和弹模的时间效应研究[J]. 岩石力学与工程学报, 1997, 16(3): 246-251.

[29] 朱定华, 陈国兴. 南京红层软岩流变特性试验研究[J]. 南京工业大学学报(自然科学版), 2002, 24(5): 77-79.

[30] 崔希海, 付志亮. 岩石流变特性及长期强度的试验研究[J]. 岩石力学与工程学报, 2006, 25(5): 1021-1024.

[31] 熊良宵, 杨林德, 张尧. 绿片岩的单轴压缩各向异性蠕变试验研究[J]. 同济大学学报(自然科学版), 2010, 38(11): 1568-1573.

[32] 范庆忠, 高延法. 分级加载条件下岩石流变特性的试验研究[J]. 岩土工程学报, 2005, 27(11): 1273-1276.

[33] 袁海平, 曹平, 万文, 等. 分级加卸载条件下软弱复杂矿岩蠕变规律研究[J]. 岩石力学与工程学报, 2006, 25(8): 1575-1581.

[34] 曹树刚, 刘延保, 张立强. 突出煤体单轴压缩和蠕变状态下的声发射对比试验[J]. 煤炭学报, 32(12): 1264-1268.

[35] 刘传孝, 黄东辰, 张秀丽. 深井泥岩峰前/峰后单轴蠕变特征实验研究[J]. 实验力学, 2011, 26(3): 267-273.

[36] YANG C H, DAEMEN J J K, YIN J H. Experimental investigation of creep behavior of salt rock[J]. International journal of rock mechanics and mining sciences, 1999, 36(2): 233-242.

[37] ŚLIZOWSKI K, JANECZEK J, PRZEWŁOCKI K. Suitability of salt-mudstones as a host rock in salt domes for radioactive-waste storage[J]. Applied energy, 2003, 75(1/2): 119-128.

[38] YAHYA O M L, AUBERTIN M, JULIEN M R. A unified representation of the plasticity, creep and relaxation behavior of rocksalt[J]. International journal of rock mechanics and mining sciences, 2000,

37(5): 787-800.

[39] ÖZŞEN H, ÖZKAN İ, ŞENSÖĞÜT C. Measurement and mathematical modelling of the creep behaviour of Tuzköy rock salt[J]. International journal of rock mechanics and mining sciences, 2014, 66(2): 128-135.

[40] FABRE G, PELLET F. Creep and time-dependent damage in argillaceous rocks[J]. International journal of rock mechanics and mining sciences, 2006, 43(6): 950-960.

[41] ITÔ H. Creep of rock based on long-term experiments[C]//The 5th ISRM Congress, Melbourne, Australia, April 1983. Melbourne: ISRM, 1983: ISRM-5CONGRESS-1983-017.

[42] ITÔ H, SASAJIMA S. A ten year creep experiment on small rock specimens[J]. International journal of rock mechanics and mining science & geomechanics abstracts, 1987, 24(2): 113-121.

[43] MALAN D F, VOGLER U W, DRESCHER K. Time-dependent behaviour of hard rock in deep level gold mines[J]. Journal of the Southern African institute of mining and metallurgy, 1997, 97(3): 135-147.

[44] MA L, DAEMEN J J K. An experimental study on creep of welded tuff[J]. International journal of rock mechanics and mining sciences, 2006, 43(2): 282-291.

[45] 徐平, 夏熙伦. 三峡工程花岗岩蠕变特性试验研究[J]. 岩土工程学报, 1996, 18(4): 63-67.

[46] 张学忠, 王龙, 张代钧. 攀钢朱矿东山头边坡辉长岩流变特性试验研究[J]. 重庆大学学报(自然科学版), 1999, 22(5): 99-103.

[47] 沈振中, 徐志英. 三峡大坝地基花岗岩蠕变试验研究[J]. 河海大学学报(自然科学版), 1997, 25(2): 1-7.

[48] 彭苏萍, 王希良. 三软煤层巷道围岩流变特性试验研究[J]. 煤炭学报, 2001, 26(2): 149-152.

[49] 赵法锁, 张伯友. 仁义河特大桥南桥台边坡软岩流变性研究[J]. 岩石力学与工程学报, 2002, 21(10): 1527-1532.

[50] 张向东, 李永靖, 张树光, 等. 软岩蠕变理论及其工程应用[J]. 岩石力学与工程学报, 2004, 23(10): 1635-1639.

[51] 徐卫亚, 杨圣奇, 谢守益, 等. 绿片岩三轴流变力学特性的研究(II): 模型分析[J]. 岩土力学, 2005, 26(5): 693-698.

[52] 范庆忠, 李术才, 高延法. 软岩三轴蠕变特性的试验研究[J]. 岩石力学与工程学报, 2007, 26(7): 1381-1385.

[53] 陈渠, 西田和范, 岩本健, 等. 沉积软岩的三轴蠕变实验研究及分析评价[J]. 岩石力学与工程学报, 2003, 22(6): 905-912.

[54] 万玲, 彭向和, 杨春和, 等. 泥岩蠕变行为的试验研究及其描述[J]. 岩土力学, 2005, 26(5): 924-928.

[55] 陈晓斌, 张家生, 安关峰. 路用红砂岩粗粒土的流变特性试验研究[J]. 中南大学学报(自然科学版), 2007, 38(1): 154-159.

[56] 蒋昱州, 徐卫亚, 王瑞红. 角闪斜长片麻岩蠕变力学特性研究[J]. 岩土力学, 2011, 32(S1): 339-345.

[57] FUJII Y, KIYAMA T, ISHIJIMA Y, et al. Circumferential strain behavior during creep tests of brittle

rocks[J]. International journal of rock mechanics and mining sciences, 1999, 36(3): 323-337.

[58] MARANINI E, BRIGNOLI M. Creep behaviour of a weak rock: Experimental characterization[J]. International journal of rock mechanics and mining sciences, 1999, 36(1): 127-138.

[59] 梁玉雷, 冯夏庭, 周辉, 等. 温度周期作用下大理岩三轴蠕变试验与理论模型研究[J]. 岩土力学, 2010, 31(10): 3107-3119.

[60] 张龙云, 张强勇, 李术才, 等. 硬脆性岩石卸荷流变试验及长期强度研究[J]. 煤炭学报, 2015, 40(10): 2399-2407.

[61] 陈亮, 刘建峰, 王春萍, 等. 不同温度及应力状态下北山花岗岩蠕变特征研究[J]. 岩石力学与工程学报, 2015, 34(6): 1228 -1235.

[62] 杨圣奇, 徐卫亚, 谢守益, 等. 饱和状态下硬岩三轴流变变形与破裂机制研究[J]. 岩土工程学报, 2006, 28(8): 962-969.

[63] 徐子杰, 齐庆新, 李宏艳, 等. 不同应力水平下大理岩蠕变损伤声发射特性[J]. 煤炭学报, 2014, 39(S1): 70-74.

[64] 闫子舰, 夏才初, 李宏哲, 等. 分级卸荷条件下锦屏大理岩流变规律研究[J]. 岩石力学与工程学报, 2008, 27(10): 2153 -2159.

[65] 徐平, 夏熙伦. 三峡枢纽岩石体结构面蠕变模型初步研究[J]. 长江科学院院报, 1992, 9(1): 42-46.

[66] LIU J, FENG X T, DING X L, et al. In situ tests on creep behavior of rock mass with joint of shearing zone in foundation of large-scale hydroelectric projects[J]. Key engineering materials, 2004, 262(2): 1097-1103.

[67] 徐卫亚, 杨圣奇. 节理岩石剪切流变特性试验与模型研究[J]. 岩石力学与工程学报, 2005, 24(S5): 5536-5542.

[68] ZHANG Y, XU W Y, SHAO J F, et al. Experimental investigation of creep behavior of clastic rock in Xiangjiaba Hydropower Project[J]. Water science and engineering, 2015, 8(1): 55-62.

[69] 张清照, 沈明荣, 丁文其. 结构面的剪切蠕变特性研究[J]. 工程地质学报, 2012, 20(4): 564-569.

[70] 沈明荣, 朱根桥. 规则齿形结构面的蠕变特性试验研究[J]. 岩石力学与工程学报, 2004, 23(2): 223-226.

[71] SUN J, HU Y Y. Time-dependent effects on the tensile strength of saturated granite at Three Gorges Project in China[J]. International journal of rock mechanics and mining sciences, 1997, 34(3/4): 306.

[72] 李建林. 岩石拉剪流变特性的试验研究[J]. 岩土工程学报, 2000, 22(3): 299-303.

[73] 朱杰兵, 汪斌, 杨火平, 等. 页岩卸荷流变力学特性的试验研究[J]. 岩石力学与工程学报, 2007, 26(S2): 4552-4556.

[74] MARTIN C D. The strength of massive Lac du Bonnet granite around underground openings[D]. Winnipeg: University of Manitoba, 1993.

[75] PUSCH R. Mechanisms and consequences of creep in crystalline rock[J]. International journal of rock mechanics and mining sciences & geomechanics abstracts, 1994, 31(3): 137.

[76] MALAN D F. Investigation into the identification and modelling of time-dependent behaviour of deep level excavations in hard rock[J]. International journal of molecular medicine, 2013, 21(21): 3-12.

[77] YASSAGHI A, SALARI-RAD H. Squeezing rock conditions at an igneous contact zone in the Taloun tunnels, Tehran-Shomal freeway, Iran: A case study[J]. International journal of rock mechanics and mining sciences, 2005, 42(1): 95-108.

[78] CRUDEN D M, LEUNG K, MASOUMZADEH S. A technique for estimating the complete creep curve of a sub-bituminous coal under uniaxial compression[J]. International journal of rock mechanics and mining sciences & geomechanics abstracts, 1987, 24(4): 265-269.

[79] 吴立新. 王金庄孟胜利煤岩流变模型与地表二次沉陷研究[J]. 地质力学学报, 1997, 3(3): 29-35.

[80] SONE H, ZOBACK M D. Time-dependent deformation of shale gas reservoir rocks and its long-term effect on the in situ state of stress[J]. International journal of rock mechanics and mining sciences, 2014, 69(3): 120-132.

[81] 邓荣贵, 周德培, 张倬元, 等. 一种新的岩石流变模型[J]. 岩石力学与工程学报, 2001, 20(6): 780-784.

[82] 曹树刚, 边金, 李鹏. 岩石蠕变本构关系及其改进的西原正夫模型[J]. 岩石力学与工程学报, 2002, 21(5): 632-634.

[83] 宋飞, 赵法锁, 卢全中. 石膏角砾岩流变特性及流变模型研究[J]. 岩石力学与工程学报, 2005, 24(15): 2659-2664.

[84] 徐卫亚, 杨圣奇, 褚卫江. 岩石非线性黏弹塑性流变模型(河海模型)及其应用[J]. 岩石力学与工程学报, 2006, 25(3): 433-447.

[85] 杨圣奇, 朱运华, 于世海. 考虑黏聚力与内摩擦系数的岩石黏弹塑性流变模型[J]. 河海大学学报(自然科学版), 2007, 35(3): 291-297.

[86] 殷德顺, 任俊娟, 和成亮, 等. 一种新的岩土流变模型元件[J]. 岩石力学与工程学报, 2007, 26(9): 1899-1903.

[87] 周家文, 徐卫亚, 杨圣奇. 改进的广义 Bingham 岩石蠕变模型[J]. 水利学报, 2006, 37(7): 827-830.

[88] 陈晓斌, 张家生, 封志鹏. 红砂岩粗粒土流变工程特性试验研究[J]. 岩石力学与工程学报, 2007, 26(3): 601-607.

[89] 李良权, 徐卫亚, 王伟. 基于西原模型的非线性弹塑性流变模型[J]. 力学学报, 2009, 41(5): 671-680.

[90] WU F, LIU J F, WANG J. An improved Maxwell creep model for rock based on variable-order fractional derivatives[J]. Environmental earth sciences, 2005, 73(11): 6965-6971.

[91] KACHANOV M. A simple technique of stress analysis in elastic solids with many cracks[J]. International journal of fracture, 1985, 28(1): R11-R19.

[92] AUBERTIN M, GILL D E, LADANYI B. An internal variable model for the creep of rock salt[J]. Rock mechanics and rock engineering, 1991, 24(2): 81-97.

[93] ZHOU H W, WANG C P, MISHNAEVSKY L, et al. A fractional derivative approach to full creep regions

in salt rock[J]. Mechanics of time-dependent material, 2013, 17(2): 413-425.

[94] WU F, ZHANG H, ZOU Q L, et al. Viscoelastic-plastic damage creep model for salt rock based on fractional derivative theory[J]. Mechanics of materials, 2020, 150(6): 103600.

[95] SHAO J F, ZHU Q Z, SU K. Modeling of creep in rock materials in terms of material degradation[J]. Computers and geotechnics, 2003, 30(6): 549-555.

[96] 李连崇, 徐涛, 唐春安, 等. 单轴压缩下岩石蠕变失稳破坏过程数值模拟[J]. 岩土力学, 2007, 28(9): 1978-1982.

[97] 佘成学，孙辅庭．节理岩体黏弹塑性流变破坏模型研究[J]．岩石力学与工程学报，2013，32(2): 231-238.

[98] SHAO J F, CHAU K T, FENG X T. Modeling of anisotropic damage and creep deformation in brittle rocks[J]. International journal of rock mechanics and mining sciences, 2006, 43(4): 582-592.

[99] ZHOU H, JIA Y, SHAO J F. A unified elastic-plastic and viscoplastic damage model for quasi-brittle rocks[J]. International journal of rock mechanics and mining sciences, 2008, 45(8): 1237-1251.

[100] HU B, YANG S Q, XU P. A nonlinear rheological damage model of hard rock[J]. Journal of Central South University, 2018, 25(7): 1665-1677.

[101] LIU X L, LI D J, HAN C. A nonlinear damage creep model for sandstone based on fractional theory[J]. Arabian journal of geosciences, 2020, 13(6): 246.

[102] DEBERNARDI D, BARLA G. New viscoplastic model for design analysis of tunnels in squeezing conditions[J]. Rock mechanics and rock engineering, 2009, 42(2): 259-288.

[103] XU T, TANG C A, ZHAO J, et al. Modelling the time-dependent rheological behaviour of heterogeneous brittle rocks[J]. Geophysical journal international, 2012, 189(3): 1781-1796.

[104] FAHIMIFAR A, KARAMI M, FAHIMIFAR A. Modifications to an elasto-visco-plastic constitutive model for prediction of creep deformation of rock samples[J]. Soils and foundations, 2015, 55(6): 1364-1371.

[105] ZHAO Y L, WANG Y X, WANG W J, et al. Modeling of non-linear rheological behavior of hard rock using triaxial rheological experiment[J]. International journal of rock mechanics and mining sciences, 2017, 93(1): 66-75.

[106] PU S Y, ZHU Z D, SONG L, et al. Fractional-order visco-elastoplastic constitutive model for rock under cyclic loading[J]. Arabian journal of geosciences, 2020, 13(9): 326.

[107] LI S P, WU D X, XIE W H, et al. Effect of confining pressure, pore pressure and specimen dimension on permeability of Yin Zhuang sandstone[J]. International journal of rock mechanics and mining sciences, 1997, 34(3/4): 175.

[108] OLSSON R, BARTON N. An improved model for hydromechanical coupling during shearing of rock joints[J]. International journal of rock mechanics and mining sciences, 2001, 38(3): 317-329.

[109] WANG J A, PARK H D. Fluid permeability of sedimentary rocks in a complete stress-strain process[J].

Engineering geology, 2002, 63(3/4): 291-300.

[110] 彭苏萍, 孟召平, 王虎, 等. 不同围压下砂岩孔渗规律试验研究[J]. 岩石力学与工程学报, 2003, 22(5): 742-746.

[111] 谢兴华, 郑颖人, 张茂峰. 岩石变形与渗透性变化关系研究[J]. 岩石力学与工程学报, 2009, 28(S1): 2657-2661.

[112] 许江, 杨红伟, 彭守建, 等. 孔隙水压力-围压作用下砂岩力学特性的试验研究[J]. 岩石力学与工程学报, 2010, 29(8): 1618-1623.

[113] 胡大伟, 周辉, 潘鹏志, 等. 砂岩三轴循环加卸载条件下的渗透率研究[J]. 岩土力学, 2010, 31(9): 2749-2754.

[114] 刘向君, 申剑坤, 梁利喜, 等. 孔隙压力变化对岩石强度特性的影响[J]. 岩石力学与工程学报, 2011, 30(S2): 3457-3463.

[115] 俞缙, 李宏, 陈旭, 等. 渗透压-应力耦合作用下砂岩渗透率与变形关联性三轴试验研究[J]. 岩石力学与工程学报, 2013, 32(6): 1203-1213.

[116] 赵恺, 王环玲, 徐卫亚, 等. 贯通充填裂隙类岩石渗流特性试验研究[J]. 岩土工程学报, 2017, 39(6): 1130-1136.

[117] DOURANARY E, MELENNAN J D, ROEGIERS J C. Poroelastic concepts explain some of the hydraulic fracturing mechanism[C]//SPE Unconventional Gas Technology Symposium. Louisville: Society of Petroleum Engineers, 1986: 629-637.

[118] BRUNO M S, NAKAGAWA F M. Pore pressure influence on tensile fracture propagation in sedimentary rock[J]. International journal of rock mechanics and mining sciences & geomechanics abstracts, 1991, 28(4): 261-273.

[119] ZHOU Z H, CAO P, YE Z Y. Crack propagation mechanism of compression-shear rock under static dynamic loading and seepage water pressure[J]. Journal of Central South University, 2014, 21(4): 1565-1570.

[120] 王伟, 郑志, 王如宾, 等. 不同应力路径下花岗片麻岩渗透特性的试验研究[J]. 岩石力学与工程学报, 2016, 35(2): 260-267.

[121] 曹加兴, 朱珍德, 田源, 等. 水压作用下三维裂隙组扩展过程试验研究[J]. 科学技术与工程, 2017, 17(4): 92-98.

[122] WANG C, ZHANG Q Y. Study of the crack propagation model under seepage-stress coupling based on XFEM[J]. Geotechnical and geological engineering, 2017, 35(6): 2433-2444.

[123] 张黎明, 王在泉, 赵天阳, 等. 孔隙水压力作用下砂岩裂纹扩展行为的试验研究[J]. 岩土力学, 2022, 43(4): 901-908.

[124] 赵延林, 曹平, 林杭, 等. 渗透压作用下压剪岩石裂纹流变断裂贯通机制及破坏准则探讨[J]. 岩土工程学报, 2008, 30(4): 511-517.

[125] 杨红伟, 许江, 聂闻, 等. 渗流水压力分级加载岩石蠕变特性研究[J]. 岩土工程学报, 2015, 37(9):

1613-1619.

[126] CERASI P, LUND E, KLEIVEN M L, et al. Shale creep as leakage healing mechanism in CO_2 sequestration[J]. Energy procedia, 2017, 114(7): 3096-3112.

[127] BIAN K, LIU J, ZHANG W, et al. Mechanical behavior and damage constitutive model of rock subjected to water-weakening effect and uniaxial loading[J]. Rock mechanics and rock engineering, 2019, 52(1): 97-106.

[128] YAN L, YI W H, LIU L S, et al. Blasting-induced permeability enhancement of ore deposits associated with low-permeability weakly weathered granites based on the split hopkinson pressure bar[J]. Geofluids, 2018, 2018(12): 1-14.

[129] LIU D Y, JIANG H F, LI D S, et al. Creep properties of rock under high confining pressure and high water pore pressure[J]. Journal of Central South University(science and technology), 2014, 45(6): 1916-1923.

[130] 蒋海飞, 刘东燕, 黄伟, 等. 高围压下不同孔隙水压作用时岩石蠕变特性及改进西原模型[J]. 岩土工程学报, 2014, 36(3): 443-451.

[131] 蒋海飞, 刘东燕, 黄伟, 等. 高围压下高孔隙水压对岩石蠕变特性的影响[J]. 煤炭学报, 2014, 39(7): 1248-1256.

[132] XIE Y G, JIANG H F, LI J, et al. Nonlinear creep model for deep rock under high stress and high pore water pressure condition[J]. Journal of engineering science and technology review, 2016, 9(2): 39-46.

[133] ZHAO N Y, JIANG H F. Mathematical methods to unloading creep constitutive model of rock mass under high stress and hydraulic pressure[J]. Alexandria engineering journal, 2021, 60(1): 25-38.

[134] 李邵军, 谢振坤, 肖亚勋, 等. 国际深部地下实验室岩体原位力学响应研究综述[J]. 中南大学学报(自然科学版), 2021, 52(8): 2491-2509.

[135] 王川婴, 葛修润, 白世伟. 数字式全景钻孔摄像系统研究[J]. 岩石力学与工程学报, 2002, 21(3): 398-403.

[136] 石林珂, 孙文怀, 郝小红. 岩土工程原位测试[M]. 郑州: 郑州大学出版社, 2003.

[137] WILLIAMSA J H, JOHNSON C D. Acoustic and optical borehole-wall imaging for fractured-rock aquifer studies[J]. Journal of applied geophysics, 2004, 55(1/2): 151-159.

[138] 李邵军, 郑民总, 邱士利, 等. 中国锦屏地下实验室开挖隧洞灾变特征与长期原位力学响应分析[J]. 清华大学学报(自然科学版), 2021, 61(8): 842-852.

[139] 冯夏庭, 吴世勇, 李邵军, 等. 中国锦屏地下实验室二期工程安全原位综合监测与分析[J]. 岩石力学与工程学报, 2016, 35(4): 649-657.

[140] 张柏楠, 韩勃, 李宁博, 等. 长距离水工隧洞运营期无人检测技术及病害识别方法研究进展[J]. 应用基础与工程科学学报, 2021, 29(5): 1245-1264.

[141] 刘志宽. 输水隧洞检测和安全评价[D]. 大连: 大连理工大学, 2017.

[142] 来记桃, 李乾德. 长大引水隧洞长期运行安全检测技术体系研究[J]. 水利水电技术, 2021, 52(6):

162-170.
[143] TOBARUELA J A, ORTIZ A, OLIVER G. A PFM-based control architecture for a visually guided underwater cable tracker to achieve navigation in troublesome scenarios[J]. Journal of maritime research, 2005, 2(1): 33-50.
[144] NEGAHDARIPOUR S, FIROOZFAM P. An ROV stereovision system for ship-hull inspection[J]. Journal of oceanic engineering, 2006, 31(3): 551-564.
[145] SINGH H, ROMAN C, PIZARRO O, et al. Towards high-resolution imaging from underwater vehicles[J]. International journal of robotics research, 2007, 26(1): 55-74.
[146] MALLIOS A, RIDAO P, RIBAS D, et al. Toward autonomous exploration in confined underwater environments[J]. Journal of field robotics, 2016, 33(7): 994-1012.
[147] 王秘学, 谭界雄, 田金章, 等. 以 ROV 为载体的水库大坝水下检测系统选型研究[J]. 人民长江, 2015, 46(22): 95-98.
[148] 王祥, 宋子龙. ROV 水下探测系统在水利工程中的应用初探[J]. 人民长江, 2016, 47(2): 101-105.
[149] 李永龙, 王皓冉, 张华. 水下机器人在水利水电工程检测中的应用现状及发展趋势[J]. 中国水利水电科学研究院学报, 2018, 16(6): 586-590.
[150] 杨超. 大坝机器人渗漏检测系统与定姿控制研究[D]. 杭州: 浙江大学, 2017.
[151] KALWA J. SeaCat AUV inspects water supply tunnel[J]. Sea technology, 2012, 53(8): 43-44.
[152] CLARKE R. Inspection of the tunnel at the Kemano Project[J]. Hydro review, 2013, 32(2): 42-44.
[153] 胡祺林. 有压输水隧洞检测 AUV 的实时定位与在线构图[D]. 哈尔滨: 哈尔滨工程大学, 2020.
[154] 顾红鹰, 刘力真, 陆经纬. 水下检测技术在水工隧洞中的应用初探[J]. 山东水利, 2014, 16(12): 19-20.
[155] 冯永祥, 来记桃. 高水头多弯段压力管道水下检查技术研究与应用[J]. 人民长江, 2017, 48(14): 82-85.
[156] 黄泽孝, 孙红亮. ROV 在深埋长隧洞水下检查中的应用[J]. 长江科学院院报, 2019, 36(7): 170-174.
[157] WANG H R, WANG S, FENG C C, et al. Diversion tunnel defects inspection and identification using an automated robotic system[J]. Chinese automation congress, 2019, 11(1): 5863-5868.
[158] 来记桃. 大直径长引水隧洞水下全覆盖无人检测技术研究[J]. 人民长江, 2020, 51(5): 228-232.
[159] 杨新平. 遥控自治水下机器人控制技术研究[D]. 北京: 中国舰船研究院, 2012.
[160] 徐鹏飞. 11000 米 ARV 总体设计与关键技术研究[D]. 北京: 中国舰船研究院, 2014.
[161] 王黎阳. 潜水机器人在深孔有压式隧洞环境检测中的应用[J]. 大坝与安全, 2015, 29(3): 55-58.
[162] 周梦樊, 罗正英, 陈思宇, 等. 水电站引水隧洞水下检测 TMS 装置改造设计[J]. 云南水力发电, 2016, 32(6): 70-72.
[163] 唐洪武, 张继伟, 孙红亮. ROV 系统在引水隧洞变形破坏检测中的应用研究[J]. 水电站设计, 2020, 36(4): 33-35.
[164] 王文辉, 陈满, 巩宇. 水电站长距离引水隧洞检测机器人研发及应用[J]. 水利水电技术, 2020,

51(S2): 177-183.

[165] 李邵军, 冯夏庭, 张春生, 等. 深埋隧洞 TBM 开挖损伤区形成与演化过程的数字钻孔摄像观测与分析[J]. 岩石力学与工程学报, 2010, 29(6): 1106-1112.

[166] 冯夏庭, 张传庆, 李邵军, 等. 深埋硬岩隧洞动态设计方法[M]. 北京: 科学出版社, 2013.

[167] 吴世勇. 锦屏引水隧洞工程安全监测资料分析[R]. 成都: 雅砻江流域水电开发有限公司, 2019: 1-88.

[168] 范鹏贤, 王明洋, 李文培. 岩土介质中圆形隧道围岩压力理论分析进展[J]. 现代隧道技术, 2010, 47(2): 1-7.

[169] BROWN E T, BRAY J W, LADANYI B, et al. Ground response curves for rock tunnels[J]. Journal of geotechnical engineering, 1983, 109(1): 15-39.

[170] 张小波, 赵光明, 孟祥瑞. 基于 Drucker-Prager 屈服准则的圆形巷道围岩弹塑性分析[J]. 煤炭学报, 2013, 38(S1): 30-37.

[171] 徐栓强, 俞茂宏, 胡小荣. 基于双剪统一强度理论的地下圆形洞室稳定性的研究[J]. 煤炭学报, 2003, 28(5): 522-526.

[172] 张强, 王水林, 葛修润. 圆形巷道围岩应变软化弹塑性分析[J]. 岩石力学与工程学报, 2010, 29(5): 1031-1035.

[173] LU A Z, XU G S, SUN F, et al. Elasto-plastic analysis of a circular tunnel including the effect of the axial in situ stress[J]. International journal of rock mechanics and mining sciences, 2010, 47(1): 50-59.

[174] WANG S L, WU Z J, GUO M W, et al. Theoretical solutions of a circular tunnel with the influence of axial in situ stress in elastic-brittle-plastic rock[J]. Tunnelling and underground space technology, 2012, 30(7): 155-168.

[175] 王润富. 弹性力学的复变函数计算机解[J]. 河海大学学报, 1991, 19(2): 84-86.

[176] 朱大勇, 钱七虎, 周早生, 等. 复杂形状洞室映射函数的新解法[J]. 岩石力学与工程学报, 1999, 18(3): 279-282.

[177] 戴俊, 武宇, 吴涛, 等. 声波法和窥视技术相结合的围岩松动圈测试方法探究[J]. 煤炭技术, 2015, 34(10): 81-83.

[178] 高琨鹏, 李学彬, 程致远, 等. 声波法及钻孔法在深井软岩巷道松动圈测试中的应用研究[J]. 煤炭技术, 2018, 37(1): 62-64.

[179] 杨建华, 代金豪, 姚池, 等. 岩石高边坡爆破开挖损伤区岩体力学参数弱化规律研究[J]. 岩土工程学报, 2020, 42(5): 968-975.

[180] 丰光亮, 张建聪, 江权, 等. 开挖强卸荷下柱状节理岩体时效破裂过程协同观测与机制分析[J]. 岩石力学与工程学报, 2021, 40(S2): 3041-3051.

[181] 谢志伟, 楼一江. 白鹤滩水电站地下厂房围岩开挖松弛深度分析[J]. 大坝与安全, 2021(3): 12-15.

[182] READ R S. 20 years of excavation response studies at AECL's Underground Research Laboratory[J]. International journal of rock mechanics and mining sciences, 2004, 41(8): 1251-1275.

[183] MALMGREN L, SAIANG D, TÖYRÄ J, et al. The excavation disturbed zone (EDZ) at Kiirunavaara mine, Sweden: By seismic measurements[J]. Journal of applied geophysics, 2007, 61(1): 1-15.

[184] SHAO H, SCHUSTER K, SÖNNKE J, et al. EDZ development in indurated clay formations: In situ borehole measurements and coupled HM modelling[J]. Physics and chemistry of the earth, 2008, 33(10): S388-S395.

[185] WU F Q, LIU J Y, LIU T, et al. A method for assessment of excavation damaged zone (EDZ) of a rock mass and its application to a dam foundation case[J]. Engineering geology, 2009, 104(3/4): 254-262.

[186] LI S J, FENG X T, LI Z, et al. Evolution of fractures in the excavation damaged zone of a deeply buried tunnel during TBM construction[J]. International journal of rock mechanics and mining sciences, 2012, 55(10): 125-138.

[187] LI S J, FENG X T, WANG C Y, et al. ISRM suggested method for rock fractures observations using a borehole digital optical televiewer[J]. Rock mechanics and rock engineering, 2013, 46(12): 635-644.

[188] 邹红英, 肖明. 地下洞室开挖松动圈评估方法研究[J]. 岩石力学与工程学报, 2010, 29(3): 513-519.

[189] 戴峰, 李彪, 徐奴文, 等. 猴子岩水电站深埋地下厂房开挖损伤区特征分析[J]. 岩石力学与工程学报, 2015, 34(4): 735-746.

[190] 裴书锋, 冯夏庭, 张建聪, 等. 高边坡坝基柱状节理玄武岩开挖卸荷时效松弛特性[J]. 岩土力学, 2018, 39(10): 3743-3754.

[191] 刘晓, 严鹏, 卢文波, 等. 高地应力水平对爆破开挖损伤区声波检测及损伤程度评价的影响[J]. 工程科学与技术, 2019, 51(6): 115-123.

[192] 潘昌实. 隧道力学数值方法[M]. 北京: 中国铁道出版社, 1995.

[193] ZHANG C Q, ZHOU H, FENG X T. An index for estimating the stability of brittle surrounding rock mass: FAI and its engineering application[J]. Rock mechanics and rock engineering, 2011, 44(4): 401-414.

[194] FENG X T, HAO X J, JIANG Q, et al. Rock cracking indices for improved tunnel support design: A case study for columnar jointed rock masses[J]. Rock mechanics and rock engineering, 2016, 49(6): 2115-2130.

[195] XU D P, ZHOU Y Y, QIU S L, et al. Elastic modulus deterioration index to identify the loosened zone around underground openings[J]. Tunnelling and underground space technology, 2018, 82(12): 20-29.

[196] 张传庆, 周辉, 冯夏庭. 基于破坏接近度的岩土工程稳定性评价[J]. 岩土力学, 2007, 29(5): 888-894.

[197] 姚华彦, 邵迅, 张振华, 等. 基于破坏接近度的地铁隧道流固耦合稳定性分析[J]. 应用力学学报, 2016, 33(6): 1057-1063.

[198] 李建贺, 盛谦, 朱泽奇, 等. 脆性岩体开挖损伤区范围与影响因素研究[J]. 岩土工程学报, 2016, 38(S2): 190-197.

[199] 江权, 冯夏庭, 李邵军, 等. 高应力下大型硬岩地下洞室群稳定性设计优化的裂化抑制法及其应

用[J]. 岩石力学与工程学报, 2019, 38(6): 1081-1101.

[200] 张頔, 李邵军, 徐鼎平, 等. 双江口水电站主厂房开挖初期围岩变形破裂与稳定性分析研究[J]. 岩石力学与工程学报, 2021, 40(3): 520-532.

[201] XU D P, HUANG X, LI S J, et al. Predicting the excavation damaged zone within brittle surrounding rock masses of deep underground caverns using a comprehensive approach integrating in situ measurements and numerical analysis[J]. Geoscience frontiers, 2022, 13(2): 101273.

[202] ZHANG Z P, XIE H P, ZHANG R U, et al. Deformation damage and energy evolution characteristics of coal at different depths[J]. Rock mechanics and rock engineering, 2019, 52(5): 1491-1503.

[203] ZHA E S, ZHANG Z T, ZHANG R, et al. Long-term mechanical and acoustic emission characteristics of creep in deeply buried Jinping marble considering excavation disturbance[J]. International journal of rock mechanics and mining sciences, 2021, 139(1): 104603.

[204] 潘岳, 王志强, 吴敏应. 非线性硬化与非线性软化的巷、隧道围岩塑性分析[J]. 岩土力学, 2006, 27(7): 1038-1042.

[205] 张茹, 谢和平, 张泽天, 等. 不同硐室开挖条件深部围岩长期力学行为室内模拟方法: CN108387450A[P]. 2018-08-10.

[206] WASANTHA P L P, DARLINGTON W J, RANJITH P G. Characterization of mechanical behaviour of saturated sandstone using a newly developed triaxial apparatus[J]. Experimental mechanics, 2013, 53(11): 871-882.

[207] 中华人民共和国水利部. 水利水电工程岩石试验规程: SL/T 264—2020[S]. 北京: 中国水利水电出版社, 2020.

[208] TAN T K, KANG W F. Locked in stresses, creep and dilatancy of rocks, and constitutive equations[J]. Rock mechanics, 1980, 13(1): 5-22.

[209] 陈芳. 高坝坝区硬脆性裂隙岩体的流变强度时效模型及工程应用研究[D]. 济南: 山东大学, 2012.

[210] 李良权, 徐卫亚, 王伟, 等. 基于流变试验的向家坝砂岩长期强度评价[J]. 工程力学, 2010, 27(11): 127-143.

[211] 许东俊. 软弱岩体流变特性及长期强度测定法[J]. 岩土力学, 1980, 2(1): 37-50.

[212] KENETIA A, SAINSBURY B A. Characterization of strain-burst rock fragments under a scanning electron microscope: An illustrative study[J]. Engineering geology, 2018, 246(9): 12-18.

[213] 谢和平, 陈至达. 岩石断裂的微观机理分析[J]. 煤炭学报, 1989, 26(2): 57-67.

[214] ORTLEPP W D. Rock fracture and rockbursts: An illustrative study[M]. Johannesburg: South African Institute of Mining and Metallurgy, 1997.

[215] CAI M, KAISER P K, TASAKA Y, et al. Generalized crack initiation and crack damage stress thresholds of brittle rock masses near underground excavations[J]. International journal of rock mechanics and mining sciences, 2004, 41(5): 833-847.

[216] 张强勇, 李术才, 李勇, 等. 地下工程模型试验新方法、新技术及工程应用[M]. 北京: 科学出版社,

2012.

[217] 祝国强. 基于物理模型的深部工程岩体脆性破坏过程及机制研究[D]. 武汉: 中国科学院武汉岩土力学研究所, 2020.

[218] HOEK E. Support for very weak rock associated with faults and shear zones[C]//International Symposium on Rock Support and Reinforcement Practice in Mining, Kalgoorlie, Australia, 1999.

[219] ZHU G Q, FENG X T, ZHOU Y Y, et al. Experimental study to design an analog material for Jinping marble with high strength, high brittleness and high unit weight and ductility[J]. Rock mechanics and rock engineering, 2019, 52(1): 2279-2292.

[220] ZHU G Q, LI S J, LI C D, et al. Physical model study on brittle failure of pressurized deep tunnel with support system[J]. Rock mechanics and rock engineering, 2023, 56: 9013-9033.

[221] ZHANG Q Y, REN M Y, DUAN K, et al. Geo-mechanical model test on the collaborative bearing effect of rock-support system for deep tunnel in complicated rock strata[J]. Tunnelling and underground space technology, 2019, 91(9): 103001.

[222] JONGPRADIST P, TUNSAKUL J, KONGKITKUL W, et al. High internal pressure induced fracture patterns in rock masses surrounding caverns: Experimental study using physical model tests[J]. Engineering geology, 2015, 197(10): 158-171.

[223] MARTIN C D. Seventeenth Canadian Geotechnical Colloquium: The effect of cohesion loss and stress path on brittle rock strength[J]. Canadian geotechnical journal, 1997, 34(5): 698-725.

[224] 袁媛, 潘鹏志, 赵善坤, 等. 基于数字图像相关法的含填充裂隙大理岩单轴压缩破坏过程研究[J]. 岩石力学与工程学报, 2018, 37(2): 339-351.

[225] MIAO S T, PAN P Z, ZHAO X G, et al. Experimental study on damage and fracture characteristics of Beishan granite subjected to high-temperature treatment with DIC and AE techniques[J]. Rock mechanics and rock engineering, 2020, 54(11): 721-743.

[226] 安定超, 张盛, 张旭龙, 等. 岩石断裂过程区孕育规律与声发射特征实验研究[J]. 岩石力学与工程学报, 2021, 40(2): 290-301.

[227] 王本鑫, 金爱兵, 孙浩, 等. 基于 DIC 的含不同角度 3D 打印粗糙交叉节理试样破裂机制研究[J]. 岩土力学, 2021, 42(2): 439-450.

[228] 周辉, 孟凡震, 卢景景, 等. 硬岩裂纹起裂强度和损伤强度取值方法探讨[J]. 岩土力学, 2014, 35(4): 913-918.

[229] AGGELIS D G, MPALASKAS A C, MATIKAS T E. Acoustic signature of different fracture modes in marble and cementitious materials under flexural load[J]. Mechanics research communications, 2013, 47(1): 39-43.

[230] 甘一雄, 吴顺川, 任义, 等. 基于声发射上升时间/振幅与平均频率值的花岗岩劈裂破坏评价指标研究[J]. 岩土力学, 2020, 41(7): 2324-2332.

[231] RAO M V M S, LAKSHMI K J P. Analysis of b-value and improved b-value of acoustic emissions

accompanying rock fracture[J]. Current science, 2005, 89(9): 1577-1582.

[232] 龚囡, 李长洪, 赵奎. 红砂岩短时蠕变声发射 b 值特征[J]. 煤炭学报, 2015, 40(S1): 85-92.

[233] GOEBEL T H W, SCHORLEMMER D, BECKER T W, et al. Acoustic emissions document stress changes over many seismic cycles in stick-slip experiments[J]. Geophysical research letters, 2013, 40(5): 2049-2054.

[234] CARPINTERI A, LACIDOGNA G, PUZZI S. From criticality to final collapse: Evolution of the "*b*-value" from 1.5 to 1.0[J]. Chaos, solitons & fractals, 2009, 41(2): 843-853.

[235] FARHIDZADEH A, SALAMONE S, SINGLA P. A probabilistic approach for damage identification and crack mode classification in reinforced concrete structures[J]. Journal of intelligent material systems and structures, 2013, 24(14): 1722-1735.

[236] Federation of Construction Materials Industries. Monitoring method for active cracks in concrete by acoustic emission: JC MS-III B5706[S]. [s.l.]: Federation of Construction Materials Industries, 2003.

[237] 孙钧, 王贵君. 岩石流变力学[M]. 北京: 科学出版社, 2004.

[238] 侯荣彬. 考虑初始损伤效应的软岩巷道围岩时效变形损伤机理及控制对策研究[D]. 北京: 中国矿业大学, 2018.

[239] HOU R B, ZHANG K, JING T, et al. A nonlinear creep damage coupled model for rock considering the effect of initial damage[J]. Rock mechanics and rock engineering, 2019, 52(2): 1275-1285.

[240] ZHAO J, FENG X T, ZHANG X W, et al. Time-dependent behaviour and modeling of Jinping marble under true triaxial compression[J]. International journal of rock mechanics and mining sciences, 2018, 110(10): 218-230.

[241] YAN B Q, GUO Q F, REN F H, et al. Modified Nishihara model and experimental verification of deep rock mass under the water-rock interaction[J]. International journal of rock mechanics and mining sciences, 2020, 128(4): 104250.

[242] WANG R, ZHUO Z, ZHOU H W, et al. A fractal derivative constitutive model for three stages in granite creep[J]. Results in physics, 2017, 7(7): 2632-2638.

[243] 王伟, 田振元, 朱其志, 等. 考虑孔隙水压力的岩石统计损伤本构模型研究[J]. 岩石力学与工程学报, 2015, 34(S2): 3676-3682.

[244] PERZYNA P. Fundamental problems in viscoplasticity[J]. Advances in applied mechanics, 1966, 9(2): 243-377.

[245] Itasca Consulting Group Inc. FLAC3D-fast Lagrangian analysis of continua in 3 dimensions[R]. Minneapolis: Itasca Consulting Group Inc., 2005.

[246] BIOT M A. General theory of three-dimensional consolidation[J]. Journal of applied physics, 1941, 12(2): 155-164.

[247] 7D Soft High Technology Inc. Auto2Fit user manual[R]. Beijing: 7D Soft High Technology Inc., 2009.

[248] 万亿, 陈国庆, 孙祥, 等. 冻融后不同含水率红砂岩三轴蠕变特性及损伤模型研究[J]. 岩土工程学

报, 2021, 43(8): 1463-1472.

[249] MARTINO J B, CHANDLER N A. Excavation-induced damage studies at the Underground Research Laboratory[J]. International journal of rock mechanics and mining sciences, 2004, 41(8): 1413-1426.

[250] BARTON N, LIEN R, LUNDE J. Engineering classification of rock masses for the design of tunnel support[J]. Rock mechanics, 1974, 6(12): 189-236.

[251] BARTON N, PANDEY S K. Numerical modelling of two stoping methods in two Indian mines using degradation of c and mobilization of φ based on Q-parameters[J]. International journal of rock mechanics and mining sciences, 2011, 48(7): 1095-1112.

[252] BARTON N. Some new Q-value correlations to assist in site characterization and tunnel design[J]. International journal of rock mechanics and mining sciences, 2002, 39(2): 185-216.

[253] WALTON G. Initial guidelines for the selection of input parameters for cohesion-weakening-friction-strengthening (CWFS) analysis of excavations in brittle rock[J]. Tunnelling and underground space technology, 2019, 84(2): 189-200.

[254] MARTIN C D, CHRISTIANSSON R. Estimating the potential for spalling around a deep nuclear waste repository in crystalline rock[J]. International journal of rock mechanics and mining sciences, 2009, 46(2): 219-228.

[255] DIEDERICHS M S. The 2003 Canadian Geotechnical Colloquium: Mechanistic interpretation and practical application of damage and spalling prediction criteria for deep tunnelling[J]. Canadian geotechnical journal, 2007, 44(9): 1082-1116.

[256] SINGH B. Workshop on Norwegian method of tunnelling[M]. New Delhi: Central Soil and Materials Research Station, 1993.

[257] 中华人民共和国水利部. 水工建筑物岩石地基开挖施工技术规范: SL 47—2020[S]. 北京: 中国水利水电出版社, 2020.

[258] DEERE D U. Technical description of rock cores for engineering purposes[J]. Rock mechanics and rock engineering, 1964, 1(1): 17-22.

[259] GUO H S, FENG X T, LI S J, et al. Evaluation of the integrity of deep rock masses using results of digital borehole televiewers[J]. Rock mechanics and rock engineering, 2017, 50(6): 1371-1382.

[260] 江权, 冯夏庭, 陈国庆. 考虑高地应力下围岩劣化的硬岩本构模型研究[J]. 岩石力学与工程学报, 2008, 27(1): 144-152.

[261] 钟山, 江权, 冯夏庭, 等. 锦屏深部地下实验室初始地应力测量实践[J]. 岩土力学, 2018, 39(1): 356-366.

[262] HASOFER A M, LIND N C. Exact and invariant second-moment code format[J]. Journal of the engineering mechanics division, 1974, 100(1): 111-121.

[263] LOW B K. Reliability analysis of rock slopes involving correlated non-normals[J]. International journal of rock mechanics and mining sciences, 2007, 44(6): 922-935.

[264] FENG X T, XU H, QIU S L, et al. In situ observation of rock spalling in the deep tunnels of the China Jinping Underground Laboratory (2400 m depth)[J]. Rock mechanics and rock engineering, 2018, 51(1): 1193-1213.

[265] 冯夏庭. 雅砻江锦屏二级水电站招标设计阶段引水隧洞围岩稳定性及结构设计研究报告[R]. 武汉: 中国科学院武汉岩土力学研究所, 2006.

[266] 张春生. 锦屏二级水电站引水隧洞围岩稳定性与支护研究以及施工期监测与反馈分析研究总报告[R]. 杭州: 中国水电顾问集团华东勘测设计研究院, 2013.

[267] 马启超, 王大年, 王伟. 鲁布革水电站厂区三维初始地应力场分析, “六五”国家科技攻关项目(65-15-2-1)成果汇编二[R]. 昆明: 水利电力部昆明勘测设计院, 1986.

[268] 郭怀志, 马启超, 薛玺成, 等. 岩体初始应力场的分析方法[J]. 岩土工程学报, 1983, 5(3): 64-75.

[269] 张有天, 胡惠昌. 地应力场的趋势分析[J]. 水利学报, 1984(4): 31-38.

[270] 刘允芳. 水压致裂法三维地应力测量[J]. 岩石力学与工程学报, 1991, 10(3): 246-258.

[271] 方明礼, 肖明. 三维初始地应力场反分析的变差函数法[J]. 岩石力学与工程学报, 2015, 34(8): 1594-1601.

[272] 黄书岭. 高应力下脆性岩石的力学模型与工程应用研究[D]. 武汉: 中国科学院武汉岩土力学研究所, 2008.

[273] 中华人民共和国住房和城乡建设部, 中华人民共和国国家质量监督检验检疫总局. 岩土锚杆与喷射混凝土支护工程技术规范: GB 50086—2015[S]. 北京: 中国计划出版社, 2015.